中等职业学校课程改革创新教材

新编计算机组装与维修

杨　涛　凌洪洋　董自上　主编

電子工業出版社
Publishing House of Electronics Industry
北京·BEIJING

内 容 简 介

本书内容包括计算机硬件的基本认识、配件及外设的选购及安装训练、计算机软件的安装及调试以及计算机软硬件的维护保养与维修等内容。本书针对职业学校的特点，突出了基础性、操作性，注重对学生操作技能和实践能力的培养。

本书配有电子教学参考资料包，请有此需要的教师登录华信教育资源网。

适合中等职业学校计算机大类专业学生作为专业基础课教材使用，也可作为各类培训用户的教学用书。

图书在版编目（CIP）数据

新编计算机组装与维修 / 杨涛，凌洪洋，董自上主编．—北京：电子工业出版社，2012.8

中等职业学校课程改革创新教材

ISBN 978-7-121-17442-1

Ⅰ．①新…　Ⅱ．①杨…　②凌…　③董…　Ⅲ．①电子计算机－组装－中等专业学校－教材　②电子计算机－维修－中等专业学校－教材　Ⅳ．① TP30

中国版本图书馆 CIP 数据核字（2012）第 135818 号

责任编辑：关雅莉

印　　刷：北京虎彩文化传播有限公司

装　　订：北京虎彩文化传播有限公司

出版发行：电子工业出版社

　　　　　北京市海淀区万寿路 173 信箱　　邮编 100036

开　　本：787×1092　1/16　印张：15.5　字数：396.8 千字

版　　次：2012 年 8 月第 1 版

印　　次：2019 年 2 月第 7 次印刷

定　　价：28.00 元

凡所购买电子工业出版社图书有缺损问题，请向购买书店调换。若书店售缺，请与本社发行部联系，联系及邮购电话：（010）88254888，88258888。

质量投诉请发邮件至zlts@phei.com.cn，盗版侵权举报请发邮件至dbqq@phei.com.cn。

本书咨询联系方式：（010）88254617，luomn@phei.com.cn。

前言

PREFACE

随着计算机的日益普及，导致社会对计算机的日常维护、组装、维修及管理人员的需求也就越来越大。为了满足各职业学校对该类技能型人才的培养需求，我们特编写了本书。

本书针对当前社会IT类行业及相关职业岗位的实际需求，以职业岗位中的主要工作任务、实践操作为主线。全书涉及计算机及主要外设的选购、组装、维护、测试、维修等内容，定位于培养社会需求量较大的初级维护维修人员。

本书在编写过程中，充分考虑了中等职业学校学生的现状，坚持“以就业为导向、以能力为本位”的教学理念，力求强调学生职业素养的培养。教材内容突出以下特点：

1. 以职业能力为核心，构建课程内容

针对计算机组装、维修及其相关岗位的要求和权威部门的认证考核要求，删减了同类型教材中陈旧的或在职业岗位中涉及较少的理论知识，加入了职业岗位中有一定要求的营销、售后服务等相关知识和技能。

2. 以项目任务引导教学

本书尽可能地将来自于职业岗位的工作任务转化为教学中的项目任务，以此来加强教学内容的针对性、适用性，促进教学中的实践操作，使学生的学习从实际到理论，从具体到抽象，以完成项目任务为目标，力求激发学生的学习兴趣，培养学生观察、思考、解决问题的能力。

3. 遵循职业能力形成特点和训练规律

本书“以学生为本位”，在内容编排上回避了烦琐的理论和冗长的叙述推导，符合学生的认知规律。尽可能地使教师在教学中调动学生的学习积极性和主动性。

本书由南京金陵中等专业学校信息技术专业部组织编写，其中，第2章、第3章由杨涛老师编写，第1章、第4章项目任务1~6、第6章由凌洪洋老师编写，第4章项目任务6~8、第5章及附录由董自上老师编写，编写过程中，得到南京市职教教研室张玲老师及全市本课程任教教师的大力支持，在此一并表示感谢

限于编写时间仓促，加之编者水平有限，书中错误和不当之处在所难免，恳请广大读者、教师和专家批评指正。

编者

2012年8月

目 录

CONTENTS

第 1 章

First chapter

了解计算机组装与维修

随着我国经济的高速发展，计算机应用已经普及到社会各行各业之中，无论从事何种工作，都应尽可能地对计算机的结构、安装方法、工作原理、维护保养、故障排除等知识有一定的了解与掌握，对于计算机专业的学生尤为如此。在开始学习本门课程之前，了解今后将要从事的工作，知道工作需要何种知识与技能，掌握良好的学习方法与手段，将对学习本门课程有着极大的帮助。

项目任务 1-1
了解计算机组装与维修

【项目任务】

- 了解计算机组装与维修
- 明确掌握计算机组装与维修技能的好处
- 弄清学习计算机组装与维修的内容

【项目准备知识】

1. 了解“计算机组装与维修”

“计算机组装与维修”分为两个部分：一为“计算机组装”，就是将各计算机配件按照规定的要求装配起来，并安装相应的软件后成为可正常运行的计算机；二为“计算机维修”，就是对不能正常运行的计算机的故障进行分析与判断，确定故障后加以排除的过程。

看看下面这两个例子，这些任务都需要用到“计算机组装与维修”这门课程学习到的知识与技能。

① 好友请我配置一台计算机，希望这台计算机能够上网，编写程序，有时还需播放一些影碟，要求总价在3000元左右。

② 单位领导的办公计算机最近总是在开机后半分钟死机，关机10分钟后才能再开机，可是一开机又这样，请我去解决。

……

象这样的例子还有很多。在今天的工作与生活中，已经离不开计算机了。计算机的工作异常常常对工作与生活产生影响，所以应该学习一些有关计算机组装与维修方面的知识。

2. 谈谈学会“计算机组装与维修”的好处

① 升级、维修不求人：随着计算机产品的快速更新、各类软件功能日益强大，都使得计算机在使用一段时间之后，难以满足需求。这时如果能仅更换少量配件，即通过升级来解

决问题，是最适合的方法。同样，如果计算机发生故障，自己通过更换个别部件即可解决，省却了返厂维修或请人维修的费用不说，还能省下很多时间。

② 为实际需求量身定做：由于计算机的各个部件都是标准化设计，每个部件又根据功能、性能等因素会有若干种型号，只有了解自身的需求，根据预算购买合理的配置，才能让自己满意。

③ 快速胜任本职工作：玩转计算机组装与维修后，即使是工作中计算机出现工作异常，也能快速排查并解决，不影响工作效率，且可快速赢得领导的青睐，同事的嘉许。

④ 成为计算机销售公司的业务骨干：目前，很多计算机卖场都提供为客户定制机器组装及维修、维护业务。能合理地推荐客户装机的配置，能快速地为客户配置其需要的机器，能高效地解决客户送修的机器，那么，你一定能成为计算机销售公司的业务骨干。

⑤ 办公计算机维护：很多企事业单位的工作都离不开计算机，所以要保证单位中用于工作的计算机运行正常可靠，以确保各岗位的工作能正常运转。

⑥ 优秀的办公设备采购员：具备了扎实的计算机组装与维修知识，能运用计算机及其配件、外设的相关知识，能很好地完成单位所需计算机及其周边设备的采购工作。

【项目内容与步骤】

1. 思考：在平时使用计算机的过程中，你遇到过哪些难以解决的问题？你认为学了计算机组装与维修有什么好处，试写一写。

____。

____。

____。

2. 看看“计算机组装与维修”的学习内容

如果要学好“计算机组装与维修”的知识与技能，必须学习以下内容：

表1-1 “计算机组装与维修”学习内容

学习内容	项目任务			
认识计算机	了解计算机产品的信息与分类	计算机基础的常识	认识计算机，观察计算机外部连接，识别内部各器件	
计算机配件、外设的选购与安装方法	CPU及散热器的选购、安装方法	主板的组成及选购、安装方法	内存的选购及安装方法	硬盘、光驱、U盘及移动硬盘的选购、安装方法
	显卡和显示器的选购、安装方法	机箱和电源的选购与安装方法	键盘、鼠标的选购及安装方法	其他常见外设的选购与安装、维护
	制定装机方案，项目选购演讲与讲评			

（续表）

学习内容	项目任务			
计算机软件安装与调试	计算机的BIOS	硬盘规划与分区格式化	安装Windows操作系统	设备驱动程序的获取与安装
	Windows自带维护工具的使用	磁盘数据的备份还原与复制	利用软件测试、杀毒与优化	计算机整机安装与调试
计算机的维护与保养	计算机产品使用的注意事项	打印机的使用与维护	利用软件进行数据恢复	计算机的清洁保养
计算机故障排除	计算机故障的分类及一般处理流程	计算机故障检测的一般方法	排除典型故障	

表1-1中列出了“计算机组装与维修”的学习项目，这些项目涉及计算机配件（常见外设）的选购安装、软件调试、维护保养、故障排除等任务。熟练掌握上述技能对今后的工作与生活都具有重要意义。

3. 在网络中搜索：“2500元的办公用计算机”，阅读搜索出的文章。

利用“百度”（http：//www.baidu.com）、“Google”（http：//www.google.com）等搜索引擎,，如图1-1搜索因特网中有关“2500元的办公用计算机”的信息，并阅读其中部分文章。

图1–1　百度搜索

4. 谈谈对“计算机组装与维修”的认识。

第2章

Second chapter

认识计算机

学习计算机组装与维修，首先应该对计算机的基本工作原理、市场主流产品及销售渠道、基本组成部分等有个大体上的了解，这有助于快速熟悉和掌握计算机的一些基本常识，从较宏观的角度对计算机具备基本的认识。

1 项目任务 2-1 了解计算机的基本情况

【项目任务】

> 在我们的日常生活中，可以看见大量形状各异、品牌众多的计算机，同时我们也会听到诸如“品牌机”、“一体机”、“平板计算机”等名词，那么计算机到底分为哪些种类呢？我们如何来获取与市场发展同步的相关信息？让我们来做一个初步的了解吧。

【项目准备知识】

1. 日常市场上常见的计算机种类

（1）按生产厂商分类

品牌机

顾名思义，就是有一个明确品牌标识的计算机，它是由公司组装起来的计算机，并且经过兼容性测试，而正式对外出售的整套的计算机，称为品牌机。在质量保证、销售渠道、售后服务方面提供一体的解决方案。

——摘自百度百科

DIY组装机

DIY是英文Do It Yourself的缩写，又译为“自己动手做”、“自助的”。

组装机指将CPU、主板、内存等计算机配件组装到一起的计算机，组装机可以自己组装，也可以到DIY配件市场组装。它的搭配随意性强，可根据用户自己要求，随意搭配，价格便宜，性价比高。

——摘自百度百科

（2）按产品外观及用途分类

计算机按照产品的外观及用途的分类如图2-1所示。

台式机

体积较大，主机与显示器一般是独立的，需要放置在计算机桌或专门的工作台上。

笔记本

体积较小，各个部件高度集成便于携带，适合移动办公。

一体机

最早由联想提出此概念，将传统分体台式机的主机集成到显示器中，减小了体积。

平板计算机

一种小型、方便携带的个人计算机，以触摸屏作为基本输入设备是其典型特征。

图2-1　计算机分类

2. 计算机销售的常见场所

计算机的销售已经变得无孔不入，通常在城市的电脑一条街中，有着大型的电脑卖场、专卖店、产品销售柜台等，在大型超市、商场等往往也能看到计算机销售的身影，如图2-2所示。

图2-2　计算机销售场所

3. 获取计算机相关信息及产品制造商的方法

（1）通过网络进行公司网站搜索

以公司名为关键字，通过各种搜索引擎进行查找（www.baidu.com、www.google.com），连接到相关公司网站，如联想（www.lenovo.com.cn）、惠普（www8.hp.com）等。

（2）通过知名IT网站搜索

可查找一些知名IT网站，例如天极网（http：//www.yesky.com）、中关村在线（http：//www.zol.com.cn）等网站。

（3）通过报刊杂志

选择一些口碑较好，发行量较大且质量较高的报刊杂志，对有关计算机知识和软硬件价格进行查询，例如《计算机报》、《微型计算机》、《计算机爱好者》等。

（4）实地考查领取报价单

利用节假日抽时间逛逛电脑卖场，多多查看厂商产品，做到心中有数。

【项目内容及步骤】

① 在“百度百科”里搜索台式机、笔记本、一体机、平板电脑等，对相关知识进行了解，并将相关内容进行记录。

____

____

____

② 了解你所在的城市有哪些大型的电脑卖场，并进行实地考察。

③ 通过实地考察找到笔记本、一体机、平板电脑实物，并进行观察。

④ 通过网络搜索或实地考察找出五个品牌机生产厂商，并将厂商的标识示意图记录下来。

【项目补充知识】

部分整机生产厂商简介

惠普

HP来源于惠普两位创始人的姓氏。1939年，在美国加州帕罗奥多市的一间狭窄车库里，两位年轻的发明家比尔•休利特（Bill Hewlett）和戴维•帕卡德（David Packard），以手边仅有的538美元，怀着对未来技术发展的美好憧憬和发明创造的激情创建了HP公司。

惠普研发有限合伙公司（简称HP）位于美国加州的帕罗奥多，是一家全球性的资讯科技公司，主要专注于打印机、数码影像、软件、计算机与资讯服务等业务。2002年收购了美国著名的计算机公司康柏。

中国惠普有限公司总部位于北京，在上海、大连、武汉、重庆等都设有分公司。

联想

联想集团成立于1984年，2004年并购了IBM的全球PC业务后，新联想由联想及原IBM个人计算机事业部所组成。公司主要生产台式计算机、服务器、笔记本计算机、打印机、掌上电脑、主机板、手机等电子产品。2004年，联想公司正式从“Legend”更名为“Lenovo”。

DELL

戴尔公司（Dell Computer）是一家总部位于美国德克萨斯州朗德罗克的世界五百强企业。创立之初，公司的名称是PC's Limited，1987年改为现在的名字。戴尔以生产、设计、销售家用及办公计算机而闻名，同时也涉足高端电脑市场，生产与销售服务器、数据储存设备、网络设备等。戴尔的其他产品还包括了PDA、软件、打印机等计算机周边产品。

宏碁

宏碁集团（Acer Group）创立于1976年，是全球第二大个人计算机品牌，宏碁以性价比优势在2009年以来销量一直占据全球前两名。主要从事自主品牌的笔记本计算机、台式机、液晶显示器、服务器及数字家庭等产品的研发、设计、销售与服务，持续提供全球消费者易用、可靠的资讯产品。

华硕

华硕成立于1989年4月1日。公司位于台湾台北市北投区。 2007—2010年连续四年跻身《财富》500强，成为最年轻的世界500强企业之一。华硕的产品线完整覆盖至笔记本计算机、主板、显卡、服务器、光存储、有线/无线网络通信产品、LCD、PDA随身计算机、手机等全线3C产品。

1 项目任务 2-2 计算机基础理论常识

【项目任务】

> **在正式进行计算机组装及维护知识学习之前，需要对计算机系统中的一些基本常识有一定的了解，例如：计算机硬件及软件系统、存储单位的分类、计算机的基本体系结构、计算机知识产权法规等，下面让我们来做一个初步的了解吧。**

【项目准备知识】

1. 计算机系统的组成

计算机系统通常由硬件系统和软件系统组成。硬件指所有能够看得见的组成计算机的物理设备，如显示器、打印机等，它们是构成计算机的实体；软件是用来指挥计算机完成具体工作的程序和数据。广义地说，软件指系统中的程序及开发、使用和维护程序所需的所有数据的集合。

- 微机系统
  - 硬件系统
    - 中央处理器（CPU）
      - 运算器
      - 控制器
    - 存储器
      - 内存储器
      - 外存储器
    - 输入设备（键盘、鼠标、扫描仪等）
    - 输出设备（显示器、打印机等）
  - 软件系统
    - 系统软件（DOS、Windows、UNIX等）
    - 应用软件（Office、Protel等）

（1）计算机硬件系统

目前计算机硬件系统组成主要采用冯•诺依曼式体系结构，当然也有并行计算机、数据流计算机、量子计算机、DNA计算机等非冯式结构计算机。一般来说，冯•诺依曼式结构的要点是：

① 数字计算机的数制采用二进制；

② 计算机应该按照程序顺序执行。

根据冯•诺依曼体系结构构成的计算机，必须具有如下功能：

① 把需要的程序和数据送至计算机中；

② 必须具有长期记忆程序、数据、中间结果及最终运算结果的能力；

③ 能够完成各种算术、逻辑运算和数据传送等数据加工处理的能力；

④ 能够根据需要控制程序走向，并能根据指令控制机器的各部件协调操作；

⑤ 能够按照要求将处理结果输出给用户。

为了完成上述的功能，计算机必须具备五大基本组成部件，包括：输入数据和程序的输入设备、记忆程序和数据的存储器、完成数据加工处理的运算器、控制程序执行的控制器、输出处理结果的输出设备，其体系结构如图2-3所示。

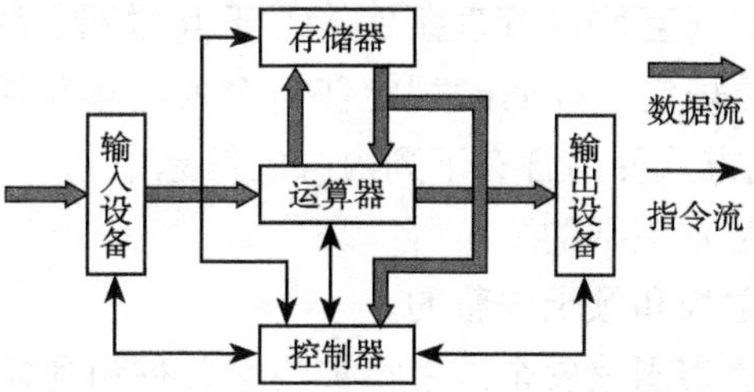

图2-3　冯・诺依曼式计算机体系结构图

（2）计算机软件系统

没有软件的计算机称为“裸机”，一台计算机硬件系统如果没有软件的支撑，不能发挥其应有的功能，计算机软件内容丰富、种类繁多，根据软件用途可将其分为系统软件和应用软件两类。

① 系统软件

系统软件指管理、控制和维护计算机系统资源的程序集合，常用的系统软件有操作系统、程序设计语言、各种服务性程序、网络与通信软件、数据库管理系统等，核心是操作系统，例如Window XP、MacOS、Linux等。

② 应用软件

应用软件指用于解决各种不同具体应用问题的专门软件，例如方案处理软件WPS、Office、各种Mis系统等、图象处理软件Photoshop等。

2. 计算机中的存储单位

位、bit（比特）：存放一位二进制数，即 0 或 1，是最小的存储单位。

byte：8个二进制位为一个字节（B），是最常用的存储单位。容量一般用KB，MB，GB，TB来表示。

1KB（Kilobyte，千字节）=1024B

1MB（Megabyte，兆字节，简称“兆”）=1024KB

1GB（Gigabyte，吉字节，又称“千兆”）=1024MB

1TB（Terabyte，太字节，或百万兆字节）=1024GB

其中$1024=2^{10}$（2 的10次方）。这是比较常规的定义方法，一般硬件生产厂商往往会直接将1024转化为1000，也因此会带来一定的计算误差。

3. 计算机相关法律法规

《互联网管理条例》

2002年11月15日起实施，《互联网管理条例》对于互联网上网服务场所的设立、经营、管理和处罚等做出了明确的规定，并明确规定任何个人与单位不得制作、下载、复制、查阅、发布、传播或者以其他方式使用含有下列内容的信息：

（一）反对宪法确定的基本原则的；

（二）危害国家统一、主权和领土完整的；

（三）泄露国家秘密，危害国家安全或者损害国家荣誉和利益的；

（四）煽动民族仇恨、民族歧视，破坏民族团结，或者侵害民族风俗、习惯的；

（五）破坏国家宗教政策，宣扬邪教、迷信的；

（六）散布谣言，扰乱社会秩序，破坏社会稳定的；

（七）宣传淫秽、赌博、暴力或者教唆犯罪的；

（八）侮辱或者诽谤他人，侵害他人合法权益的；

（九）危害社会公德或者民族优秀文化传统的；

（十）含有法律、行政法规禁止的其他内容的。

不得进行下列危害信息网络安全的活动：

（一）故意制作或者传播计算机病毒以及其他破坏性程序的；

（二）非法侵入计算机信息系统或者破坏计算机信息系统功能、数据和应用程序的；

（三）进行法律、行政法规禁止的其他活动的。

《计算机保护条例》

我国国务院依据《中华人民共和国著作权法》的规定，颁布了《计算机保护条例》，于

1991年10月1日起实施。其中对计算机软件的著作权、法律责任、软件的登记管理等做了具体的规定。禁止任何人对他人的软件非法复制、非法销售及任意剽窃，对于侵权行为依据条例处以相应的民事和行政处罚；条例规定新开发的软件可向软件管理机构办理软件著作权登记。

条例还允许因课堂教学、科学研究、国家机关执行公务等非商业性的需要对软件进行少量的复制，但要求在使用时加以说明，不得侵犯有关人员的权利。

【项目内容及步骤】

① 在“百度百科”里搜索量子计算机、DNA计算机等的相关知识，并进行记录。

____

____

② 了解计算机中所使用的存储单位还有哪些？并进行记录。

____

③ 搜索《互联网管理条例》和《计算机保护条例》全文，进行了解并记录要点。

____

____

【项目补充知识】

冯·诺依曼简介

约翰•冯•诺依曼（John von Neumann，1903—1957），美籍匈牙利人，1903年12月28日生于匈牙利的布达佩斯，冯•诺依曼从小聪颖过人，兴趣广泛，读书过目不忘，一生掌握了七种语言。1926年以优异的成绩获得了布达佩斯大学数学博士学位，此时冯•诺依曼年仅22岁。1930年接受了普林斯顿大学客座教授的职位，来到美国。1931年他成为美国普林斯顿大学的第一批终身教授，那时，他还不到30岁。冯•诺依曼是普林斯顿大学、宾夕法尼亚大学、哈佛大学、伊斯坦堡大学、马里兰大学、哥伦比亚大学和慕尼黑高等技术学院等校的荣誉博士。他是美国国家科学院、秘鲁国立自然科学院和意大利国立林且学院等院的院士。1954年他任美国原子能委员会委员；1951年至1953年任美国数学会主席。1957年2月8日，在华盛顿去世，终年54岁，被人们称为“现代电子计算机之父”。

计算机的发展历史

第一代计算机——电子管计算机，基本逻辑电路由电子管组成，代表机型为世界上第一台电子计算机“ENIAC”，体积庞大，运算速率低，主要从事军事和科研方面的工作。

第二代计算机——晶体管计算机，主要元器件采用晶体管，代表机型为美国贝尔实验室推出的Tradic，主要应用于数据处理、自动控制等方面。

第三代计算机——中小规模集成电路计算机，主要元器件采用中小规模集成电路，代表机型为IBM推出的IBM 360系统，广泛应用于科学计算、数据处理、事务管理、工业控制等领域。

第四代计算机——大规模、超大规模集成电路计算机，主要元器件采用大规模、超大规模集成电路，1981年IBM推出的IBM PC是一个划时代的代表，计算机开始向个人计算机发展，逐步进入办公室、学校和家庭。

项目任务 2-3 认识计算机

【项目任务】

> 学习计算机组装维修，首先要对计算机内部的部件、外部的设备、连接的线缆等有所了解和认识，有了初步的认知，我们才能开展下一步深入的学习。

【项目准备知识】

1. 认识计算机主机的部件

主机指主机箱内所有部件，如主板、CPU、内存、电源、硬盘、光驱、软驱、机箱、显卡、网卡及各种功能扩展卡。

主板：为计算机上的其他部件提供插槽和接口，并通过主板上的线路协调计算机中各部件的工作，外观如图2-4所示。

CPU：计算机的中枢，是计算机的最高执行单元，负责计算机内数据的运算和处理，与主板一起控制协调其他设备的工作，如图2-5所示。

图2-4 主板

图2-5 CPU

内存：计算机中用来临时存放数据的地方，计算机中的程序和数据都是在内存中通过CPU进行访问的，如图2-6所示。

硬盘：计算机中存放永久性数据和程序的存储设备，如图2-7所示。

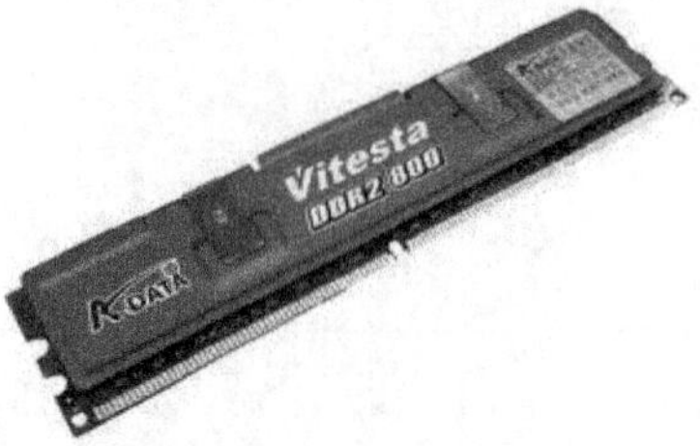

图2-6 内存

图2-7 硬盘

显卡：计算机中控制显示在显示器上的内容及颜色等信息的设备，如图2-8所示。

其他部件：电源（如图2-9所示）、机箱（如图2-10所示）、光驱（如图2-11所示）等设备。

图2-8 显卡

图2-9 电源

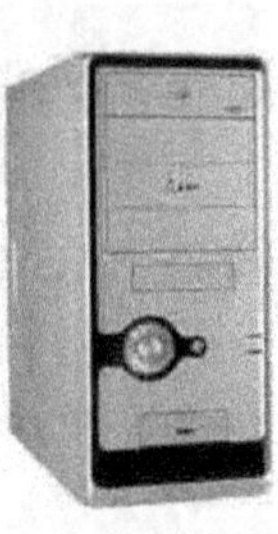

图2-10 机箱

图2-11 光驱

2. 认识计算机外设及外部接口

（1）外部设备

外部设备包括将外部信息送入主机的输入设备和将主机的处理结果输出给用户的输出设备，如显示器、键盘和鼠标、音箱、数码相机、打印机、扫描仪等（如图2-13 ~ 图2-17所示）。

图2–12　显示器

图2–13　键盘鼠标

图2–14　音箱

图2–15　数码相机

图2–16　打印机

图2–17　扫描仪

（2）外部接口

主板背部接口如图2-18所示。

图2–18　主板背部接口

① PS/2接口

PS/2接口有两个，分别连接PS/2鼠标（绿色）和PS/2接口的键盘（紫色），根据颜色区分，两个PS/2接口不能互换。

② USB接口

目前的主板一般都具有两个或多个USB接口，USB接口目前常用的有两种，一种是USB 1.1接口，另一种是USB 2.0接口。现在USB 3.0技术也已经成熟了。

③ 并行接口

并行接口是25针的DB-25接口，用于部分并口打印机、扫描仪及部分并口存储设备，现已基本被淘汰。

④ COM1、COM2接口

COM1与COM2接口也称串口，它是一个9针RS-232接口。用于传输速率较低的设备，如鼠标、外置MODEM、老式的数码相机、手写板。现已基本被淘汰。

⑤ Line Out接口（淡绿色）、Line In接口（天蓝色）和Mic接口（粉红色）

Line Out接口提供音频输出，可以连接音箱或其他放音设备的Line In接口。Line In接口是音频输入接口，通常另一端连接外部声音设备的Line Out端。Mic接口是连接麦克风的接口。

⑥ 显卡接口和网卡接口

显卡接口通常是15针的D-SUB或24针的DVI接口。网卡接口是连接网线的RJ-45接口。

（3）外部连接线缆

① 电源线

用于连接计算机与外部电源，如图2-19所示。

② 显示器数据线

用于连接显示器与显卡，如图2-20所示。

图2-19　电源线

图2-20　显示器数据线

【项目内容与步骤】

1. 观察主机内部的主要部件

（1）断开主机电源，拆除外部连线。

（2）使用螺丝刀卸下机箱右边侧板螺钉，抽出右侧面板，注意先仔细观察，想想看为什么机箱拆卸时感觉固定得很紧？

（3）识别机箱内部计算机部件。

2. 观察计算机的外部连接

（1）观察计算机的外部设备，识别并记录各设备的名称。

____

（2）观察机箱前面板接口，如图2-21所示，并标出接口名称。

左一：__________

左二：__________

左三（中红）：______

左四（右绿）：______

图2-21　机箱前部面板

（3）拆除机箱背部所有外部连线，在拆除过程中，注意仔细观察，记录各连线接口的颜色。

键　盘：________　　鼠　标：________　　音箱：________

显示器：________　　麦克风：________

【项目补充知识】

1. 有关外设

摄像头（如图2-22所示）是一种视频输入设备，被广泛的运用于视频会议、远程医疗及实时监控等方面。普通人也可以彼此通过摄像头在网络中进行有影像、有声音的交谈和沟通。另外，人们还可以将其用于当前各种流行的数码影像、影音处理。

手写绘图输入设备对计算机来说是一种输入设备，最常见的是手写板（如图2-23所示），其作用和键盘类似。基本上只局限于输入文字或者绘画，也带有一些鼠标的功能。

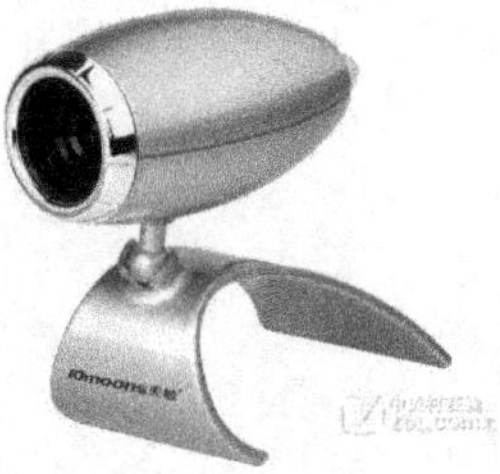

图2-22　摄像头

图2-23　手写板

2. 有关接口

1995年由美国电气和电子工程师学会（IEEE）制定了IEEE 1394标准，它是一种串行接口（如图2-24所示），但它能像并联SCSI接口一样提供同样的服务，而其成本低廉。它的特点是传输速率较快。

2002年4月，由日立、松下、飞利浦、Silicon Image、索尼、汤姆逊、东芝7家公司共同创建，高清晰度多媒体接口HDMI（如图2-25所示）是一种数字化视频/音频接口技术，可同时传送音频和影音信号，最高数据传输速度为5Gbps。

图2-24 1394接口

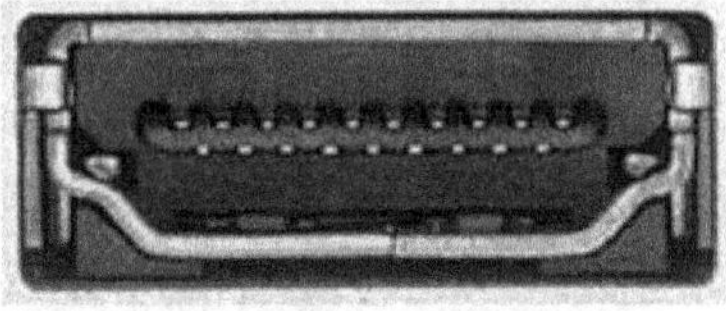

图2-25 HDMI接口

第3章

Third chapter

计算机配件、外设的安装与选购

1965年，英特尔（Intel）名誉董事长戈登·摩尔（Gordon Moore）经过长期观察，在他的文章里提出集成电路中可容纳的晶体管数目，约每隔18个月便会增加一倍，性能也将提升一倍。和他所预言的一样，随着集成芯片集成度的提高与性能的增长，计算机硬件产品保持了惊人的发展速度，各种新产品、新技术层出不穷，因此，了解和掌握计算机配件和外设产品的安装方法、性能指标与技术参数等对本课程的学习具有重要的作用。

项目任务 3-1
CPU 和散热器的选购与安装

【项目目的】

- 了解CPU与散热器的选购指标
- 掌握CPU及散热器的安装方法与注意事项

【项目准备知识】

1. 了解CPU的接口

目前比较常见的CPU接口形式有：LGA1155、LGA1156、LGA1366、Socket AM2、Socket AM3等，在英文中Socket是“插座”的意思。因此，以Socket命名的接口一般是插座式的，对应的CPU是薄片状、带有很多插针，如图3-1所示，而LGA接口则是将插针式变成触点式，如图3-2所示。

图3-1　Socket接口的主板与CPU

图3-2　LGA775接口的主板与CPU

2. 安装CPU的要点

（1）Socket插座式CPU安装

一般来说，CPU插座通常是采用ZIF（Zero Insertion Force，零插拔力）设计，这样在安装或拆卸CPU时，只需要向外拉一下拉杆并推至90° 即可，如图3-3所示。

图3-3　提起ZIF插座拉杆

安装CPU必须按照特定的方向才能插入，而这个方向通常在CPU及主板上均有标识。以Socket A 接口AMD CPU为例，其针脚有两个边角呈“斜三角”缺口，应该对准主板Socket A插槽上的“斜三角”缺口，如图3-4、图3-5所示。

图3-4　AMD CPU特征角

图3-5　AMD CPU插槽

对齐缺口后，再把CPU垂直放入CPU插座。确认CPU已完全插入到CPU插座后，再放下拉杆，直到拉杆被插座锁扣扣住即可，如图3-6所示。

警告：如放入CPU时感觉有较大阻力，应立刻停止并检查特征角位置是否正确，如强行安装CPU会导致CPU针脚弯曲或损坏。

CPU安装完成后，在CPU表面涂抹一层薄薄的导热硅脂，如图3-7所示。

图3-6　放下ZIF插座拉杆

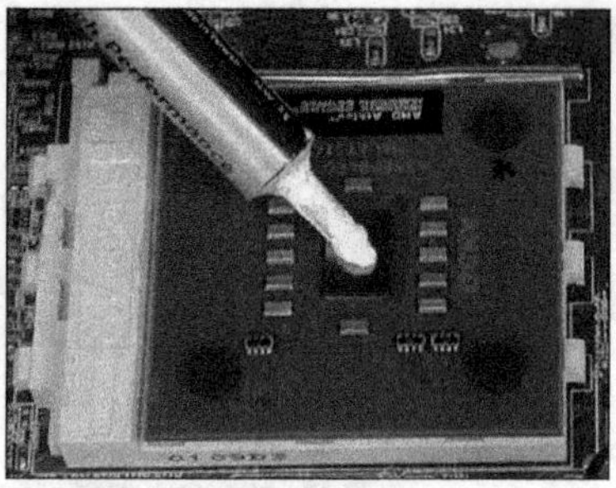

图3-7　涂抹导热硅脂

（2）LGA式CPU安装

当前市场中，Intel较新的处理器均采用LGA接口，全部采用了触点式设计，与Socket设计相比，最大的优势是不用再去担心针脚折断的问题，但对处理器的安装要求则更高。

如图3-8所示，适当用力向下微压固定CPU的压杆，同时用力往外推压杆，使其脱离固定卡扣。压杆脱离卡扣后，便可以顺利的将压杆拉起，如图3-9所示。

图3-8　下压固定压杆

图3-9　拉起固定压杆

如图3-10所示，将固定处理器的盖子与压杆反方向提起，LGA插座展现在我们的眼前，如图3-11所示。

图3-10　掀起盖子

图3-11　LGA1插座全图

和上文中提到的安装Socket类型的处理器一样，在安装LGA处理器时，也必须对齐特征角位置，然后慢慢地将处理器轻压到位并盖好扣盖，如图3-12所示，反方向微用力扣下处理器的压杆，如图3-13所示。至此CPU安装完毕。

图3-12　盖好扣盖

图3-13　扣下压杆

3. CPU散热器的安装

（1）扣具式散热器（适用于Socket CPU）

扣具在两边的形状是不同的，一头是简单的镂空小钩，另一头是带有扶手的镂空小钩，如图3-14所示。

先将没有扶手的一头扣住CPU插槽，如图3-15所示，然后将CPU风扇盖住CPU，同时按下另一头的扶手，使之扣住CPU插槽的另一端，如图3-16所示。并注意连接CPU风扇的电源线，如图3-17所示。

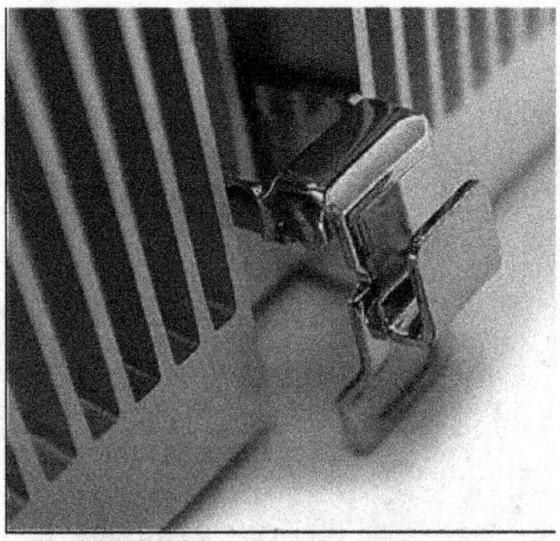
图3-14　带扶手的小钩

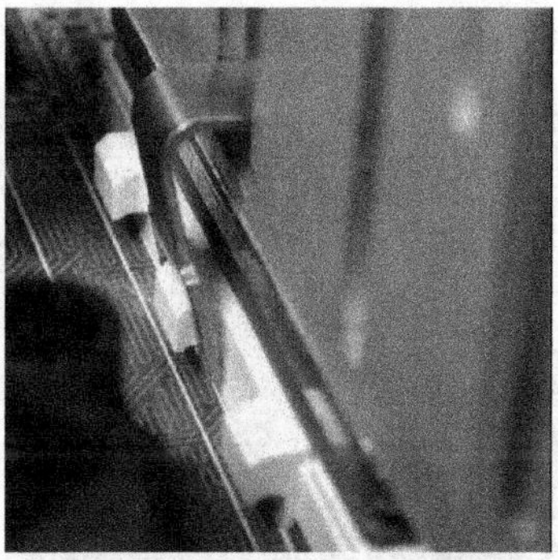
图3-15　一端扣住插槽

图3-16　带扶手的小钩扣住另一端

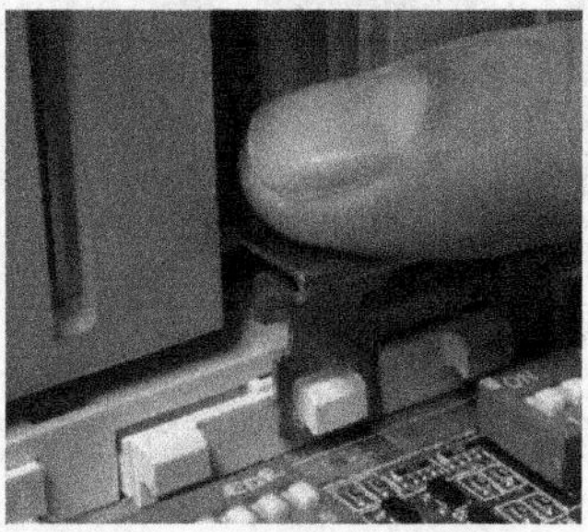
图3-17　插上CPU风扇电源

警告：安装时必须注意用力均匀，用力不当将有可能压坏CPU核心，导致CPU损坏而无法正常工作。

提示：安装扣具式CPU风扇时，还要注意风扇的方向要正确。有些CPU风扇的底部有一段是凹下去的，这个部位应该和CPU插座上凸起来的部位相对应，这样才能够正确的将风扇安装好。

（2）螺栓式散热器（适用于LGA式CPU）

对于LGA接口CPU，散热器由扣具设计改成了螺栓式设计，此外，大多数散热器本身自带硅胶，散热效果也得到了很大的提高，如图3-18、图3-19所示。

图3-18　螺栓式散热器正面

图3-19　螺栓式散热器背面

安装时，将散热器的四角对准主板相应的位置，然后用力压下四角扣具即可，如图3-20所示。（有些散热器采用了螺钉设计，因此在安装时还要在主板背面相应的位置安放螺母。）

固定好散热器后，还要将散热风扇接到主板的供电接口上。找到主板上安装风扇的接口（主板上的标识字符为CPU_FAN），将风扇插头插上即可，如图3-21所示。

图3-20　对好主板位置压下

图3-21　连接CPU风扇电源

警告：下压时必须注意用力均匀，用力不当将有可能压坏CPU核心，导致CPU损坏而无法正常工作。

4. CPU及散热器的选购

（1）CPU选购中的几个概念

① 主频：CPU的主频代表着CPU的运算速率，一般来说，对于同级别CPU，主频越高，速率越快，主频=外频×倍频。

② 高速缓存：也就是Cache，Cache的容量大小对处理器的性能影响很大，尤其是商业性能方面。一般来说，较大的Cache可以提升CPU 30%以上的工作效率。

③ 制造工艺：制造工艺直接关系到CPU的电气性能。而通常所说的45nm、32nm指的是CPU核心中线路的宽度。线宽越小，CPU的功耗和发热量就越低，并可以工作在更高的频率上了。

④ 多核心：也指单芯片多处理器（Chip multiprocessors，CMP）。其思想是将大规模并行处理器中的SMP（对称多处理器）集成到同一芯片内，各个处理器并行执行不同的进程。简单地说，就是一个处理器“真实”拥有两个核心。

⑤ FSB频率：前端总线是CPU跟内存控制器之间沟通的通道，处理器必须通过它才能获得数据，也只能通过它来将运算结果传送到其他对应的设备。前端总线的速率越快，CPU的数据传输就越迅速。当然，在AMD CPU及目前较新型号的Intel CPU中，由于采用新型技术将内存控制器放进了CPU内部，故FSB频率也就无从谈起了，取而代之的是HT、DMI、QPI等总线频率值。一般来说，这些频率值越高，代表CPU的数据传输越迅速。

（2）CPU散热风扇的选购

① 风扇转速

风扇的转速直接影响到风扇的散热效果。一般选择转速在3500转至5200转之间的风扇。

② 风扇材质

由于CPU的热量是通过传导到散热片，再经风扇带来的冷空气吹拂而把散热片的热量带走的，而风扇材料质量对热量的传导速率具有决定性的作用。一般来说，选择铜质材料或铝质材料即可。

③ 风扇功率

风扇功率是影响风扇散热效果的一个很重要的条件，功率越大通常风扇的风力也越强劲，散热的效果也越好。

④ 风扇口径

该性能参数对风扇的出风量也有直接的影响，在允许的范围之内风扇的口径越大，那么风扇的出风量也就越大，风力效果的作用面也就越大。当然选择的风扇口径一定要与自己计算机中的机箱结构相协调，保证风扇不影响计算机其他设备的正常工作，以及保证计算机机箱中有足够的自由空间来方便拆卸其他配件。

⑤ 风扇噪声

衡量风扇质量高低的另外一个外在表现是噪声大小。许多品牌风扇都使用滚珠轴承，这种轴承就是利用许多钢珠来作为减少摩擦的介质。这种滚珠风扇的特点就是风力大，寿命长、噪声小，但成本比较高，可根据自身情况加以选用。

⑥ 风扇形状

所谓的风扇形状，通常是指组成风扇的散热片的形状。由于风扇的形状对进风和排风影响很大，而进风和排风又会直接关系到最后的散热效果。

【项目内容与步骤】

① 消除身体静电。

② 观察CPU的盖板上的标识，找到CPU型号并以此确定CPU的电压、主频、外频、倍频等参数，并记录如下。

③ 观察CPU接口形状、特征角位置与特点，并画出示意图。

④ 观察主板CPU插座形状和特征角位置，仔细观察ZIF插座拉杆工作原理，拨起拉杆，注意需提升至90°。

⑤ 观察CPU风扇固定栓扣。

⑥ 正确安装CPU，并压下ZIF插座拨杆，固定CPU并视情况涂抹少量硅胶。

⑦ 正确安装CPU散热器，确保其与CPU紧密接触，并连接其电源。

⑧ 利用www.baidu.com或www.google.com以“CPU选购指标”为关键字进行网络搜索，并摘要记录。

⑨ 利用www.baidu.com或www.google.com以“DMI频率”及“QPI频率”为关键字进行网络搜索，并摘要记录。

【项目补充知识】

1. 新型CPU

SNB平台

SNB（Sandy Bridge）是英特尔在2011年发布的新一代处理器微架构，代表型号为第二代酷睿I7、I5、I3系列，这一构架将整合图形核心（核芯显卡）与CPU封装在同一块基板上。核芯显卡以最快的速度响应CPU。Sandy Bridge 构架下的处理器采用了比之前的45nm工艺更加先进的32nm制造工艺，理论上实现了CPU功耗的进一步降低，及其电路尺寸和性能的显著优化。此外，第二代酷睿还加入了全新的高清视频处理单元。

APU

APU中文名字叫加速处理器，是AMD融聚理念的产品，它第一次将处理器和独显核心做在一个晶片上，它同时具有高性能处理器和最新独立显卡的处理性能，支持DX11游戏和最新应用的“加速运算”，大幅提升计算机运行效率，实现了CPU与GPU真正的融合。

2. CPU发展历程（以Intel CPU为例）

1971年：4004 微处理器
1972年：8008 微处理器
1974年：8080 微处理器
1978年：8086、8088 微处理器
1982年：80286 微处理器
1985年：80386 微处理器
1989年：Intel 80486微处理器
1993年：Intel Pentium 处理器
1997年：Intel Pentium II 处理器
1999年：Intel Pentium III 处理器
2000年：Intel Pentium 4 处理器
2002年：Intel Pentium 4 HT处理器
2005年：Intel Pentium D 处理器
2006年：Intel Core 2 Duo处理器
2011年：Intel Sandy Bridge处理器

【常见故障与注意事项】

① 安装CPU过程中，特征角位置对应正确，但CPU无法放下。

在安装CPU过程中，当扳开ZIF拉杆时，应注意将拉杆扳至90°位置，否则CPU不会顺利落下。

② 安装好CPU及散热器后，打开电源，一段时间后机器死机，严重时机器黑屏，闻到焦糊味。

安装CPU散热器时，应注意检查散热器三芯电源线是否插好，否则开机后CPU表面温度急剧上升可能导致死机或CPU的损坏。

项目任务 3-2 主板的选购与安装

【项目任务】

- 了解主板的类型和组成部分
- 会正确安装主板
- 能合理选购主板

【项目准备知识】

1. 了解主板的板型

主板是计算机中最重要的部件之一，是连接CPU与其他各设备之间的平台，目前常见的主板主要有ATX、Micro ATX、BTX等结构。

(1) ATX结构

ATX（如图3-22所示）是目前最常见的主板结构，具有标准的I/O面板插座，提供有两个串行口、一个并行口、一个PS/2鼠标接口和一个PS/2键盘接口。

(2) Micro ATX结构

Micro ATX结构（如图3-23所示）也称Mini ATX结构，它是ATX结构的简化版。Micro ATX规格被推出的最主要目的是为了降低个人计算机系统的总体成本与减少计算机系统对电源的需求量。

图3-22 ATX结构主板

图3-23 Micro ATX结构主板

（3）BTX结构

图3-24 BTX结构主板

BTX结构（如图3-24所示）是英特尔提出的新型主板架构，是ATX结构的替代者。BTX规格能够在不牺牲性能的前提下做到最小的体积。系统结构将更加紧凑；并针对散热对主板的线路布局进行了优化设计；同时取消了传统的串口、并口、PS/2等接口。

2. 了解主板的组成

一般来说，主板由以下几个部分组成。

（1）CPU插座

主板上的CPU插座如图3-25所示。

图3-25　主板上的CPU插座

图3-26　主板上的芯片组

（2）芯片组

如果说中央处理器（CPU）是整个计算机系统的心脏，那么芯片组（如图3-26所示）将是整个身体的躯干。对于主板而言，芯片组几乎决定了这块主板的功能，进而影响到整个计算机系统性能的发挥。通常芯片组由于发热量较高，会覆盖有散热片。一般来说，主板芯片组分为北桥芯片（如图3-27所示）和南桥芯片（如图3-28所示），北桥芯片通常负责对CPU、内存、AGP等高速设备的支持，而南桥芯片通常负责对IDE接口、USB接口、串并口等低速设备的支持。当然在目前的Intel及AMD平台主板中，已经开始大量采用单芯片结构。

图3-27　北桥芯片

图3-28　南桥芯片

（3）内存插槽

目前，主板上用来固定内存条的插槽叫DIMM槽（如图3-29所示），SDRAM、DDR SDRAM、DDRII SDRAM、DDRIII SDRAM均使用这种内存插槽。

图3-29　DIMM内存插槽

（4）局域总线和扩展总线插槽

如图3-30、图3-31、图3-32所示，PCI总线插槽，在主板上一般为白色，PCI-E插槽具有PCI-E×16、PCI-E×8、PCI-E×4、PCI-E×1等几种不同的种类，一般在目前支持PCI-E的主板上，常见有两种PCI-E插槽，其中最长的就是PCI-E×16插槽，专门是为显卡准备的，除此之外就是PCI-E×1插槽，给其他支持PCI-E×1接口的扩展卡使用。

图3-30　主板上的I/O扩展槽

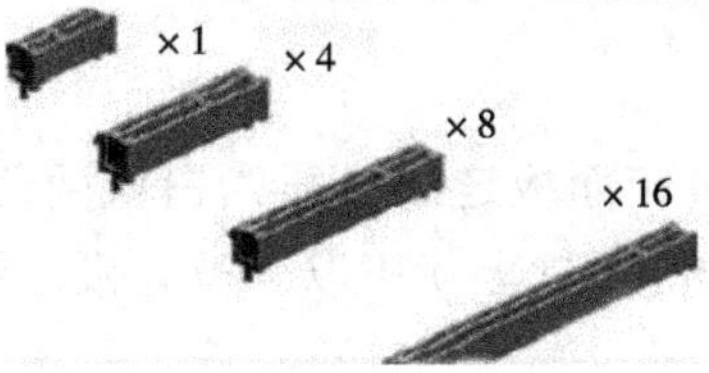

图3-31　PCI-E插槽标准

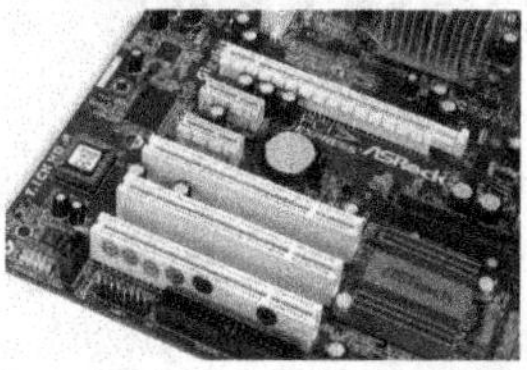

图3-32　PCI-E插槽实物图片

（5）主板提供的接口

目前所有的主板都把USB接口、PS/2接口、串行口、并行口集成到主板上，另外有些主板还内置了声卡、显卡、网卡的功能。

3. 主板与机箱面板的连接

主板上的机箱面板连线插针通常位于主板左下端靠近边缘的位置，一般是双行插针，一共有10组左右（如图3-33所示），也有部分主板上采用单行插针，虽然设计针脚数或位置可能有所不同，但是至少应包含POWER SW、RESET SW、POWER LED、H.D.D.LED、SPEAKER等插针。而机箱面板同样也提供了如图3-34所示的多组与之对应的连接线缆。

在主板说明书中，通常会有有关插针连接的详细介绍，只需对照连接即可。同时绝大多数主板上也会印有相关说明，即使说明书不慎遗失，也可通过这些说明来正确安装各种连线。

图3-33 主板上的机箱面板插针

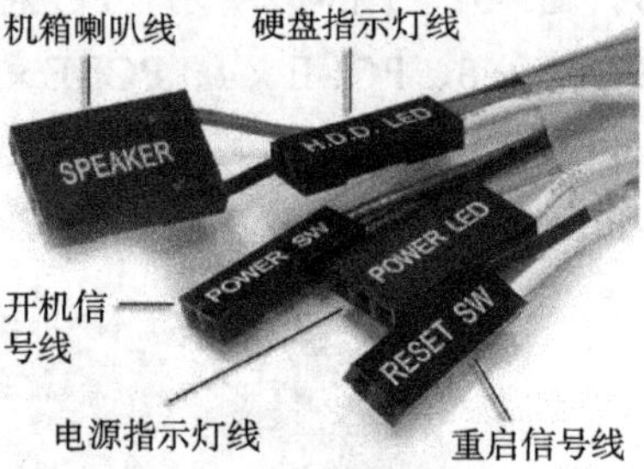

图3-34 机箱面板连接线

（1）电源开关（POWER SW）

电源开关是激发ATX电源向主板及其他各设备供电的信号，机箱面板连线一般为白棕两色（如图3-36所示），插在主板上标示有“POWER SW”、“PWR SW”或“PWR”字样的插针上就可以，没有极性要求。

（2）复位开关（RESET SW）

复位开关是用于重新启动计算机的。机箱面板连线一般为白蓝两色（如图3-36所示），插在主板上标示有“Reset”或“RST”字样的插针上就可以，没有极性要求。

图3-35 POWER SW 连接线

图3-36 RESET SW连接线

（3）电源指示灯（POWER LED）

电源指示灯可以表示目前主板是否加电工作。机箱面板连线通常为白绿两针或三针插头，插在主板上标示有“PWR LED”或“P LED”字样的插针上。由于采用发光二极管，所以连接是有方向性的。有些主板上会标示“P LED+”和“P LED –”，需将绿色一端对应连接在“P LED+”插针上，白色端连接在“P LED –”插针上，其连接线如图3-37所示。

（4）硬盘指示灯（H.D.D LED）

硬盘指示灯可以标明硬盘的工作状态，当此灯闪烁时，说明硬盘正在进行存取工作。机箱面板连线通常为白红两色，插在主板上标示有“HDD LED”或“IDE LED”字样的插针上。与电源指示灯一样，它也是有极性要求的。有些主板上会标示“HDD LED+”和“HDD LED –”，需将红色端对应连接在“HDD LED+”插针上，白线端连接在“HDD LED –”插针链接线如图3-38所示。

图3-37 POWER LED连接线

图3-38 H.D.D. LED 连接线

提示：由于发光二极管是有极性的，插反是不亮的，所以如果你连接之后指示灯不亮，不必担心接反会损坏设备，只要将计算机关闭，将相应指示灯的插线反转连接就可以了。

（5）扬声器（SPEAKER）

扬声器是主机箱上的一个小喇叭，可以提供一些开机自检错误信号的响铃工作，如图3-39所示。机箱面板连线通常为红墨四针插头，插在主板上标示有“Speaker”或“SPK”字样的插针上。一般应注意红色端插正级，黑色插负极。

（6）前置USB接口连线

目前绝大多数主板除了直接在背板上提供USB接口外，还在主板上预留USB接口的插针以供前置USB接口使用，如图3-40所示。机箱面板连线通常为单行四列或双行四列和双行五列，插在主板上标注“FR USB”、“Front USB”或“USB 1/2/3/4”等字样的插针上即可。

图3-39 SPEAKER连接线

图3-40 前置USB连接线与主板上对应的插针

【项目内容与步骤】

① 打开机箱的外壳，观察机箱底板与主板，以确定哪些螺钉孔需要栓上螺钉，把机箱附带的金属螺丝柱或塑料钉旋入主板和机箱对应的机箱底板上（如图3-41所示），然后用钳子再进行加固。将主板的I/O接口（COM接口、键盘接口、鼠标接口等）一端试着对应机箱后部的I/O挡板，将机箱背板上多余的铁片去掉（如图3-42所示）。

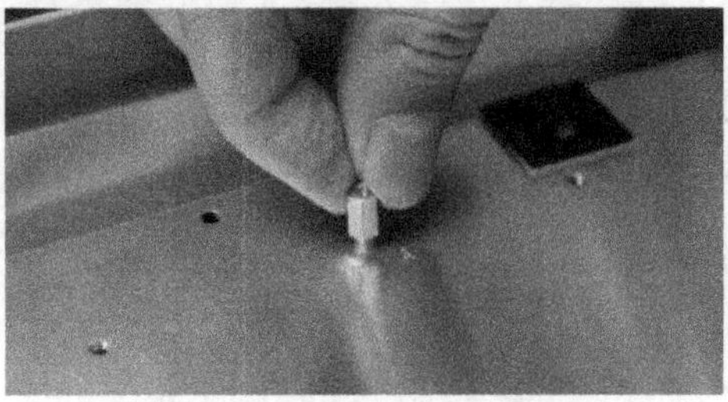

图3-41　机箱底板上安装支撑铜柱

图3-42　去除机箱背板上的多余挡片

② 将主板轻轻地放入机箱中，并检查金属螺丝柱或塑料钉是否与主板的定位孔相对应（如图3-43所示）。将主板背部接口与机箱背面板开口对好，并固定到位（如图3-44所示）。

图3-43　将主板水平放入机箱内

图3-44　对齐机箱背面板并露出设备接口

③ 如果均已安装到位后，将金属螺钉套上纸质绝缘垫圈加以绝缘，再用螺丝刀旋入主板对应螺丝孔内（如图3-45所示），至此主板安装完成，如图3-46所示。

图3-45　安装主板螺钉

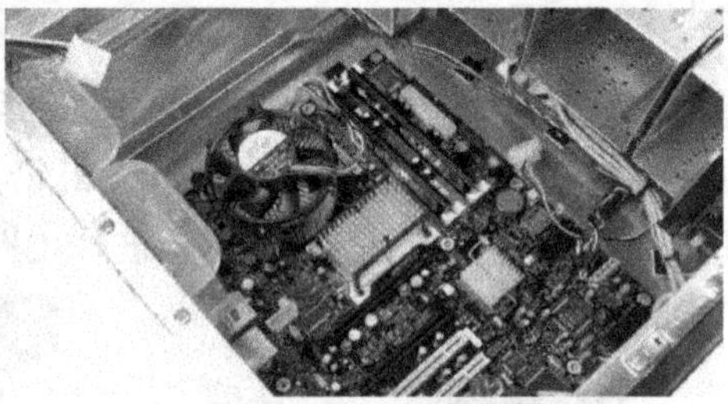

图3-46　主板安装完毕

警告：主板是各种硬件的安放平台，在使用时如果发生形变，将会影响到硬件的工作，因此在固定主板时，不要偷懒随意缩减螺钉数量。

【项目补充知识】

1. 主板的选购

① 支持CPU类型

在选购主板时，应首先根据选用的CPU类型确定主板CPU插槽，目前主要分为Intel和AMD两大系列。

② 芯片组型号

芯片组是主板的核心与灵魂，一块主板的功能强弱很大程度上是由芯片组的功能所决定的，目前芯片组的生产厂家主要有Intel、AMD、NVIDIA、VIA、SIS等。

③ 对其他设备的支持

根据内存、显卡等其他设备来检验主板是否具备相应插槽。例如是否具有DDR III内存插槽，是否具有PCI-E×16显卡插槽等。

④ 做工与用料

一般来说，性能良好的主板普遍采用4层或6层PCB，大量使用钽电容和固态电容，其次I/O接口与接插件普遍采用AMP、富士康等产品。

⑤ 厂商与售后服务

目前生产主板的较大厂商有华硕、微星、技嘉、华擎、升技、精英等，一般主板提供一年保修服务，部分产品提供三年保修服务。

2. 一线主板生产厂商

华硕成立于1989年4月1日。公司位于台湾台北市北投区。 2007—2010年连续四年跻身《财富》500强，成为最年轻的世界500强企业之一。据统计，华硕迄今累积下的主板销量，全世界每三台个人计算机中，就有一台安装了华硕主板。这相当于每心跳一次，就有一片引以为傲的华硕主板售出。

技嘉成立于1986年，是台湾第二大专业主板制造商，如今在国内已成为一线主板品牌，出货量与同为一线的微星科技（MSI）不相上下，一贯以华丽的做工而闻名，但绝非华而不实。

微星成立於1986年8月，总部位于台湾台北县中和市，是全球前五大主板厂商之一和第一大显卡生产商。

【常见故障与注意事项】

① 一台计算机，原先工作正常，在安装新设备后，开机不亮。

前面讲授机箱时也提到过类似情况。一般来说，主板在安装、固定时，必须将底部支撑螺钉上齐，同时机箱固定钢板应具有一定厚度，否则在安装设备等受力情况下，主板可能会发生一定的形变，导致部分焊点与金属底板接触从而短路，造成开机不亮等现象。

② 一台计算机，工作正常，使用较长时间后，出现频繁死机或蓝屏等现象。

此种故障产生原因较多，例如灰尘、接插不良等均有可能，而电容质量往往是其中一个原因，主板上的电容元件是机器稳定工作的重要前提，目前较老型号的主板及部分低价主板仍然大量采用液态电解电容，在使用较长时间后，容易出现电容“爆浆”，从而导致发生以上现象。

项目任务 3-3 内存的选购与安装

【项目任务】

- 认识内存条
- 能正确安装DIMM系列内存条
- 了解内存条相关知识
- 建立内存与主板的关联意识

【项目准备知识】

1. 常见内存条的识别

从内存形态上看，常见的内存有：DDR SDRAM、DDR II SDRAM、DDR III SDRAM。从外观上来说，它们之间的差别主要在于长度和引脚的数量，以及引脚上对应的缺口位置。

DDR SDRAM内存具有184个引脚，引脚上只有一个缺口，缺口位置略微偏右，如图3-47所示。

图3-47　DDR SDRAM内存条

DDR II SDRAM内存具有240个引脚，引脚上也只有一个缺口，缺口位置基本在正中，如图3-48所示。

图3-48　DDR II SDRAM内存条

DDR III SDRAM内存肯有240个引脚，引脚上只有一个缺口，缺口位置偏左，如图3-49所示。

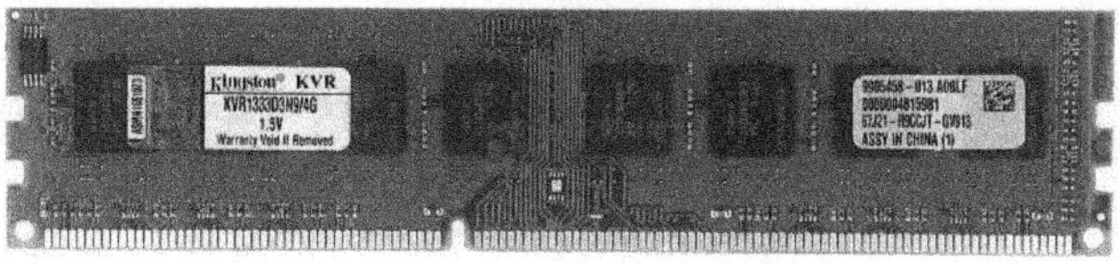

图3-49　DDR III SDRAM内存条

2. 内存条的安装

目前，内存条均使用DIMM内存插槽，因此安装方法基本相同。首先将主板内存插槽两侧的塑胶夹脚（通常也称为“保险栓”）向外侧扳动，使内存条能够插入，如图3-50所示。

图3-50　扳开保险栓并注意插槽内的凸起

将内存条的引脚上的缺口对准内存插槽内的凸起，垂直地将内存条插到内存插槽并压紧，直到内存插槽两头的保险栓自动卡住内存条两侧的缺口，如图3-51所示。

图3-51　对齐缺口后垂直插下内存条

3. 内存的选购

（1）与主板配合

在选购内存条之前，应根据主板说明书上支持的内存型号来确定购置型号与最大容量。

（2）与CPU配合

针对现在主流CPU的总线频率一般较高，与内存在读取数据的配合方面存在差异，因此一般选择两根同容量同型号内存以组成双通道内存。当然，在具体购买内存前应了解清楚主板或CPU是否支持双通道内存。

（3）尽量选择大厂品牌盒装产品

较知名的品牌有：Samsung（三星）、Kingston（金士顿）、Apacer（宇瞻）、Geil（金邦）、ADATA（威刚）、Corsair（海盗船）、芝奇等，一般来说，盒装产品假货较少，保修、稳定性和兼容性等方面较好。

【项目内容与步骤】

① 关闭机器电源，消除自身静电，打开机箱；
② 观察主板上的内存插槽；
③ 打开内存锁扣，卸下内存；
④ 清理内存条金手指，安装内存；
⑤ 检查内存安装情况，确认无误后打开电源，观察内存自检情况；
⑥ 在www.baidu.com或www.google.com上以“双通道”为关键字搜索信息，了解双通道内存相关知识；
⑦ 假设给定一块华硕P8Z68-V LX主板，应如何选购内存，并说明选购理由。

【项目补充知识】

1. 内存插槽的分类

不同的内存条必须安装在主板上的专用内存插槽上，目前使用的内存插槽多为DIMM。

SIMM（Single In-Line Memory Module，单边接触内存模组）是486及较早的PC机中常用的内存插槽。

DIMM（Dual In-Line Memory Module，双边接触内存模组）内存插槽指插槽的两边都有数据接口触片。

2. DDR II与DDR III的区别

目前常见的内存主要为DDR II内存与DDR III内存，它们之间的区别见表3-1。

表3-1 DDR II与DDR III的区别

	DDR II SDRAM	DDRIII SDRAM
数据传输率	533/667/800/1066 MHz	1066/1333/1666/2000MHZ
内存频率	133/166/200/266 MHz	133/166/200/266 MHz
针脚数	240	240
电压	1.8V	1.5V

3. 双通道内存

有关“双通道内存”的相关技术知识大家可以去自行查阅学习，在这里有几点提醒大家。

（1）要组建双通道内存，一般应选择同品牌、同容量、同型号的两根或偶数根内存比较可靠。

（2）主板必须支持双通道内存技术，一般在主板上会以不同颜色标识出同一组内存插槽，如图3-52所示，两根内存应插在颜色相同的一组插槽上。

图3-52 主板双通道内存插槽

【常见故障与注意事项】

① 一台机器使用较长时间后，开机不亮，无报警声或不停长声。

导致开机不亮的原因很多，但结合开机报警声现象判断，一般可能由于灰尘堆积导致内存条插接不良导致，可关机拔下内存条，清理灰尘后用橡皮擦拭内存条金手指部分，再将内存条插回即可。

② 新机组装完成后，开机后闻到焦糊味，开机不亮，无报警声或不停长声。

此情况多数为安装内存条时未完全安装到位，导致内存金手指并未与插槽充分接触，从而导致开机通电后内存条烧坏，此现象应引起足够重视，在安装内存条时应仔细观察确认无误后方可开机。

项目任务 3-4

硬盘、光驱等存储设备的选购与安装

【项目任务】

- 认识硬盘、光驱，能区分各驱动器的连接线缆与接口
- 能正确安装硬盘、光驱
- 了解硬盘、光驱等存储设备的性能指标

【项目准备知识】

1. 认识设备、接口与线缆

硬盘和光驱是计算机系统中重要的辅助存储器，如图3-53、图3-54所示。

图3-53　硬盘

图3-54　光驱

（1）设备接口

目前硬盘和光驱主要采用SATA 接口，SATA接口一般包括一个15针电源接口和一个7针数据线接口，如图3-55所示。

图3-55　SATA电源及数据线接口

(2) 主板接口与线缆

主板上一般提供多个SATA接口，如图3-56所示。

图3-56　自左向右分别为主板上的SATA接口、SATA电源线接口、SATA数据线接口

2. 设备的安装

安装的操作如图3-57、图3-58所示。

图3-57　将硬盘固定在3英寸固定架上

图3-58　光驱应从前端插入并固定

将数据线与电源线分别插入设备及主板相应的位置即可，如图3-59、图3-60所示，且SATA硬盘数据线和电源线均有防插反装置。

图3-59　SATA数据线连接主板接口

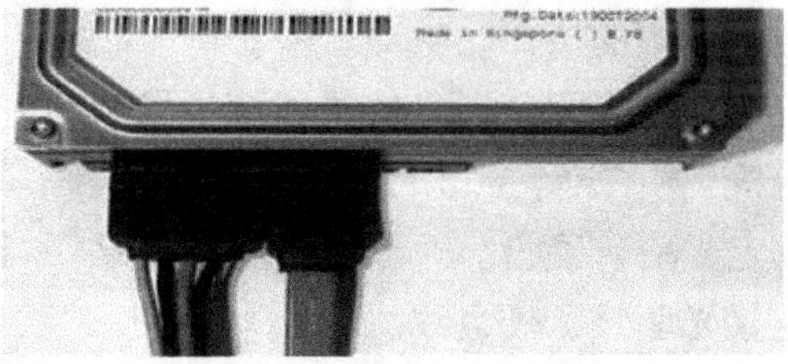

图3-60　线缆连接图

3. 硬盘、光驱的选购

选购硬盘的时候，应考虑以下几点：

① 接口。目前使用的均为SATA II接口或SATA III接口。

② 容量。一般来说，在能承受的价格范围之内，硬盘容量越大越好，同时注意尽量购买单碟容量大的硬盘，单碟容量大的硬盘性能比单碟容量小的硬盘高。

③ 转速。一般选择7200rpm（转/分钟）的产品，笔记本计算机应该选择5400rpm的产品。

④ 缓存。大容量缓存可以很明显地提高硬盘性能，目前一般硬盘的缓存有8M、16M、32M几种，在价格能承受的范围内，缓存容量越大越好。

⑤ 质保。目前一般散装硬盘提供一年的质保服务，盒装产品提供三到五年的质保服务。

⑥ 品牌。目前市场中流行的硬盘主要有Seagate（希捷）、日立、WD（西部数据），以及三星等厂家的硬盘。

选购光驱时，应考虑以下几点：

① 光驱类型。目前市面上可见的光驱一般有DVD-ROM和DVD-RW两种，区别在于RW具有“写”功能，且两者价格差异不大，建议可选择DVD-RW。

② 速度。光驱的速度一般以“××速”来衡量，对于DVD光驱而言，一般单速为1350kb/s，应尽可能选购高速产品。

③ 接口类型。目前所能看到的绝大多数采用SATA 接口。

④ 缓存大小。缓存还可以协调数据传输时的速度，保证数据传输的稳定性和可靠性。因此光驱的缓存当然是越大越好，目前市面上的光驱缓存大多在1M，2M，4M，8M。

⑤ 品牌。目前市场中主流品牌有先锋、三星、华硕、飞利浦、索尼、明基、建兴等。

⑥ 光雕技术。光雕技术是用于直接刻印碟片表面的HP专利技术，允许用户在数据刻录完成后，将图像和文字永久性地蚀刻在光盘表面上。光雕技术需要光驱支持，同时需要特殊光盘。如图3-61所示为光雕标志。

【项目内容与步骤】

① 消除身体静电。

② 观察硬盘、光驱的背部接口，确定其电源、数据线等接口。

③ 观察各类线缆的接口、特点。

④ 观察机箱固定光驱、硬盘的扩展槽位置、螺钉固定位置。

⑤ 观察主板上SATA等接口的位置、形状。

⑥ 正确固定光驱、硬盘。

⑦ 正确连接光驱线、硬盘线。

【项目补充知识】

1. U盘、SSD硬盘和移动硬盘

U盘，英文名“USB flash disk”，如图3-62所示。它是一种微型高容量移动存储产品，可以通过USB接口与计算机连接，实现即插即用。

U盘的称呼最早来源于朗科公司生产的一种新型存储设备，名曰“优盘”，而之后生产的类似技术的设备由于朗科已进行专利注册，而不能再称之为“优盘”，而改称谐音的“U盘”。

固态硬盘SSD由控制单元和存储单元（Flash芯片）组成，如图3-63所示。简单地说就是用固态电子存储芯片阵列而制成的硬盘，固态硬盘从使用上来说与普通硬盘完全相同。同时由于固态硬盘没有普通硬盘的旋转介质，因而抗震性极佳，同时工作温度很宽，扩展温度的电子硬盘可工作在-45℃ ~ +85℃。广泛应用于军事、车载、工控、视频监控、网络监控、医疗、航空、导航设备等领域。

图3-61　光雕标志

移动硬盘顾名思义是以硬盘为存储介质，在计算机之间交换大容量数据，强调便携性的存储产品，如图3-64所示。市场上绝大多数的移动硬盘都是以标准硬盘为基础的，因此移动硬盘在数据的读写模式与标准硬盘是相同的。移动硬盘多采用USB、IEEE 1394等传输速度较快的接口，以较高的速度与系统进行数据传输。

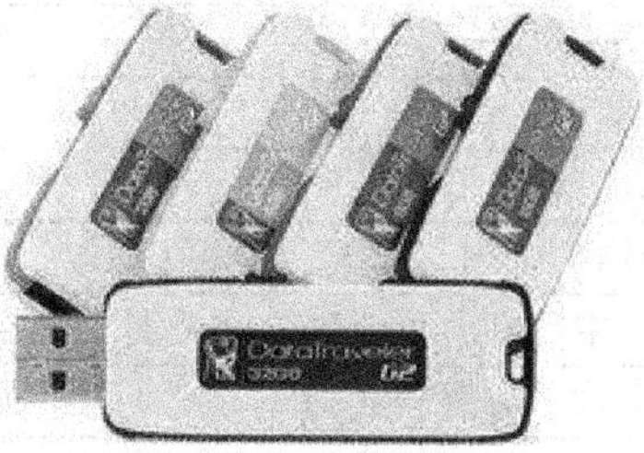
图3-62　U盘

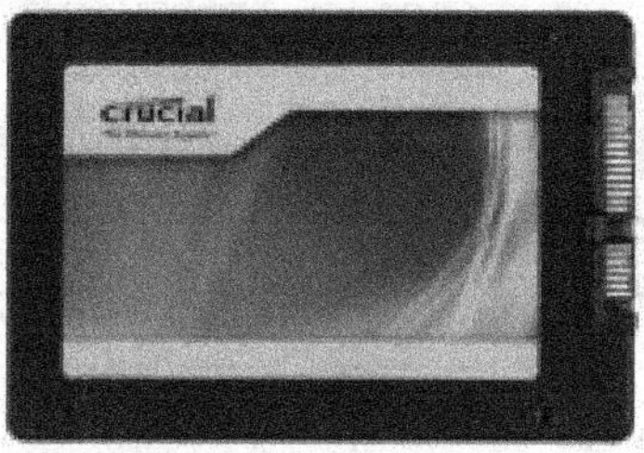

图3-63　SSD硬盘

图3-64　移动硬盘

2. 光驱的读写技术

目前光驱主要的读写技术有Z-CLV和CAV这两种。CLV是恒定线速度的意思，也就是说，在光驱读/写的过程中，盘片表面任何一个点通过光头的线速度是恒定的。

由于光头读/写盘的顺序是从内圈到外圈，而盘片本身在不停地旋转，因此为了保持线速度的恒定，光头读/写盘片内圈的时候角速度就要提高，也就是盘片的转速要高。这样造成盘片内圈转速高，震动、噪声比较大，在技术上也很难实现较高的传输速率。

为了让CLV方式达到更高的传输速率，Z-CLV便应运而生。所谓Z-CLV，就是区域恒定线速度，也就是在特定的区段内以CLV方式工作。Z-CLV方式一般会将光盘读/写的过程划分成几个区段，从内圈到外圈速度呈阶梯型提升。

和Z-CLV相比，CAV最大的优势就在恒定角速度，也就是说在整个读/写盘过程中电动机转速保持恒定，基本上不需要任何调节。这样，随着刻录过程从内圈向外圈进行，盘片的线速度就越来越高，传输速率也同步提升，通常在最外圈能够达到标称的最高速率。显然，采用CAV方式的光驱，转速是恒定的，而数据传输率是变化的，因此，当看到某些光驱上标识有“52 × MAX”时，应知道实际指光驱读取最外圈数据时能够达到的最高速率为52 ×。

3. DVD的规格与区码

一般DVD盘片的规格，有以下几种，见表3-2。

表3-2　DVD规格

名称	格式	容量
DVD-5	单面单层	4.7GB
DVD-9	单面双层	8.5GB
DVD-10	双面单层	9.4GB
DVD-18	双面双层	17GB

由于DVD的主要技术掌握在了日本人的手里，而对于DVD的软件支持，掌握在了其他西方国家手中。因此，出于保护知识产权的目的，厂家在生产DVD时，通常按照产品的销售范围设定了区码，不同区码之间的产品是不能兼容的，见表3-3。

表3-3 DVD区码

区码	区码范围
第一区	加拿大、美国
第二区	日本、欧洲、中东、埃及、南非
第三区	东南亚、东亚（中国香港、中国台湾、韩国、泰国、印尼……）
第四区	澳洲、纽西兰、南太平洋岛屿、中美洲、墨西哥、南美洲
第五区	非洲、印度、中亚、蒙古、苏联、北韩
第六区	中国大陆

4. 有关蓝光技术

蓝光光碟（Blu-ray Disc，BD）是DVD之后的下一代光盘格式之一，用以存储高品质的影音及高容量的数据存储。蓝光光碟的命名是由于其采用波长405nm的蓝色激光光束来进行读写操作（DVD采用650nm波长的红光读写器，CD则是采用780nm波长）。一个单层的蓝光光碟的容量为25GB或27GB，足够录制一个长达4小时的高解析影片。2008年2月19日，随着HD DVD领导者东芝宣布在3月底退出所有HD DVD相关业务，持续多年的下一代光盘格式之争正式划上句号，最终由SONY主导的蓝光光碟胜出。

5. 有关硬盘生产厂商

希捷公司成立于1979年，现为全球第二大的硬盘、磁盘和读写磁头制造商，希捷在设计、制造和销售硬盘领域居全球领先地位，提供用于企业、台式计算机、移动设备和消费电子的产品。2005年并购迈拓（Maxtor），2011年4月收购三星（Samsung）旗下的硬盘业务。

西部数据是全球知名的硬盘厂商，成立于1979年，目前总部位于美国加州，在世界各地设有分公司或办事处，为全球五大洲用户提供存储器产品，2011年3月收购日立之后，市场份额达到将近50%，取代希捷成为名副其实的硬盘老大。

日立集团是全球最大的综合跨国集团之一，台式计算机硬盘，笔记本硬盘都有生产。于2002年并购IBM硬盘生产事业部门。于2011年3月被西部数据收购。

三星集团，韩国最大的企业集团。生产的硬盘提供用于台式计算机、移动设备和消费电子的产品

【常见故障与注意事项】

① 一台光驱，使用一段时间以后，光驱无法正常开仓和复位

这是光驱内部机械定位装置出现偏移所造成的典型现象，建议大家在使用光驱时，应使用开仓键来打开和关闭光驱，而不要用手推光驱复位。

② 一盘影碟，在影碟机上播放流利，而在光驱上播放时断时续

光驱与影碟机所采用的技术基本相同，但两者在设计思路上有明显差异，影碟机主要设计用来播放影像，在碰到盘片有划痕或污迹时，解压芯片会自动舍弃一些帧，向下继续播放，因此画面仍然流畅，而光驱被设计用来读取数据，在碰到划痕时会反复进行读取，一般尝试读取六次以上仍不能读出才会放弃，因此画面时断时续。同时也建议大家，一般情况下不要使用光驱播放影碟，否则会极大地影响光驱激光头的寿命。

③ 在使用光盘时突然断电，但现在需要取出光盘，应如何操作？

一般在光驱正面右侧，有一个小孔，称为紧急弹出孔，当断电或其他情况下需要强行取出光盘时，可用钢丝或大头针插入，光驱会弹出，从而取出光盘。

④ 购买了8G U盘，可格式化完成后发现只有7.6G

这是正常现象，按照硬件生产厂商的计算方法，1K＝1000，但按照微软的计算方法1K＝1024，由于这两种计算方法的不同，带来了使用中的容量差异。

项目任务3-5
显卡和显示器的选购与安装

【项目目的】

- 了解显卡、显示器
- 能正确安装显卡、连接显示器
- 会合理选购显卡、显示器

【项目准备知识】

1. 认识显卡与显示器

显卡与显示器是计算机系统中的标准输出设备，目前显示器主流是LCD液晶显示器，如图3-65所示。主流显卡是具备DVI或D-SUB输出接口的PCI-E接口显卡，如图3-66所示。

图3-65 显示器与显卡

图3-66 显卡接口与插槽

2. 显卡及显示器的安装

打开机箱，找到PCI-E插槽，去除机箱后面板该插槽处的铁皮挡板，如图3-67所示。

将显卡的接口插脚垂直对准主板的PCI-E插槽，显卡挡板对准空出的铁皮挡板位，两手均匀用力往下推，使显卡的接口插脚完全插入插槽中，如图3-68所示。用螺钉将显卡上的挡板与机箱后面板拧紧，确保接触良好。

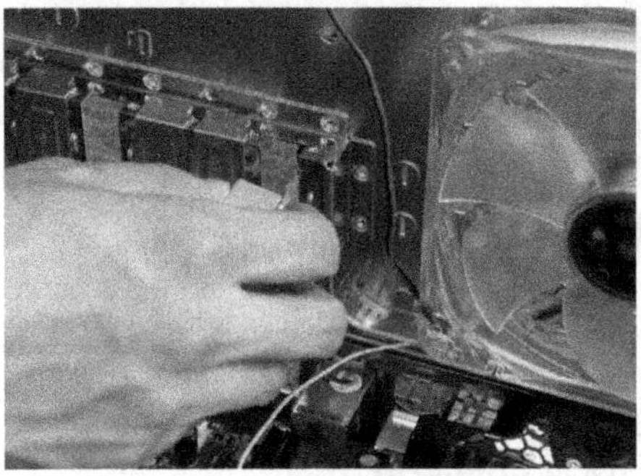

图3-67 去除机箱背部挡板

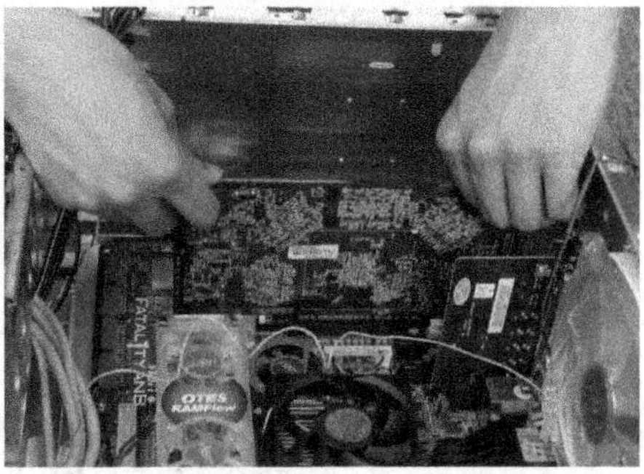

图3-68 插入显卡

需要注意的是，有些中高端PCI-E显卡上还要接上辅助电源，如图3-69所示。

对应这个接口，目前一般ATX 12V v2.X电源都会提供一个PCI-E供电口专供显卡使用，如图3-70所示。有些电源还具有两个这样的供电口，以供使用双显卡系统（如SLI或CrossFire）的用户使用。

图3-69 PCI-E显卡6芯辅助电源接口

图3-70 六芯PCI-E电源接口

显示器的安装较为简单，请自行参阅前面内容。

3. 显卡与显示器的选购

（1）显卡的选购要点

① 需求是关键

显卡价格从0元到几千元不等，因此在选购时必须确定自己的需求，如果仅仅是一般办公处理与普通游戏应用，那么目前CPU中自带的核芯显卡完全可以满足你的需求，而如果对游戏性能需求较高，可额外选配独立显卡。

② 显卡芯片

显卡上的显示芯片（GPU）起到类似CPU的作用，因此显示芯片的档次往往决定了一款显卡的基本性能。目前显卡芯片的生产厂商主要以NVIDIA和ATI为代表（2006年被AMD收购，并于2010年换用新LOGO）。其中NVIDIA最著名的系列为GEFORCE，ATI最著名的系列为RADEON，如图3-71、图3-72所示。

图3-71 NVIDIA LOGO

图3-72 ATI的旧LOGO和新LOGO

一般来说，显示芯片的标号越大越好，但也要注意以下原则，见表3-4。

表3-4 ATI与NVIDIA型号对照表

ATI	NVIDIA
XTX > XT > XL > Pro/GT > SE	GTX > GTS > GT > G
SE代表简化版	G低端入门产品
GT代表标准版	
Pro代表标准版中的高频版	GT代表入门产品线
XL 代表高端系列中的较低端型号	
XT 代表高端系列	
XT PE代表高端系列中的高端型号	GTS代表主流产品线
XTX代表最高端版本	GTX高端级显卡

注：ATI自HD3000以后均直接以数字标明。

③ 接口类型

推荐使用PCI-E 16X标准接口的显卡。

④ 显存

显存容量决定着影响着在高分辨率情况下显卡的图形性能和是否能开启所有特效。一般来说，显存容量=分辨率×颜色位数/8，但考虑到图形性能和游戏性能，一般用户可配置512KB的显存，游戏玩家可选择1GB以上的显存，但同时还必须考虑显存类型、频率与位宽。

⑤ 注意电源

显卡性能不断提升的代价就是需要越来越强劲的电源供应，中高端显卡一般需要400W或450W电源，而SLI和CrossFire等双卡并行则推荐至少550W。

⑥ SLI和CrossFire

nVIDIA在2004年率先推出了SLI（如图3-73所示），ATi也在2005年以CrossFire跟进。高端用户可以考虑选配支持该项功能的显卡。

图3-73 SLI双显卡

⑦ 厂商

目前较知名的品牌有影驰、讯景、双敏、小影霸、微星、华硕、迪兰恒进等厂家。

（2）显示器的选购要点

① LED或LCD

LED显示器其实应该称之为LED背光显示器，相比传统采用CCFL背光的LCD显示器而言，机身更薄，功耗更低，不含有毒物质汞而受到广大用户的欢迎，建议尽量选购LED显示器。

② 可视角度

以水平视角为主要参数，该值越大则可视角度越大，一般水平视角应不低于140° 。

③ 亮度、对比度

亮度是反映液晶显示器性能的重要指标之一，LCD的画面亮度以流明（cd/m^2）计，亮度一般要求大于300流明。对比度则是最大亮度和最小亮度值的对比值，对比度越高，图像愈清晰，一般要求对比度大于300：1。

④ 响应时间

响应时间是LCD显示器的特定指标，响应时间越小，像素反应愈快，而响应时间长，在显示动态影像（甚至是鼠标的光标）时，会有较严重的显示拖尾现象。目前液晶显示器的标准黑白响应时间应该在16ms以下。

⑤ 最佳分辨率

与CRT显示器不同，LCD显示器正常工作时，并非分辨率越大越好，而是与液晶面板制作时晶体密度相关的（所谓物理分辨率）。一般来说，17英寸LCD最佳分辨率应大于1280×1024，15英寸LCD最佳分辨率应大于1024×768。

⑥ 品牌

较知名的品牌有优派、三星、明基、飞利浦、索尼、LG、美格、冠捷、爱国者、长城、现代等。

【项目内容与步骤】

① 消除身体静电。

② 观察主板的各种扩展总线接口及显卡的总线接口，确定显卡使用的插槽。

③ 观察机箱上固定扩展卡的螺钉位置。

④ 观察显卡上的输出接口与显示器的信号输入接口。

⑤ 正确安装并固定显卡。

⑥ 正确接连显示器。

⑦ 在www.baidu.com或www.google.com上以“显卡与显示器选购”为关键字搜索相关信息，并摘要记录。

⑧ 在中关村在线或其他网站上搜索目前主流显卡与显示器价格与性能指标，并记录如下。

【项目补充知识】

1. 3D显示器

3D显示器（如图3-74所示）一直被公认为是显示技术发展的终极梦想，现已开发出需佩戴立体眼镜和不需佩戴立体眼镜的两大立体显示技术体系。传统的3D电影在荧幕上有两组图像（来源于在拍摄时的互成角度的两台摄影机），观众必须戴上偏光镜才能消除重影（让一只眼只接受一组图像），形成视差，产生立体感。而现在利用自动立体显示技术，即所谓的“真3D技术”，就不用戴上眼镜来观看立体影像了。利用两只眼睛分别接受不同的图像，来形成立体效果。

2. 核心显卡

核芯显卡是新一代的智能图形核心，它整合在智能处理器当中，依托处理器强大的运算能力和智能能效调节设计，在更低功耗下实现同样出色的图形处理性能和流畅的应用体验。AMD的带核芯显卡的处理器被AMD称之为APU（加速处理器），如图3-75所示，英特尔带核芯显卡的处理器也就是SNB平台的处理器。

图3-74　3D显示器

图3-75　APU

【常见故障与注意事项】

① 在调整CRT显示器分辨率时，由于将分辨率调得太高，屏幕黑屏或严重闪烁。

一台显示器的带宽一般是设计制造时即固定的，而带宽=最大分辨率×刷新率×1.5，因此当将分辨率调得过高时，刷新率必须下降，从而导致闪烁现象，而分辨率超过一定数值后，有可能造成黑屏现象，甚至烧坏显示器。解决方法是开机时进入安全模式，进入系统后将分辨率设为640×480，再正常开机进入系统后调整成适当数值。

② 一台老机器，运行过程中经常出现花屏和死机现象。

导致出现死机现象的原因很多，但结合花屏现象来看，问题有可能出在显卡上。考虑到机器使用时间较长，可能存在的问题是机器内部积灰严重，导致显卡风扇停转或散热不良，可关机后将显卡取下清洁，同时应注意在显卡和内存等设备上具有大电阻元件，很容易被静电击穿，触摸前应注意消除身体静电。

项目任务3-6 机箱和电源的选购与安装

【项目任务】

- 理解机箱、电源的作用和分类
- 会正确安装机箱、电源
- 会正确连接机箱、电源与主板之间的连线
- 了解如何选购机箱与电源

【项目准备知识】

1. 认识计算机电源

对于计算机来说，其内部各器件往往需要3V、5V、12V等直流电才能正常工作。这就需要将220V交流电转换为计算机内部各部件所需要的直流电。完成这个转换功能并能提供稳定的直流电的部件就是计算机电源。

目前的计算机电源的主要规格是ATX电源，如图3-76所示，为配合计算机其他部件的工作，ATX电源的规格也在默默变化，目前较为常见的是ATX 12V 2.X版本的电源。

图3-76 ATX电源

2. 认识计算机机箱

机箱作为计算机配件中的一部分，它起的主要作用是放置和固定各计算机配件，起到一个承托和保护作用。此外，计算机机箱具有屏蔽电磁辐射的重要作用，如图3-77所示。

图3-77 机箱

目前使用的机箱按外形一般可分为立式和卧式，按高度可分为半高（通常所说的MicroATX规格即为此类）和全高两种，品牌机有可能根据自身设计需求使用非标准尺寸机箱。

3. 机箱及电源的选购

（1）选择机箱时应考虑的问题

① 机箱的尺寸（标准ATX、Micro-ATX）应与使用的主板规格相符。

② 挡板是否带有防辐射弹片以使机箱具有良好的电磁屏蔽性能，机箱是否有通过FCC防辐射国标认证。

③ 机箱的刚性是否能较好地保证各部件可靠固定。是否牢固是相当重要的，因为机箱需要固定主板、硬盘等配件，这对所有的硬件在一个良好的环境下运行起到了很重要的作用。一般机箱的钢板板材至少要有0.8mm厚，而且钢板的质量一定要好，所有手指可触及的

钢板边缘都应采用卷边设计，防止手指意外划伤。

④ 是否包括足够的可扩展槽位，能够方便地安装和拆卸配件。

⑤ 是否拥有合理的散热结构，机箱内是否可安装扩展风扇等。

⑥ 是否有足够的前面板接口以方便连接外设。

（2）选择电源时应考虑的问题

① 电源的功率是否够用（一般部件越多、CPU主频越高、显卡性能越强，电源功率需要越大）。

② 电源与主板规格是否相符。

③ 注意ATX电源的版本，更高的版本可更好地支持今后的计算机工作需要，目前市场上较为常见的电源版本是ATX 12V 2.2版以上。

④ 经验。重量越重则电源越好，配备双风扇或大尺寸风扇的电源较一般的更好，电源中变压器越大、线材越粗的电源越好。一般应着重查看是否具备3C认证。

【项目内容与步骤】

1. ATX电源的安装

（1）机箱的准备

打开机箱的外包装，随机箱会有许多附件，包括螺钉、挡片等，注意观察机箱内部结构，如图3-78所示。

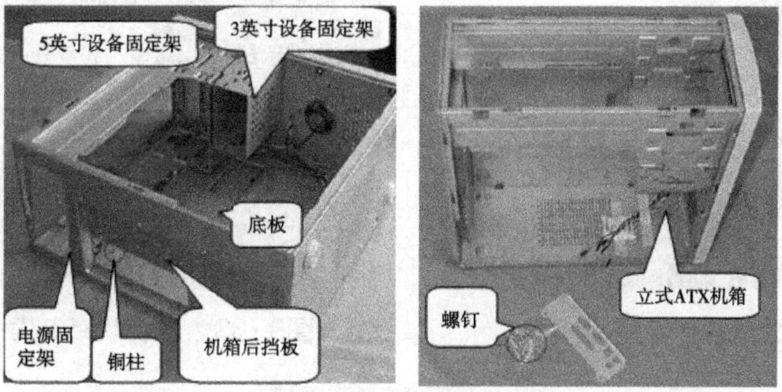

图3-78　ATX机箱

思考：图3-79中右侧的图中，5寸固定架，可以安装________等，3寸固定架，用来固定等，电源固定架可用来固定________，底板可用来固定________。

不同的机箱有不同的安装方法，但基本上大同小异。

安装机箱后面的这个大的挡板，将来主板的键盘口、鼠标口、串并口都要通过这个挡板上的孔和外设连接，如图3-79所示。

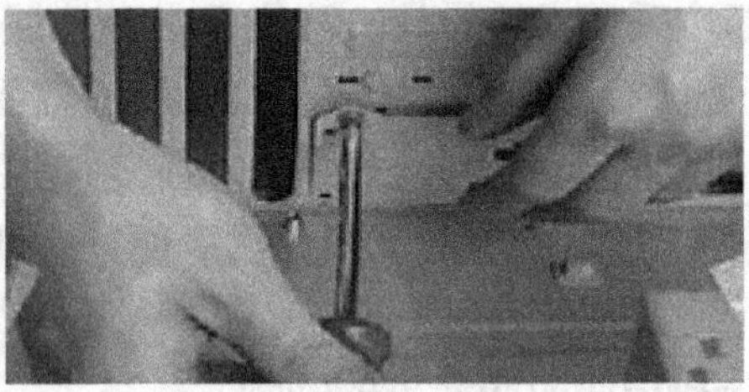

图3-79　机箱背板挡板

（2）安装固定ATX电源供应器——连接ATX电源各接口

本例中以较常用的ATX 12V电源为例进行讲解，其他电源安装方法与此类似，如图3-81所示，用粗纹螺钉固定电源。

如图3-81所示将电源供应器上的双列20芯插头对应插入主板的20针电源插座中，如图3-82所示将6芯插头（P8）插入主板的6针插座中，如图3-83所示将双列4芯12V插头插入主板的4针插座中，如图3-84所示将SATA电源插头插入硬盘及光驱电源插座中，电源接口是L形设计，方向反了是插不进的。

图3-80　将ATX电源固定在机箱上

图3-81　与主板电源插座连接

图3-82　连接6芯插头

图3-83　连接4芯12V插头

图3-84　连接硬盘及光驱电源

【项目补充知识】

1. CCC认证（3C认证）

“强制性产品认证制度”是各国政府为保护消费者人身安全和国家安全，加强产品质量管理，依照法律法规实施的一种产品合格评定制度。所谓3C认证，就是中国强制性产品认证制度。微型计算机产品是国家首批实施3C认证的产品大类之一。

2. FCC认证

FCC（Federal Communications Commission，美国联邦通信委员会）于1934年由Communication Act建立，是美国政府的一个独立机构，为确保与生命财产有关的无线电和电线通信产品的安全性，同时进行电磁兼容性检查。

3. 80 PLUS认证

80 PLUS 计划是由美国能源署出台的一项全国性节能现金奖励方案。起初为降低能耗，鼓励系统商在生产台式机或服务器时选配使用满载、50%负载、20%负载效率均在80%以上和在额定负载条件下PF值大于0.9的电源。由美国政府自掏腰包，对于符合以上要求的，台式机每套系统奖励5美元，对于服务器每套系统则奖励10美元。80 PLUS分为白牌、铜牌、银牌、金牌、白金牌、钛金牌6个层次。

【常见故障与注意事项】

（1）一台计算机，原先工作正常，新购得一块网卡，用力插入计算机中后，开机不亮。

前面提到，在打开机箱时，会看到各种小附件，如螺钉、支撑铜柱等，这些附件在安装过程中都是有严格标准的，不能因为省事而不装或少装，否则容易在受力时造成部件的变形而接触不良。例如，一般标准ATX机箱必须在底板上固定6个以上支撑铜柱，而有些人如果图省事仅安装2 ~ 4个，则可能造成主板固定不稳或受力时主板变形出现短路现象。

（2）电源输出功率不足（ATX版本问题）

① 在机器中安装多个硬盘和光驱时，往往会出现一旦使用光驱，则机器自动重启等现象。

② 硬盘出现坏磁道、光驱读盘性能不好、超频不稳定、显示屏上有水波纹、经常莫名奇妙地重新启动等。

这些情况均有可能是由于电源输出功率不足所引起的。因此在选用电源时，如何根据机器配置情况选用合适的电源，就比较重要。以下是一些简单的判定方法。

① 根据目前的主流机器配置，一般电源应选择ATX 12V，额定功率在250W以上的电源。

② 观察电源铭牌中的+12V输出电流，一般来说，其输出电流越大，可支持越高规格的CPU，如图3-85所示。

图3-85 电源铭牌

项目任务 3-7

键盘与鼠标的选购和安装

【项目任务】

- 了解键盘与鼠标的作用与分类
- 会正确安装键盘与鼠标
- 了解键盘与鼠标选购时应关注的性能指标

【项目准备知识】

1. 了解键盘与鼠标

键盘与鼠标是计算机系统中的标准输入设备，如图3-86所示。目前键盘和鼠标按接口可分为PS/2口与USB两种，按设计原理可分为有线和无线两种，按外形可分为普通和人体工程。

图3-86　键盘、鼠标与接口转换器

2. 键盘和鼠标的安装

对于USB接口的键盘与鼠标而言，连接相当简单，只需将键盘和鼠标插到计算机空闲USB接口即可。

对于PS/2接口的键盘与鼠标，根据PC99规范，一般来说，键盘接口为紫色，鼠标接口为淡绿色。只需按颜色连接至主板相应端口即可。如主板接口或键盘、鼠标接口未用颜色标出，则当主板平放时，位于下面的接口是键盘口，上面的是鼠标接口，如图3-87所示。

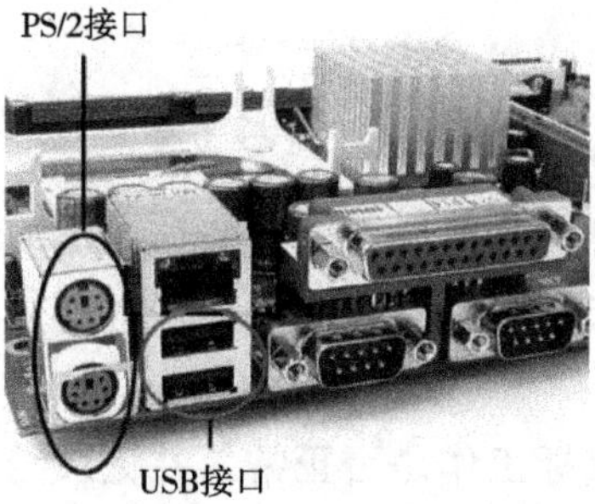

图3-87　主板背板接口

3. 键盘与鼠标的选购

（1）键盘的选购

① 手感

根据个人喜好选择手感舒适的键盘，同时根据工作性质可选择人体工程键盘。

② 按键数目

一般选择107/108键键盘，有些键盘会增加很多多媒体功能键，安装驱动程序后可实现快捷功能。

③ 键帽

观察键帽上的文字是否平整，如平整则是激光蚀刻的，不易脱落，如有凸凹感，则可能是印刷的，时间长了较易脱落。

④ 防水

一般家庭使用，要注意键盘防水性能。

⑤ 品牌

较知名的品牌有微软、罗技、明基、双飞燕、爱国者、多彩等。

（2）鼠标的选购

① 解析度

鼠标的内在性能跟解析度有着密切的关系。简单来说，鼠标的解析度越高，鼠标会越敏感，一般选择解析度在800dpi以上的即可。

② 刷新率

刷新率越高的鼠标每秒所能传回的成像次数越多，所形成的图像也就越精准。

③ 外观

根据自己的个人喜好挑选适合自己的鼠标，同时选购时应和手形对照以求舒适。

④ 鼠标类型

目前市场上鼠标类型基本分为光电式和激光式两种，一般选购光电式即可。

【项目内容与步骤】

① 观察计算机背板，根据键盘与鼠标接口判断接口类型。

② 观察键盘与鼠标接口形状与颜色，画出接口示意图。

③ 连接好键盘与鼠标。

④ 打开计算机，试验键盘鼠标工作是否正常，并记录结果。

⑤ 在www.baidu.com或www.google.com上以“无线键盘鼠标”为关键字搜索相关信息，并摘要记录。

【项目补充知识】

1. 人体工程学的概念

1993年，微软公司的专业研发人员用2年的时间，充分研究了人类手部的特点，在本年终于推出第一款符合人体工学设计的鼠标Microsoft Mouse 2.0。从此以后微软就开始了对人体工程学与PC外设相结合的研究，研究人员开展了大量对于人类机理的研究工作，终于在1994年推出了人类历史上第一款人体工程键盘——Natural Keyboard（以下简称NK），如图3-88所示。

图3-88　人体工程学键盘和鼠标

NK对键盘区域进行了重新划分，在不改变键盘原有键位的情况下，将从主键盘区中间分开成两部分，这样不仅将有助于帮助人们养成良好的打字习惯，更使得手掌与小臂在进行键盘操作的时候形成一条直线，有效地抑制了长时间打字对手腕造成的疲劳和损伤。

2. 光电式和激光式鼠标的区别

光电鼠标的核心是一个低分辨率迷你摄像机，称为传感器。鼠标利用发光二极管照射移动表面，并反射回鼠标的光学感应器，用以记录移动动作，以此来捕捉移动位置的不同画面。当鼠标移动时，传感器会连续拍摄物体表面，并利用数字信号处理来比较各个影像，以决定移动的距离和方向。产生的结果会传回计算机，而屏幕上的光标会根据这些结果来移动。而激光式鼠标的原理与光电式的非常相似，只不过采用低功率激光光源，定位更加准确。

除此以外，根据发光二极管及光学系统的差异，还有蓝光、蓝针、针光、无孔、蓝影等不同分类，但总体来说，都属于光学式鼠标的范畴。

【常见故障与注意事项】

① 一台计算机，键盘与鼠标均无法正常工作。

前面讲过，如果键盘与鼠标均为PS/2接口的话，那么接口外形相同，很容易插错，本例中即为两者插反的典型症状。

② 一台计算机，双击鼠标时工作不正常。

在排除了硬件故障的前提下，该例可能是鼠标双击速度设置过快造成的，可在“控制面板”—“鼠标”里将双击速度调整适宜。

项目任务 3-8
其他常见外设的选购与安装

【项目任务】

> 理解声卡、音箱、耳机、摄像头、网卡、打印机、扫描仪、数码相机、UPS的作用和分类
> 理解AC 97规范
> 会正确连接各种常见外设
> 了解各种常见外设选购的性能指标

【项目准备知识】

1. 了解各种常见外设

(1) 声卡、音箱和耳机

声卡可以完成声音的输入和输出工作，将外界的模拟声音信号经处理后转为数字信号送入计算机内，同时也可将计算机内的数字信号处理后转为模拟信号经音箱或耳机播放出来。目前常见的声卡有独立声卡（插在主板扩展槽中）和集成声卡（集成在主板上）两种，如图3-89所示。

图3-89 独立声卡、集成声卡与接口

一般来说，声卡通常都至少具备以下3个接口，同时按照AC 99规范具备统一颜色。

① Line Out接口（淡绿色）：和音箱或耳机相连，输出经过计算机处理的各种音频信号

② Line In接口（淡蓝色）：音频输入接口，需和其他音频专业设备相连。

③ Mic接口（粉红色）：Mic接口与麦克风连接，用于聊天或者录音。

对于符合PC 99规范的声卡与音箱、耳机来说，连接变得非常轻松，只要将音箱的输入插头插入声卡上的淡绿色（Line Out）口即可，或者将耳机上对应的淡绿色与粉红色相应连接声卡上的淡绿色（Line Out）与粉红色（Mic）口即可完成连接。

而对于不符合PC 99规范的设备来说，稍微麻烦一些。一般声卡处会标有字样或图样，耳机连线处也同样标有字样或图样，Line Out 输出口通常标识为一个耳机的标识，而Mic通常会有一个话筒的标识，对照字样或图样对应连接即可，如图3-90所示。

（2）摄像头

如图3-91所示，作为一款非标准输入设备，摄像头在我们的生活中发挥着越来越大的作用，通过摄像头可以和网友视频聊天，利用摄像头可以进行拍照和视频的摄制，同样利用摄像头可以进行环境的监控等。

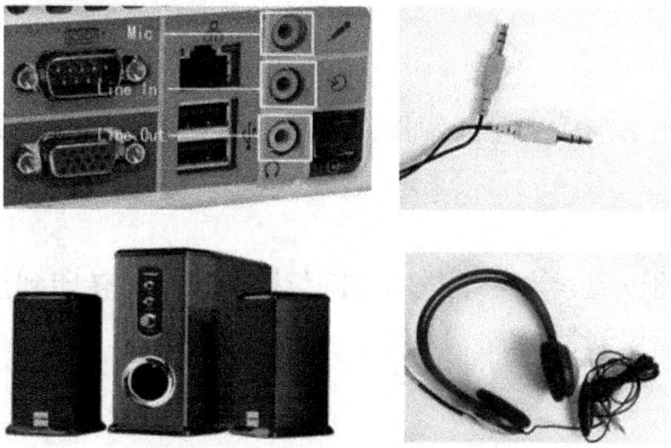

图3-90　声卡接口与音箱耳机

图3-91　摄像头

目前常用的摄像头多数采用USB接口方式，只需直接连接在计算机空闲的USB接口上即可完成硬件安装工作。

（3）网卡

网卡也叫“网络适配器”(Network Interface Card，NIC)，是连接计算机与网络的硬件设备。网卡的主要作用是整理计算机上发往网线上的数据，并将数据分解为适当大小的数据包之后向网络上发送出去。目前网卡按其传输速度来分可分为10/100M自适应网卡及千兆位（1000MB）、万兆位（10000MB）等网卡，通常有独立网卡（插在主板扩展槽中）和集成网卡（集成在主板上）两种，如图3-92所示。

图3-92　独立网卡与集成网卡和接口

（4）打印机

打印机是计算机系统中的标准输出设备。目前常用打印机可分为针式、喷墨式和激光式3种，如图3-93所示，其中针式打印机通常用于存折及票据打印等特殊用途。

图3-93　针式打印机、喷墨打印机与激光打印机

① 针式打印机

撞击式打印机，通过打印针的撞击将色带上的颜色附着在纸张上，色带是针式打印机最主要的耗材。

② 喷墨打印机

通过将墨滴喷射到打印介质上来形成文字或图像，墨水及墨盒是喷墨打印机最主要的耗材。

③ 激光打印机

将打印内容转变为感光鼓上的以像素点为单位的点阵位图图像，再转印到打印纸上形成打印内容。碳粉是激光打印机最主要的耗材。

（5）扫描仪

扫描仪是一种利用光电转换原理的图像输入设备。一般可分为手持式、平板式、滚筒式等类型，目前使用较多的是平板式扫描仪，采用USB口连接，如图3-94所示。

（6）数码相机与数码摄像机

数码相机及数码摄像机是利用电子传感器将光学影像转化为电子数据的照相机和摄像机，并将数据保存在闪存卡或磁带、硬盘、光盘上，如图3-95、图3-96所示。

图3-94　平板式扫描仪

图3-95　数码相机

图3-96　数码摄像机

（7）UPS

UPS（不间断电源）能够在断电后，通过电池继续为计算机等设备供电，一般可分为后备式（一直工作）与在线式（断电时快速切入工作）两种，如图3-97所示。

图3-97 UPS

2. 各种常见外设的选购

（1）声卡的选购

一般来说，除了极少数专业使用需求外，目前绝大多数声卡都集成在主板上，因此无专门选购的必要，通常只需关注声卡的声道数，选择合适的音箱系统即可。

（2）音箱的选购

① 注意与声卡的配合，不同声道数的声卡需要不同数量的音箱来配合。

② 尽量选购木质音箱，以取得较好的声音质量。

（3）耳机的选购

① 外形上要求耳机应具有柔软和舒适的耳垫及压力较小的头环以适于佩戴。

② 一般要求其最低要达到，20~20kHz的频率范围，大于94db/mW的灵敏度，大于100mW的最大功率，小于0.5%的谐波失真等。

（4）摄像头的选购

针对摄像头的用途而定，如果仅作为视频聊天使用，建议使用30万像素，最大分辨率为640×480的摄像头即可，同时尽量选择玻璃材料的镜头。

（5）打印机的选购

家庭使用一般建议配置彩色喷墨打印机，选购时应注意以下一些指标。

① 颜色数

更多的颜色数代表着更好的色彩表现力，目前市场一般的喷墨打印机均为4色打印机，即3个彩色墨盒加一个黑色墨盒，如果你想要打印质量较高的照片，建议选择6色打印机。

② 分辨率

分辨率的单位是dpi（dots per inch，每英寸的墨点数），分辨率越高，图像自然越清晰。一般的打印文字达到360dpi×360dpi即可，一般照片打印要求分辨率达到2400dpi×1200dpi以上。

③ 打印速度

打印速度单位是PPM（pages per minute，每分钟打印页数）。对于家庭用户，由于打印量通常较小，速度并不是太重要。

④ 打印成本

可以根据墨盒的实际价格及墨盒标称的打印总张数来加以确定。

⑤ 品牌

目前较知名的打印机品牌有爱普生、佳能、HP、利盟、联想等。

（6）网卡的选购

一般来说，目前绝大多数主板上都集成有网卡，因此无专门选购的必要，通常只需关注网卡的传输速率越大越好。

（7）扫描仪的选购

选购扫描仪时重点关注分辨率，所谓分辨率是指扫描仪在每平方英寸中能检测到多少点（dpi），扫描仪中的分辨率分为光学分辨率、机械分辨率、内插分辨率。

光学分辨率是有实际意义的分辨率，其取决于扫描头上传感器CCD的数量，与扫描仪透镜的质量也有关系。光学分辨率定义扫描仪的水平分辨率，即扫描行方向的分辨率。

机械分辨率是扫描目标时，扫描仪传感器阵列每英寸的步数，其取决于扫描仪电动机的精确性。通常所说的光学分辨率为1200dpi×1200dpi时，即一个指光学分辨率，一个是指机械分辨率。

内插分辨率是利用软件图形处理技术来提升扫描后图片的分辨率，其实际意义不大。

（8）数码相机与数码摄像机的选购

① 传感器尺寸

传感器尺寸指感光元件对角线的长度。一般来说，尺寸越大，采集光线的效果越好，画面记录的信息就越多，保留的细节也就越丰富，所以图像更完美漂亮。

② 有效像素

在成像时，感光元件边缘部分会因为光线的衍射而导致成像模糊，为保证成像的质量，感光元件上这部分的成像会被舍弃，所以感光单元不能被100% 利用，而被利用起来的，即得到最终图像的这部分像素就被称为有效像素。一般来说，有效像素越大越好。

③ 影像分辨率

影像分辨率为数码相机或摄像机可选择的图像大小及尺寸，单位为 dpi。一般来说，分辨率越大，表示输出的影像大小越大，但和影像的质量关系并不大。

④ 光学变焦倍数

光学变焦倍数越大，能拍摄的景物就越远，使更远的景物变得更清晰，成像的层次感越好。

（9）UPS的选购

通常家用UPS的选择需要关注UPS输出功率（单位：VA，伏安）=负载用电功率/0.64。其中0.64为经验系数。例：某设备200W，则需购买输出功率≥312.5VA（200/0.64）的UPS。

【项目内容与步骤】

① 观察计算机背板，找到声卡、网卡所在位置，判断该机器采用的是独立的声卡、网卡，还是集成的声卡、网卡，并记录各接口处字样或图样及颜色。

② 在www.baidu.com或www.google.com上以“USB声卡”为关键字搜索相关信息，并摘要记录。

③ 在www.baidu.com或www.google.com上以“扫描仪原理”为关键字搜索相关信息，并摘要记录。

④ 自行查阅资料，填写下表。

类型	大小	速度	彩色	分辨率（dpi）	特点
针式					
喷墨					
激光					

⑤ 在www.baidu.com的百度百科里以“卡片机”和“单反”为关键字进行资料查阅，并摘要记录。

【项目补充知识】

1. 了解AC 97规范

AC 97，即Audio Codec 97规范。由于原先声卡设计采用单芯片，声卡的数字部分和模拟部分集成在一起，很难降低电磁干扰对模拟部分的影响。AC 97标准则将声卡的数字与模拟两部分分开，每个部分单独使用一块芯片。因此只要符合该“双芯片”标准的声卡均可称为AC 97声卡，而不是很多人误认为的AC 97声卡就是集成声卡，就是软声卡。

2. 常见网络接入类型

ADSL是Asymmetric Digital Subscriber Loop（非对称数字用户回路）的缩写，它的特点是能在现有普通电话线上提供高达8Mb/s的高速下载速率和1Mb/s的上行速率，只需在线路两端加装ADSL设备即可为用户提供高速高带宽的接入服务，而目前正在研制试行的ADSL2+技术更将网络速率进一步提高 20Mb/s，同时大大加强了抗干扰性。

Cable MODEM（电缆调制解调器）方式主要通过有线电视同轴电缆采用视频信号格式来传送数据。接收方对信号进行解调，解析出数据，传递给接收方。下行速率一般可达10Mb/s以上，但需对现有有线电视线路进行改造。

光纤通信是利用近红外线区波长1微米左右的光波为载波，把电话、电视、数据等电信号调制到光载波上，再通过光导纤维（简称光纤）传输信息，在用户端通过单端口光端机（俗称光猫）转换为RJ-45进户的一种通信方式。通常可提供10M~100Mb/s的传输速率。

【常见故障与注意事项】

① 一台新机器，驱动程序安装正常，接上音箱后播放歌曲没有声音。

通常较新型的机器配置或集成的声卡多数为5.1声道以上的声卡，背板接口多达六个以上，连接音箱前应仔细阅读说明书，防止音箱连线插错而不发声。

② 一台计算机不能上网，网卡灯不亮。

网卡及网络设备上的指示灯通常代表设备是否正常工作，当发现指示灯不亮时，通常应先检查线缆是否连接牢固。

③ 家庭用两台计算机，连接有UPS，一台计算机打开时工作正常，当打开另一台计算机时，第一台计算机自动重启。

此现象往往由于是UPS输出功率不足引起的。在选购UPS时，应对负载功率仔细加以计算，以选购合适输出功率的UPS。

④ 一台喷墨式打印机，装好墨盒后长期未使用，再次使用时打不出字。

喷墨打印机在墨盒拆封后，应及时使用，如长期不使用，墨水凝结后容易堵塞喷嘴，造成打不出字的现象，一般可使用附带软件工具箱中的“清洗墨头”清洗后即可解决。

项目任务 3-9 定制装机方案与项目演讲

【项目任务】

- 学习了计算机各部件的选购及安装方法后，我们将要开始进行整机的配置，下面几个问题将在本节解决。
- 如何了解分析客户的需求
- 如何合理选择配件
- 如何使十几种配件协调统一工作，从而发挥出最大的性能

【项目准备知识】

一位客户要求花费8000元左右配置一台可用于电子竞技的比赛用机。如何根据用户需求定制装机方案?

1. 确定用户需求中的具体要求

目前电子竞技比赛一般包含CS、魔兽争霸、星际争霸、极品飞车和FIFA等项目。CS为第一人称视角射击类游戏，强调画面细腻及流畅程度，专业比赛中对机器外设要求较高。魔兽争霸是一款即时战略游戏，注重画面流畅程度及外设可操控性，该游戏对机器配置中CPU、内存及显卡要求较高。星际争霸与魔兽争霸相似，为即时战略游戏，但因推出年代较早，配置要求较低，如图3-98所示。

图3-98　CS与魔兽争霸

极品飞车是一款赛车类游戏，对游戏画面精细程度及流畅程度要求较高，考虑到游戏真

实性，外设配置要求特殊，最好配置方向盘。

FIFA是一款竞技足球游戏，要求显卡支持DirectX 9.0c以上特效，另可选配游戏杆，对游戏画面精细程度要求较高，如图3-99所示。

图3-99　极品飞车与FIFA

2. 寻找成熟方案

表3-5　2010年WCG总决赛用机配置表

主机	外星人 Alienware Aurora （ALWAD-01）
处理器	英特尔 酷睿 i7-920处理器（2.66GHz、8MB）
操作系统	正版 Windows 7 家庭高级版 64位
显卡	双卡 1GB GDDR5 ATI Radeon HD5770
内存	6GB （3X2GB） DDR3 SDRAM 1333MHz 内存
硬盘	750GB SATA 3.0Gb/s 硬盘含NCQ
光驱	16X DVD+/-RW 支持双层刻录功能
安全软件	McAfee
显示器	三星 2233RZ 120Hz
键盘鼠标	Tt键鼠套装

3. 归纳总结总体需求

一般来说，3D游戏对于CPU、内存及显卡要求较高，要保障游戏画面的真实程度和流畅性。CPU通常选择Intel系列年度最新产品，内存在满足FSB频率的需求下选择容量较高的，显卡注重显存容量及核心频率，显示器注重尺寸及响应时间，鼠标注意分辨率可调。

4. 核对特殊需求

电子竞技比赛时需要大量使用键盘鼠标进行控制，因此要求键盘手感出色、操控灵敏，同时还需考虑耐用度及力反馈效果；要求鼠标手感良好，同时为保障鼠标在移动中的精确定位，以及面对突发情况时的猝发移动，应注重鼠标的分辨率与扫描频率，一般均不考虑无线产品。此外考虑到比赛音响环境及定位要求，一般配置耳机，耳机应注重耳罩面积和定位效果。

5. 根据具体需求与价格范围确定设备配置

一般情况下应准备两套配置，一方面可供用户选择，另一方面防止出现临时缺货情况，两套配置可适当拉开差距，但核心部件应保持相应档次。

表3-6 Intel配置（价格来源于中关村在线11/12/29报价）

配件	品牌与型号	价格	配件	品牌与型号	价格
CPU	Intel酷睿I7 2600K（盒）	2010元	键盘	RAZER地狱狂蛇游戏套装	269元
内存	芝奇8GB DDR3 1600（两根套装）	380元	鼠标	同上	
主板	华硕P8P67 LE	899元	鼠标垫	RAZER无敌甲虫	399元
硬盘	希捷1TB 7200转 64MB单碟	760元	机箱	TT星际指挥官	299元
显卡	影驰GTX560黑将	1299元	电源	TT威龙550	359元
显示器	三星2233RZ	1490元	耳机	森海塞尔CX200	299元
声卡	主板自带		散热器	TT凤凰S400	208元
网卡	主板自带		光驱	先锋DVR-219CHV	160元
总计	8831元				

表3-7 AMD配置（价格来源于中关村在线11/12/29报价）

配件	品牌与型号	价格	配件	品牌与型号	价格
CPU	AMD FX-4100	860元	键盘	RAZER地狱狂蛇游戏套装	269元
内存	芝奇8GB DDR3 1600（两根套装）	380元	鼠标	同上	
主板	华硕M5A97	799元	鼠标垫	RAZER无敌甲虫	399元
硬盘	希捷1TB 7200转 64MB单碟	760元	机箱	TT星际指挥官	299元
显卡	镭风HD6850 Xstorm 1GB	1299元	电源	TT威龙550	359元
显示器	三星2233RZ	1490元	耳机	森海塞尔CX200	299元
声卡	主板自带		散热器	TT凤凰S400	208元
网卡	主板自带		DVD	先锋DVR-219CHV	160元
总计	7581元				

6. 总结

① 认真了解清楚客户组装机器的实际用途与预期投入。

② 针对客户的实际需求做好分析，从而确定关键部件及价格层次。

③ 根据确定的价格层次展开询价，针对各部件的关键指标加以综合判断，开出配置单并准备备用配置单。

④ 抓住主要性能指标，注意方式、方法与客户进行展示与沟通。

【项目内容与步骤】

（1）按下述客户需求将班级同学分组，由教师任意分组并指定组长。

① 4000元配置组装一台用于网吧营业用的机器。

② 3000元配置组装一台用于办公使用的机器。

③ 5000元配置组装一台用于家庭娱乐使用的机器。

④ 5000元配置组装一台用于图形图像设计的机器。

⑤ 综合性能、价格、质量推荐一款用于家庭使用的品牌机。

⑥ 综合性能、价格、质量推荐一款用于办公使用的笔记本计算机。

（2）各组组长领到题目后，应组织组员讨论机器需求及成员分工，并记录如下。

（3）各组应制定时间规划，并记录如下。

（4）组员按分工进行调查与资料收集，并将个人资料整理后上交电子版。

（5）组长应组织组员将个人材料进行组合删减后形成小组文档，小组文档中应包含以下部分，上交材料应为电子版。

① 小组简介（包含本组题目与人员组成及分工情况）。

② 需求分析及设备初步定位。

③ 项目完成方法（网络搜索或实地询价）。

④ 详细配置单两套（两套配置均应详细标明设备名称及具体型号、分项及总价、价格来源、时间、两套配置可平行配置或适当形成差价，以供用户选择）。

（6）组长应组织组员制作PPT文档或Flash影片，于演讲之前上交电子版，同时组织成员进行演讲试讲，并将试讲时间及存在问题总结记录。

（7）按小组抽签进行项目演讲，演讲结束后教师进行综合讲评。

【项目补充知识】

1. 学生分组要求

学生分组及负责人指定时应尽量体现“随机”，一经宣布禁止随意调换，以模拟今后工作岗位中人员流动性高、来源复杂的特点。

2. 课外活动要求

教师应强调最终评分以小组评分成绩为主，每一个人的表现均直接决定小组成员最终得分，同时在课外活动中应要求事先制定分工安排及时间安排，督促及协助学生努力对照计划完成相应工作。

3. 个人材料要求

小组分工搜集信息过程完成后，小组每位成员均应上交Word文档一份，材料应为A4幅面，宋体四号字，字数不低于500字，内容应包括个人情况简介、个人分工及时间安排情况、信息来源及时间、配件选择原因及性能指标介绍、个人在项目过程中的体会等。

4. 项目演讲注意事项

（1）每位同学演讲时应注意仪容仪表，男女生着装均应符合职业要求。（原则上男生穿西装、打领带，女生衣着应大方得体，可稍化淡妆，男生不留长发，女生不得染发等）

（2）每组限时15分钟，演讲前应注意进行试讲以控制时间。

（3）演讲时应面向观众，面带微笑，尽量脱稿，使用普通话，语言应注意口语化，不要完全照材料宣读。

（4）演讲应尽可能调动观众积极性，在演讲过程中应注意观众反应，并根据观众反应及时进行内容或方法调整。

（5）演示文档制作应注意字体、配色、内容等，一方面应保证配色及字体大小适合演讲现场情况，另一方面注意演示文稿应切合主题及现场气氛。

（6）在演讲过程中如果出现机器故障或其他突发性问题，应事先设想并加以准备，出现问题时及时处理。

5. 项目流程附属资料

项目任务书

项目名称：	按需配置计算机系统
承担主题内容：	
项目负责人：	
项目成员：	
成员分工：	
时间进度安排：	
具体任务：	（1）负责人组织小组成员讨论分工 （2）负责人组织成员讨论项目任务进度安排 （3）完成个人材料撰写 （4）负责人组织成员讨论并执笔撰写小组材料 （5）负责人组织小组演示材料制作 （6）小组成员进行演讲试讲 （7）小组成员进行项目演讲
有关要求：	（1）以5~6 人为一小组，完成事先设定的10个选题的模拟配机任务 （2）每组设项目负责人1名，全面负责协调组织项目进度及项目实施过程中出现的各种问题 （3）小组应讨论任务分工及时间进度安排 （4）在规定的时间内，成员完成信息搜集任务，并撰写个人材料 （5）在规定的时间内，组长组织成员针对个人材料进行讨论，并在讨论基础上撰写小组汇报材料 （6）在规定的时间内，组长应组织小组成员按照汇报材料准备演讲用PPT并进行试讲 （7）课堂教学中，组织项目小组进行项目公开展示与演讲，教师给予现场讲评

项目过程评价方案

评价内容	完成效果			
	优秀	良好	合格	不合格
小组成员分工				
小组进度计划				
信息查找方法与准确程度				
个人材料				
小组材料				
小组试讲情况				
小组演讲材料				
协调与沟通				
小组总得分				
个人得分				
一	二	三	四	五
建议及指导意见				

项目演讲评价方案

组员					
任务说明					
仪态（50分）		内容（40分）		配合（10分）	
1. 仪表（职业着装，注意仪表，女性可化淡妆，注意行为举止）	10分	1. 需求分析应准确，价格与配置定位应清晰	20分	1. 小组成员切换时应注重承接	3分
2. 语言（使用普通话，语言简洁明了，吐字清晰）	30分	2. 讲清重点配件相关参数	10分	2. 在讲解过程中及回答提问阶段应注意相互补充、相互配合	5分
3. 其他（注意调动现场气氛，不遮挡屏幕内容）	10分	3. 简单解释相关技术	10分	3. 注意突出整体效果，不过分强调个人	2分
小计		小计		小计	
小组特色及加分					
小组得分					
各人得分					
建议和意见					

第 4 章

Fourth chapter

计算机软件安装与调试

硬件系统的组装完成仅仅提供了计算机良好工作的物质基础，要使计算机能够高效、准确地帮助我们完成各项工作，必须安装软件系统并进行相应调试，包括对硬盘的先期处理、安装操作系统与应用软件、调试与配置计算机网络等，同时考虑到计算机系统使用的安全与可靠，还应预先做好安全防范与灾难恢复工作。

项目任务 4-1 计算机的 BIOS

【项目任务】

- 认识BIOS，并通过BIOS设置程序完成基本的BIOS功能设置
- 了解利用BIOS实现超频的方法
- 弄清BIOS的升级方法
- 尝试解决常见的BIOS设置不当引发的计算机故障

【项目准备知识】

1. 认识BIOS

通过前一阶段的学习，大家知道一台计算机的硬件往往由CPU、内存、硬盘、主板，以及各种输入输出设备组成，这其中的各种硬件又有很多具体的型号，因此造成了计算机的配置千变万化。可是，无论是什么样的计算机硬件配置，基本上都可以运行Windows这样的主流操作系统，都可以运行常见的各种软件，这主要是BIOS的功劳。

看一下图4-1，该图示意了两种不同硬件配置的计算机，其硬件对其上运行的软件具有不同的接口，但为了都能运行相同的操作系统及软件，就加入了一层特殊的软件集合，即BIOS（Basic Input-Output System，基本输入输出系统）。这个BIOS存放在主板的ROM中，即使掉电也不会丢失。BIOS一方面要与具体型号的硬件相匹配，可以驱动特定的硬件，另一方面又要提供给操作系统统一的调用接口，以便操作系统在编写或运行时，不必去关心具体型号的硬件是如何驾驭的。简单地说，就是操作系统通过调用BIOS提供的接口来实现对具体硬件的控制。

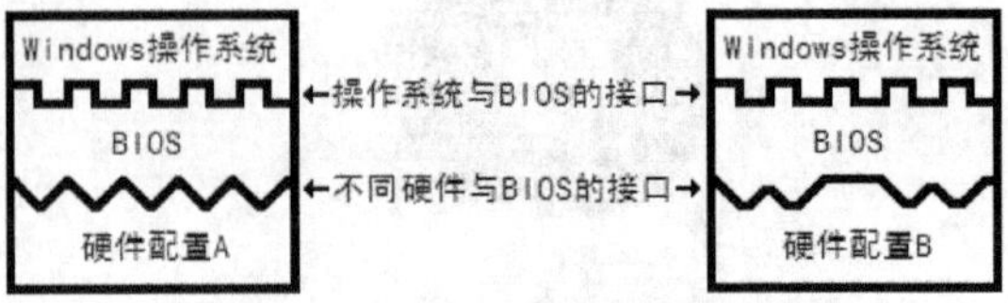

图4-1　BIOS的工作示意

由于BIOS不能被损坏、丢失，所以将BIOS放在了ROM芯片（只读存储器）中。如图

4-2所示，在主板上存放有BIOS的ROM芯片，一般被称为BIOS ROM。

图4-2 BIOS ROM芯片

为了防止BIOS在编写时不够完善而导致计算机产生兼容性或工作异常等问题，现在的BIOS ROM芯片都采用了EEPROM（电可擦除只读存储器）技术。基于该技术的只读存储器，在特定的环境下，可用电信号将其内容擦除后重新写入数据。一旦硬件生产厂家发现原来的BIOS不够完善，即发布新的BIOS程序，可通过给定的操作方法来更新原BIOS ROM芯片。

一般来说，一颗BIOS ROM芯片中放置了如下几个软件：

① BIOS基本输入输出系统；

② 开机上电自检程序；

③ BIOS参数设置程序。

2. BIOS设置程序

计算机的BIOS运行时需要很多工作参数，有些参数允许使用者自行设置。这些参数设置完成后，需要存入一颗用CMOS工艺制造的RAM芯片中保存，所以BIOS设置程序又称为CMOS设置程序。

现在，所有的计算机都提供了BIOS设置程序，目前主流的BIOS设置程序有AWARD或AMI两种系列，无论是何种系列的BIOS设置程序，其绝大多数是英文界面，在使用这个程序前，还应记住以下这些关键单词。

（1）关键单词

表4-1 BIOS设置中关键单词翻译

英文	含义	英文	含义
Standard	标准、基本	Enabled	允许、能够
Advanced	超前、高级	Disabled	不允许、不能够
Chipset	芯片组	Primary	第一、首位
Features	特征、特性	Secondary	第二
Management	管理	Master	主要、主
Peripherals	外围、周边	Slave	次要、从

（续表）

英文	含义	英文	含义
Frequency	频率、频度	Voltage	电压
Password	口令、密码	Save	保存
Optimized	优化	Defaults	默认

（2）进入BIOS设置程序

在开机自检时，按下指定的热键，计算机即可进入BIOS设置程序。该指定热键可以从自检屏幕的左下角找到“Press X to enter SETUP”字样，其中的X即为热键。一般进入BIOS设置程序的热键为Delete键或F2键。

（3）BIOS设置（CMOS设置）的主要功能菜单

如图4-3所示，以AWARD BIOS为例，主菜单的主要设置功能，简介如下。

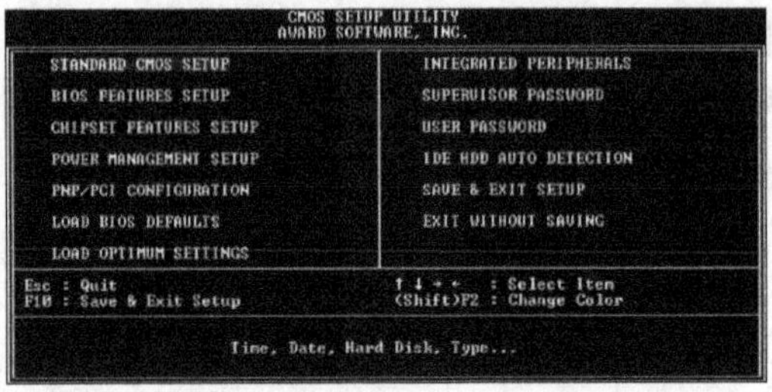

图4-3　AWARD BIOS设置界面

① Standard CMOS Features（标准CMOS设置）

设置项目主要有：系统日期与时间、硬盘光驱检测、显示类型、出错状态选项等。

② Advanced BIOS Features（高级特性设置）

设置项目主要有：CPU的Cache的使用、引导顺序、软驱检索、键盘输入功能、系统安全性设定。

③ Advanced Chipset Features（芯片组特性设置）

设置项目主要有：内存方面参数的设定。其中内存参数一般设定值越小，性能越好。若无特殊需求，对其中参数，一般不要改动，以免导致不稳定或无法启动计算机。

④ Integrated Peripherals（整合功能设置）

设置项目主要有：IDE接口设备的工作模式、USB接口设备的使用、整合声卡、串并口参数。

⑤ Power Management Setup（电源管理设置）

设置项目主要有：对主机电源节能模式的设定，可以使运行中的主机在无操作的情况下，在设定的时间内进入节能状态。

⑥ PnP/PCI Configurations（即插即用配置）

设置项目主要有：对即插即用设备进行IRQ、DMA和I/Q地址方面的设置，一般保留系统原有的默认值的设定，以免使用的部件因设置不当而不能正常使用。

⑦ Frequency/Voltage Control（CPU主频、电压控制）

设置项目主要针对CPU主频的控制。

⑧ Load BIOS Defaults（调用默认设置）

以默认值装载、配置系统。

⑨ Load Optimized Defaults（调用优化设置）

以优化值装载、配置系统。

⑩ Set Supervisor Password（管理员口令设置）

设置进入BIOS或系统时需输入的密码。

⑪ Save & Exit Setup（保存并退出设置）

⑫ 将操作者BIOS设置的参数保存至CMOS RAM中，并退出BIOS设置程序。

Exit Without Saving（不保存并退出设置）

不保存操作者对BIOS的参数设置，并退出BIOS设置程序。

提示：其中参数一般系统自动设置为Auto或Enabled，同样在没有特别的需求下，对其中参数，一般不要改动。

此为AWARD BIOS设置简介，AMI BIOS设置内容会有一定差异，仅可参照。

【项目内容与步骤】

1. 填写下面单词或单词缩写的含义

HDD__________	Configuration_______	Security _________	Power___________
Setting__________	Onboard___________	Driver___________	Type___________
Anti-virus_______	Fan _____________	Sound___________	Device__________
Floppy__________	Boot_____________	Password________	LAN___________

2. 记录自检信息

打开计算机电源，出现自检信息时，按下键盘上Pause键（暂停键），注意观察屏幕提示（若品牌机开机显示为LOGO时，一般可按TAB键取消或按屏幕提示操作）并请记录。

如图4-4所示，该实验计算机进入BIOS设置（CMOS设置）的热键是______。

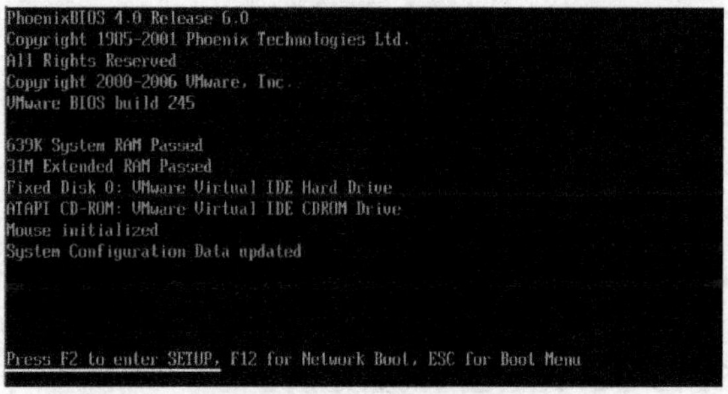

图4-4　开机自检界面

3. 记录BIOS设置（CMOS设置）主界面的信息，并大致说出各项的意思。

4. 修改BIOS设置项的参数。

（1）操作方法

通过↑、↓、←、→方向键来更改需要调节的项目，通过Enter键（回车键）、Esc键（退出键）进入某子菜单或退出某子菜单，通过Page Up键、Page Down键（部分计算机也可用＋、－键）来调节某项目的参数。

（2）调节参数项

① 调入系统默认配置参数。

② 调整系统日期和时间，将当前日期改为2012-10-07，时间改为08：09。

③ 调整系统启动顺序，将第一启动盘设为CDROM，第二启动盘设为FLOPPY，第三启动盘设为HDD。

④ 关闭板载声卡或网卡。

⑤ 了解系统中CPU温度及风扇转速，并记录。

⑥ 为计算机设置管理员口令：1234（要求每次开机都必须输入该口令）。

⑦ 保存退出，观察修改后的计算机的运行状态。

⑧ 再次进入BIOS设置，重新调入系统默认配置参数，去除管理员口令，保存退出。

⑨ 记录上述操作中的信息，并观察修改各参数前后的变化。

【项目补充知识】

1. BIOS、CMOS的含义与区别

每台计算机主板上都有一个ROM芯片，在这个存储芯片中有着一套如何控制这台计算机各部件的程序集合，Windows这样的操作系统要控制这台计算机，就要调用这个程序集，这个程序集合就是我们所说的BIOS。这个ROM芯片同时还存有系统启动自举程序、系统信息设置程序。通常所说的BIOS设置就是BIOS ROM芯片中的系统信息设置程序。通过这个设置程序可以指定计算机的很多运行参数、配置方案、开启或禁用某些功能。在启动自检时按下某热键即可进入BIOS设置程序。

主板上还有一个芯片，就是CMOS RAM芯片，用来保存BIOS设置后的各项参数。它可以不断地被改写，其中的数据在关机后由主板电池供电。CMOS RAM是和计算机时钟（RTC）集成在同一颗芯片中的，部分主板甚至已经将其整合在南桥芯片中了。

表4-2简单地阐述了BIOS与CMOS之间的关系。

表4-2 BIOS与CMOS之间的关系

	BIOS	CMOS
英文	Basic Input Output System	Complementary Metal Oxide Semiconductor
含义	基本输入输出系统	互补金属氧化物半导体
芯片实体	只读存储器ROM（一般称BIOS ROM），其芯片有：ROM→EPROM→EEPROM	静态可读写存储器SRAM（因为要求耗电量极小，所以采用CMOS芯片）
存放内容	上电自检程序（POST）、系统设置程序（BIOS 设置程序）、系统自举程序、中断服务程序。	系统设置程序（BIOS 设置程序）中的当前系统配置参数，其靠主板电池供电。
联系	通过BIOS设置程序（该程序存放在BIOS ROM芯片中）进行系统参数配置，其结果保存至CMOS芯片中。	

2. AMI BIOS设置界面简介

AMI BIOS设置主界面如图4-5所示。

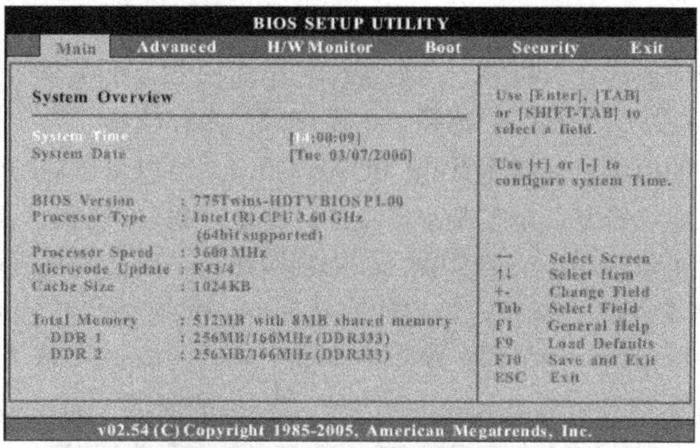

图4-5 AMI BIOS设置主界面

（1）Main（主要信息与设置）

显示系统主要信息、提供日期时间修改。

（2）Advanced（高级特性设置）

设置项目主要有CPU参数、芯片组配置、电源管理参数、IDE接口设备配置、USB接口配置、主板整合功能配置等。

（3）H/W Monitor（硬件运行监测）

可以监测CPU运行温度、CPU电压、风扇转速等。

（4）Boot（启动参数设置）

设置项目主要有启动顺序配置、允许启动的设备。

（5）Security（加密选项）

设置项目主要有指定管理员密码。

（6）Exit（退出）

3. 利用BIOS进行超频

CPU是计算机中的运算与控制中心，其性能很大程度上决定了主机的性能。而对于同系列的CPU，甚至是同一颗CPU来说，其运行主频越高，主机的性能就越好。因此，通过提高CPU的运行频率，显然可以提高主机的性能。

所谓超频，指任何提高计算机某一部件工作频率而使之工作在非标称频率下的行为及相关行动都应该称之为超频，包括CPU超频、主板超频、内存超频、显卡超频和硬盘超频等很多，而一般我们理解的超频，通常多数指CPU的超频。之所以可以对CPU进行超频，是因为制造完成的CPU不可能"恰好"定在某个需要的频率上。每一颗CPU经过细致地测试以后，才最终标定它的额定工作频率。一般来说，CPU制造商为了保证产品质量，在标注产品频率时都会预留一部分频率空间，例如实际能达到3GHz的CPU可能只标称成2.5GHz来销售，因此通过一定的手段可以使CPU超过标称频率而正常工作，这称为超频。

现在，BIOS设置界面中往往就提供了很多关于超频的选项，如图4-6所示。

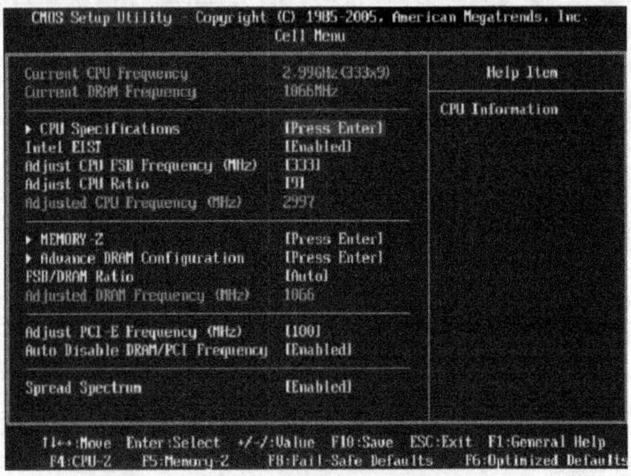

图4-6 BIOS中的有关超频的选项

在图4-6所示的界面中，最重要的超频选项是调节CPU的FSB频率与倍频两个选项，因为关于CPU运行主频有以下公式：

$$\text{CPU主频}=\text{FSB频率}\times\text{倍频}$$

图中FSB频率调节选项为“Adjust CPU FSB Frequency（MHz）[333]”，其含义是调节CPU的前端总线频率（默认333MHz）；“Adjust CPU Ratio [9]”，其含义是调节CPU的倍频，默认为9倍。因此，从图中所示信息可知，当前的CPU主频为333MHz×9＝2997MHz（3GHz）。

一般情况下，CPU的倍频出厂即被锁死，用户只能调节FSB频率。

在图4-6所示的界面中，如果将“Adjust CPU FSB Frequency（MHz）”项调节为350。该CPU的主频即被超频至350MHz×9＝3150MHz（3.15GHz）。

超频时，还应关注以下几个方面：

① CPU被超频后，会加大功率，产生更多的热量，因此超频爱好者往往也是很关注CPU的散热性能。

② 如果CPU超频到某个频率后不够稳定，还可以适当地增加一下其工作电压以增加其稳定性（如因超频带来发热量大增，且散热不好，有时降低其工作电压也会增加稳定性）。

③ CPU不是孤立工作的，尤其是将其前端总线频率（FSB）超得过高，会因内存条、PCI-E总线控制器等无法工作而导致计算机稳定工作，甚至无法开机。

目前，作为CPU制造业的领导厂商Intel，已经官方支持超频工作了，这就是其所谓的“睿频”技术，即处理器在需要进行大量运算时，暂时自行提高运行主频10%~20%，以尽可能地流畅完成运算任务。

警告：不正确的超频对计算机的硬件有风险，过高幅度的超频及无良好的散热措施会导致计算机无法启动或器件损坏！

4. 升级主板BIOS

由于计算机的新型号配件层出不穷，往往导致先设计的某型主板对后来开发的某款硬件兼容不良，或是某型主板原有的某项功能有缺陷，这就需要通过更新完善的BIOS来解决。目前，许多主板生产厂家都会不断对已量产的主板BIOS进行修订，以提升其兼容性、功能性。所以，当计算机出现一些兼容性问题时，可以通过升级主板的BIOS来解决。

厂家提供的新版BIOS一般可以在其官方网站下载，同时也可以下载到厂家为刷新主板BIOS提供的专用软件。

下面以型号为Z68A-GD65的微星品牌主板升级BIOS为例讲述一下操作步骤。

步骤1：在其官方网站中进入：首页→主板→Z68A-GD65，出现如图4-7所示的BIOS下载界面，在其中下载需要的版本（一般下载发布日期最新的版本）。

图4-7　某型号主板的新版BIOS下载界面

下载的升级文档一般包含3部分：刷新EEPROM的程序、新版本的BIOS数据文件、说明文件，如图4-8所示。

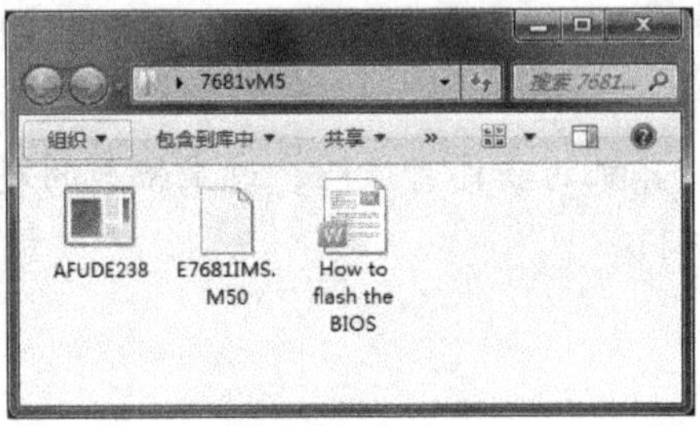

图4-8　下载后得到的BIOS升级文档

步骤2：通过跳线或BIOS内部的设置，允许刷新BIOS（这是因为防止恶意或误刷无效数据进入BIOS，平时主板处于ROM保护状态，升级BIOS时需要暂时解除保护，有些主板不需要此步操作）。

步骤3：打开已下载的压缩包，运行其中的可执行文件，按操作说明文档的指导，用刷新EEPROM程序将新版本的BIOS数据文件写入BIOS ROM芯片（有些刷新程序必需在DOS操作系统下运行）。

步骤4：重新启动计算机。

警告：*执行步骤3写入数据至BIOS ROM时，不可以中途断电或强制重启，这样会导致计算机再也无法启动。*

对于BIOS的升级，不要奢望可以大幅度提高计算机的性能。同时升级具有一定的风险，所以只有在计算机工作中出现兼容性问题时，才建议升级BIOS。

思考：*在为主板BIOS升级（或重新刷新BIOS ROM）时，所选择的BIOS必须是同品牌同型号的主板所采用的！为什么？*

【常见故障与注意事项】

① 某计算机在BIOS设置时不慎将内存运行参数设置得过高，致使计算机无法启动。

此故障原因在于BIOS设置不当，因此需要清除CMOS中的数据。参考主板说明书，断电后找到CMOS跳线，并将如图4-9所示的键帽插在2-3脚上数秒，使CMOS芯片掉电。恢复键帽初始位置后再次打开电源，原CMOS数据即被清除，再次重新进行BIOS设置即可（各主板具体操作的方式略有差异）。

图4-9　掉电法清除CMOS数据

提示：若忘记开机密码，也可采用此方法来尝试解决。

② 某台计算机已经指定光驱为优先启动设备，但仍无法从光驱启动。

进入BIOS设备界面检查，如果将光驱所在IDE口设置为“NONE”，就会导致无法从光驱启动。此外，若光盘不具备启动功能也会造成光驱无法启动计算机。

③ 某并口打印机在计算机BIOS设置后无法打印。

对于早期型号的并行接口的打印机，如果打印机无法正常打印，需将BIOS设置中并口属性由“ECC/EPP”调整为“Normal”。因为这些打印机不支持并口双向传输功能。

④ 某计算机无法识别任何USB设备。

进入BIOS设置，将OnChipUSB和Arrange IRQ for USB两项，设为Enable。

项目任务4-2 硬盘规划与分区、格式化

【项目任务】

> 对硬盘进行分区、格式化等操作，以便进行操作系统的安装。

【项目准备知识】

1. 了解磁盘分区

通常所说的安装软件都是将软件安装到硬盘上，但新购买的硬盘是不可以直接使用的，必须对它进行分区及格式化后才能存储数据。

这里先解释一下“物理盘（Physical Disk）”与“逻辑盘（Logical Disk）”的概念。物理盘就是计算机中所安装的磁盘实体；逻辑盘则是对物理盘的磁盘空间经过分割所建立的相对独立的存储区。划分逻辑盘的过程就是磁盘分区。如通过磁盘分区程序在某物理盘上建立了3个逻辑盘，这3个逻辑盘就是今后使用该计算机的C盘、D盘、E盘等。

磁盘分区时可采用多种文件系统格式，如FAT16、FAT32及NTFS。不同的操作系统所支持的分区情况也不尽相同。DOS及早期的Windows 95（Windows95/OSR1）仅支持FAT16格式。从更新后的Windows 95（Windows 95/ OSR2）开始，直至最常用的Windows XP、Windows Vista、Windows 7等操作系统均识别FAT32，同时Windows 2000以后版本还支持NTFS文件系统。

进行分区时，从兼容性的角度来看，建议使用FAT32格式；从安全性的角度来看，建议使用NTFS格式。

在Windows的安装光盘与软盘中就提供了既支持FAT16又支持FAT32格式的磁盘分区程序——fdisk.exe，但它并不支持NTFS格式。

用fdisk对磁盘进行分区时，可以将整个磁盘建一个分区，也可以将磁盘划分为多个分区。但无论怎样分区，整个磁盘上有且只有一个主分区（某些磁盘分区程序可以在一个磁盘上建立多达4个主分区）。有两个以上分区时，主分区以外的分区称为扩展分区。而扩展分区可以再划为多个逻辑分区。为了便于理解，假设用fdisk对a硬盘分区，有以下三种情况：

① 将整个a硬盘容量划分为一个分区时，a硬盘只有一个主分区，即C盘，没有扩展分

区，a硬盘分区结构如图4-10所示。

② 将a硬盘划分为两个分区时，a硬盘上会存在一个主分区C盘和一个扩展分区，扩展分区没有划分为多个逻辑分区，只有一个逻辑盘D，a硬盘分区结构如图4-11所示。

③ 将a硬盘划分为三个分区时，a硬盘上会存在一个主分区C盘和一个扩展分区，扩展分区又划分为两个逻辑分区D盘和E盘，a硬盘分区结构如图4-12所示。

图4-10 整个磁盘为一个分区

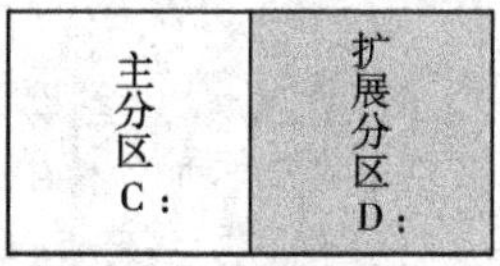

图4-11 磁盘分了两个分区

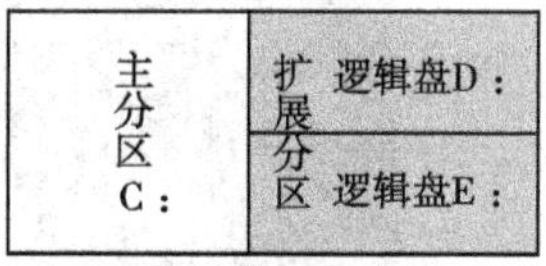

图4-12 磁盘分了三个分区

提示：fdisk只能对硬盘操作，各分区的盘符从字母C开始编排。

2. 了解各种存储容量单位

数据在计算机的存储器中存储，存储器的容量越大，则可存储的数据信息就越多。对于数据存储来说，基本单位是“字节”，即byte。平时所说的1B，就是1字节。此外，还有如下几种常见的单位，其关系如下：

1TB = 1024GB　1GB = 1024MB　1MB = 1024Bytes。

一般来说，视频文件的数据量最大，其次是音频文件和图像文件的数据量，一般的办公文档与程序文件数据量相对较小。

3. fdisk分区工具的使用

在DOS命令行下进入fdisk所在的子目录（文件夹），输入fdisk，然后按Enter键，即可启动fdisk程序。

fdisk启动后，首先出现如图4-13所示的屏幕说明，并要求作出选择，这段说明的意思是输入“Y”则以FAT32格式进行磁盘分区，输入“N”则以FAT16格式进行磁盘分区。

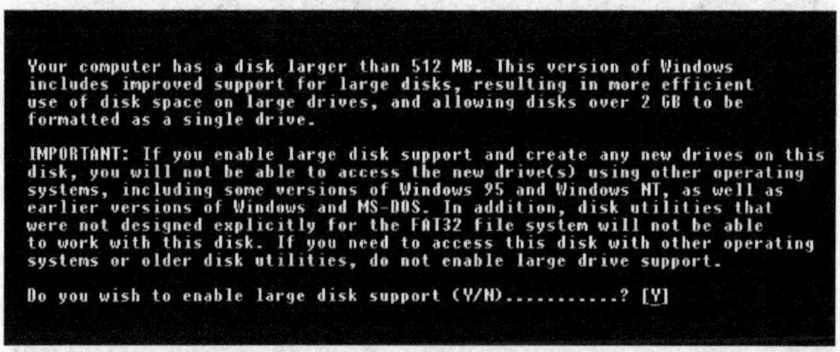

图4-13 fdisk分区格式说明

提示：如果希望将硬盘分为多个逻辑盘，其中既有FAT32格式又有FAT16格式，可以用fdisk/FPRMT参数进行分区，系统会在每次建立一个新的分区时询问使用哪种FAT格式。

（1）fdisk主界面介绍

主界面上共有四个选项，如图4-14所示，其中文含义是：

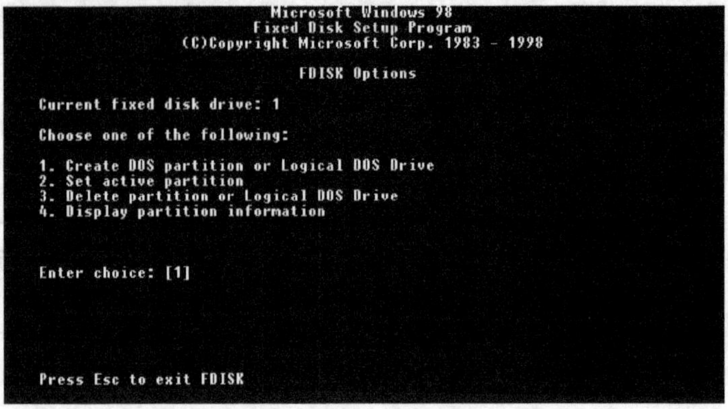

图4-14　fdisk主界面

① 建立DOS主分区和逻辑DOS分区；

② 设置活动分区；

③ 删除DOS主分区和逻辑DOS分区；

④ 显示分区信息。

在“Enter choice：”后直接输入相应选项的数字，然后按Enter键即可进入相应的功能项，按Esc键即可退出fdisk。

提示：当系统安装有两个以上的物理硬盘时，主界面上还会出现选项5，用来指定所要操作的是哪一个硬盘。

（2）查看分区信息

在主功能界面（如图4-14所示）的输入“4”后回车，便进入了如图4-15所示的显示分区信息界面。

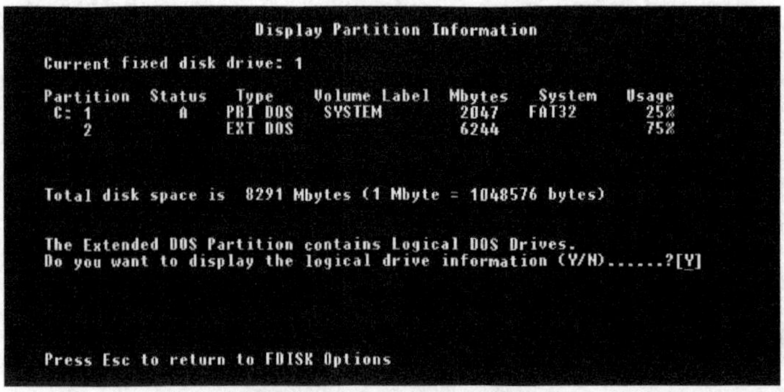

图4-15　fdisk查看分区界面

在屏幕显示的分区信息中，“Current fixed disk driver：1”表示当前显示的内容是系统中的第1块物理盘。接下来几行是该盘的分区信息，这里只显示主分区及扩展分区的信息，可以看出该硬盘的总容量约为8GB。屏幕下方提示在扩展分区中还包含有逻辑DOS分区。此时输入“Y”并回车，可查看扩展分区中各逻辑盘的具体信息，按Esc键退回主界面。

（3）删除原磁盘分区

在用fdisk变更磁盘分区时，例如建立新分区、调整各分区的容量、增加或减少分区个数时，这时必须要先删除硬盘上的原有分区。

在如图4-14所示fdisk主界面输入“3”后回车，便进入如图4-16所示的删除分区界面。

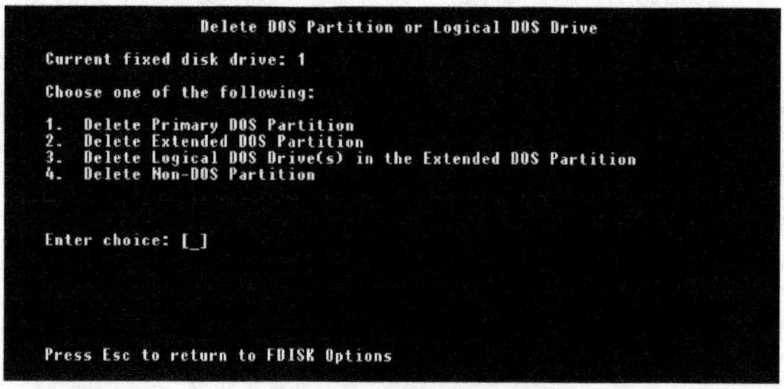

图4-16　fdisk删除分区界面

此界面中的各选项分别是：

① 删除主分区

② 删除扩展分区

③ 删除各逻辑DOS分区

④ 删除非DOS分区

在删除原磁盘所有分区时，必须按以下顺序操作：

删除非DOS分区→删除各逻辑DOS分区→删除扩展分区→删除主分区。每个分区在删除前，必须输入该分区盘符与卷标，以便系统确认删除操作。最后按Esc键退回主界面。

警告：磁盘分区一旦被删除，该分区上的所有数据将全部丢失且不可恢复，请在分区前将必要数据进行备份。

这里所谓非DOS分区就是除FAT16/FAT32以外的其他格式分区。

（4）新建磁盘分区

在如图4-14所示fdisk主界面输入“1”并回车，便进入如图4-17的建立分区功能界面。

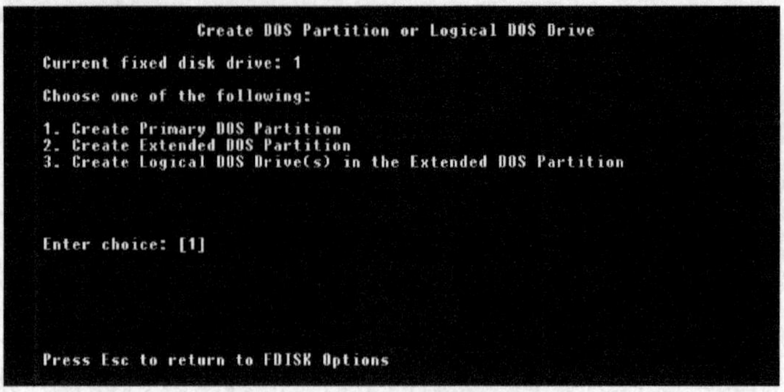

图4-17　fdisk建立分区界面

屏幕上出现三个选项，其含义为：

① 建立主分区

② 建立扩展分区

③ 建立逻辑分区

用fdisk建立分区时，必须遵循以下操作顺序：

建立主分区→建立扩展分区→建立逻辑分区。

在新建主分区时，计算机会提示是否将硬盘所有容量全部做为主分区，若回答“Y”则整个硬盘就建立一个分区；输入“N”则要求输入以MB为单位的主分区容量，此后建立扩展分区与逻辑分区时均需指定分区容量。最后按Esc键退出。

（5）激活主分区

硬盘上建有主分区时，必须激活某主分区才能使硬盘能正常引导操作系统。在如图4-14所示的fdisk主界面中输入“2”即可激活主分区（因为fdisk仅能建立1个主分区，因此一般不需要选择激活哪个主分区）。主分区被激活后，按Esc键退出。

在激活主分区后，硬盘的分区工作全部结束，继续按Esc键退出fdisk程序，并重新启动计算机，待对硬盘格式化后就可以安装软件了。

提示：fdisk/MBR可以重新建立主磁盘的主引导记录，当计算机卸载Windows NT或Windows 2000后消除在主引导记录上记载的系统启动选择，或当病毒感染主引导记录时，用来清除病毒相当有效。

4. FORMAT格式化工具的使用

用法：FORMAT　<盘符>　[参数]

说明：<盘符>即为欲格式化的分区，如“C：”、“D：”等。

[参数]：“/S”格式化分区后复制系统文件，以使该磁盘可引导计算机；“/Q”快速格式化，不检查磁盘坏磁道。

[例]：FORMAT C：/S（格式化C盘，并复制系统文件，以使C盘可引导计算机）

提示：使用FORMAT命令时，必须指定盘符；若未指定参数，格式化时默认为检查磁盘坏磁道、不复制系统文件。

【项目内容与步骤】

1. 回答以下问题，并填几表格。

（1）目前所使用的硬盘为多大容量？

（2）自己是否准备安装多操作系统？

（3）所要安装的操作系统是否均为Windows 2000以后的版本？

（4）要将硬盘分为几个区？

硬盘总容量：

项目	C	D	E	F
文件系统格式				
各分区容量				

2. 按照上面制定的方案进行磁盘分区。

（1）通过启动盘启动计算机，并在DOS提示符（>_）下输入fdisk，然后按回车键。

（2）通过fdisk查看原硬盘分区信息，是否已建有分区，如果已存在分区，请记录相关信息，之后将其全部删除，注意记录删除分区时需输入的信息及删除分区的顺序。

（3）建立新分区，并记录建立分区时需输入的信息及建立分区的顺序。

3. 激活主分区

4. 对各分区进行格式化，主引导分区要求格式化后能引导计算机。

思考：试写出快速格式化D盘的命令，____________________。

【项目补充知识】

规划磁盘分区需要考虑的问题

在动手之前，需要考虑这样一些问题：这台计算机到底准备用来做什么工作？所做的工作对操作系统是否有相关的要求？根据工作要求机器的硬盘上究竟应该如何规划？

对照自己的工作要求，决定自己将安装的软件数量及方式。一般来说，如果自己工作任务较单一，仅仅是正常工作使用而已，可考虑安装单个Windows操作系统；如果以学习为目的，可参照需学习软件的需求，适当时可考虑安装多操作系统。这里给出一些分区建议：

① 尽量用单独的分区安装操作系统，且尽量不要在操作系统分区存放应用软件、工具软件、数据等非系统软件。

② 文件系统格式问题。如果你需要安装和使用的操作系统为Windows 2000及以上版本，建议所有分区全部采用NTFS格式，特别是大于30GB以上的分区和要存放DVD镜像的用户。因为FAT32不支持单个大于4GB的文件，且使用大容量磁盘时，磁盘空间浪费较大。此外，当对文件或文件夹的安全权限有较高要求时，也应考虑使用NTFS分区格式。

③ 分区并不是越多越好，应该在使用方便的前提下，适当地划分分区。

④ 虽然用户可以使用相应软件进行动态无损调整分区大小，但分区前应尽可能地规划好各分区的大小，养成良好的习惯。因为分区时很容易使硬盘中的原有数据丢失。

提示：在www.baidu.com或www.google.com上以“硬盘分区规划”或“多操作系统安装”为关键字进行搜索，阅读相关文章。

【常见故障与注意事项】

① 进入fdisk后，见不到各分区数据，紧接着是字符串“error reading fixed disk”并回到DOS提示符。

这是因为fdisk无法读取硬盘分区信息，可通过运行fdisk /MBR对分区进行修复，若仍不能解决，可考虑用PQMagic（分区魔术师）等软件对分区进行修复。

② 升级硬盘时为硬盘分好区后，再将原硬盘的数据复制到新硬盘中，但是取下原硬盘后，新硬盘无法启动计算机，系统提示：“PRESS A KEY RESTART”。

此现象很可能是没有激活新硬盘的主分区（C盘），造成硬盘无法引导的故障。只需要再利用带有fdisk程序的启动盘再次启动计算机，重新运行fdisk，激活硬盘的主分区即可。

此外，若使用FORMAT C：/S命令格式化硬盘后，用硬盘启动计算机时出现“Invalid Specification”的提示时，也是上述原因，处理方法一样。

③ 新购买的2TB硬盘连接到计算机上时，BIOS能够检测到硬盘并正确识别硬盘的容量，但在使用fdisk分区时fdisk检测到的硬盘容量不对。

因为fdisk不支持大容量硬盘，因此，可使用DM软件或PQMagic等软件来对硬盘进行分区。DM软件或PQMagic等软件对容量没有限制。

④ 使用fdisk分区应知，fdisk在分区过程中一旦删除某分区，该分区的数据将全部丢失。因此，分区前应对重要资料做备份，以免损失！

项目任务 4-3
安装 Windows 操作系统

【项目任务】

> 根据具体要求为计算机安装Windows XP操作系统。

【项目准备知识】

Windows XP的运行环境

最低配置：CPU：300MHz / 内存：128MB / 硬盘空间：1.5GB / 显卡：4MB显存 / 8×CD-ROM

建议配置：CPU：1GHz / 内存：256MB / 硬盘空间：20GB / 显卡：16MB显存 / 8×CD-ROM或DVD

提示：对于Windows来说，计算机配置越高，运行越流畅。特别要注意的是，Windows运行需要消耗大量的内存空间，内存容量的大小，直接关系到Windows的运行流畅与否！此外，对于32bit的操作系统来说，最多支持3GB的内存空间，如果计算机安装有超过3GB的内存，建议使用64bit的操作系统，如：Windows XP Professional ×64，Windows 7 Ultimate（×64）等。

【项目内容与步骤】

1. 安装前的准备工作

（1）调节计算机启动顺序，将CD ROM设为优先启动。

（2）重新启动计算机，并将安装光盘插入光驱。

2. 安装Windows XP

（1）采用默认设置安装Windows XP操作系统。记录主要安装步骤，并完成下表。（所有选项均根据屏幕提示采用默认值，询问“这台计算机如何连接到Internet?”时，选择“跳过”。）

安装项目	安装时设定的内容	备注说明
安装位置（安装至哪个分区）		
是否格式化原有分区，如有，采用哪种方式格式化		
计算机名、系统管理员密码		
网络设置中采用何种方式（工作组或计算机域），若为工作组，则组名称是什么		
计算机用户数及各用户名		
安装过程中共重新启动几次计算机，分别在什么情况下重新启动		

（2）在www.baidu.com上www.google.com以“win98和winxp混合安装”或“多操作系统图解安装”为关键字加以信息搜索，了解更多操作系统安装知识。

（3）在网络中搜索““Windows 7的安装”，阅读搜索出的文章。

【项目补充知识】

1. Windows XP安装简要图解

如图4-18所示，全新安装时，此处按Enter键，随后出现的Windows XP许可协议（如图4-19所示），必须选择同意（按F8键）方可继续安装。

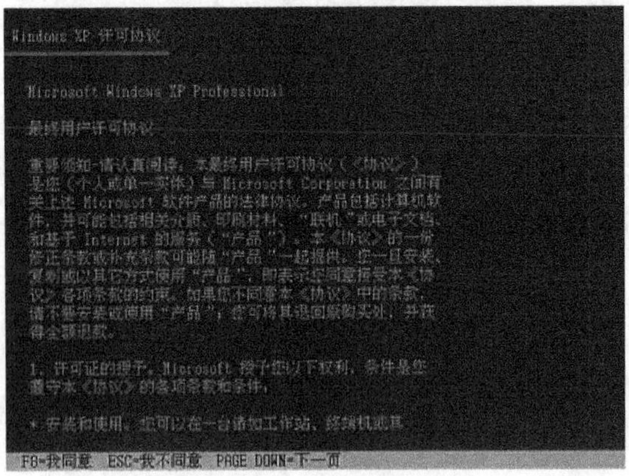

图4-18 选择安装方式

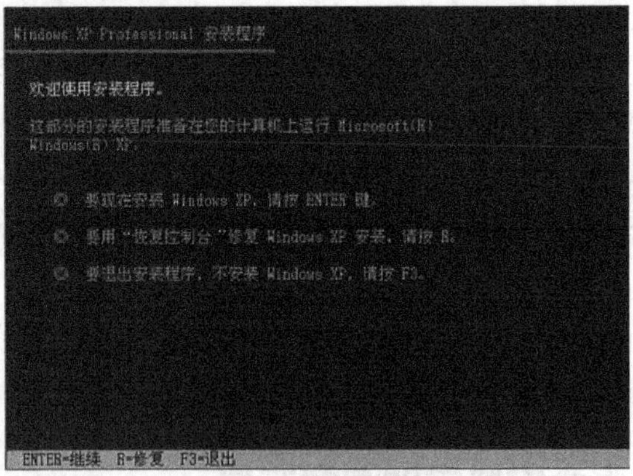

图4-19 Windows XP许可协议

在如图4-20所示的屏幕中指定安装位置，并在如图4-21屏幕中指定是否格式化或采用何种格式化方式。全新安装时，一般安装至C盘，并且选择快速格式化（分区格式采用NTFS或FAT格式取决于用户需求，此处的FAT格式是FAT32格式）。若选择格式化安装分区，则需根据屏幕提示加以确认。格式化进度如图4-22所示。

注意：只有用光盘启动或安装启动软盘启动Windows XP安装程序，才能在安装过程中提供格式化分区选项；如果用其他方法启动安装程序，安装Windows XP时没有格式化分区选项。

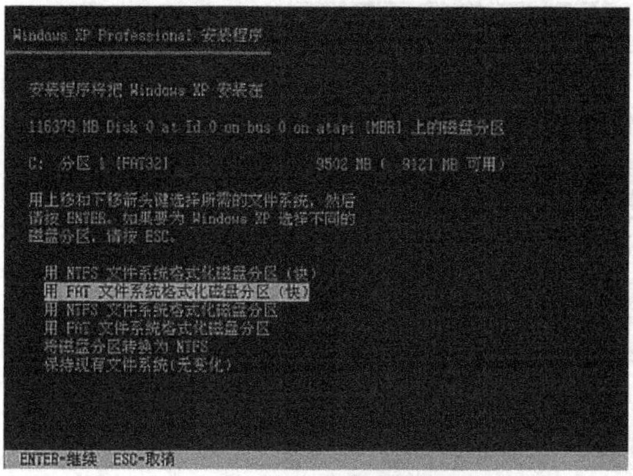

图4-20 指定安装分区

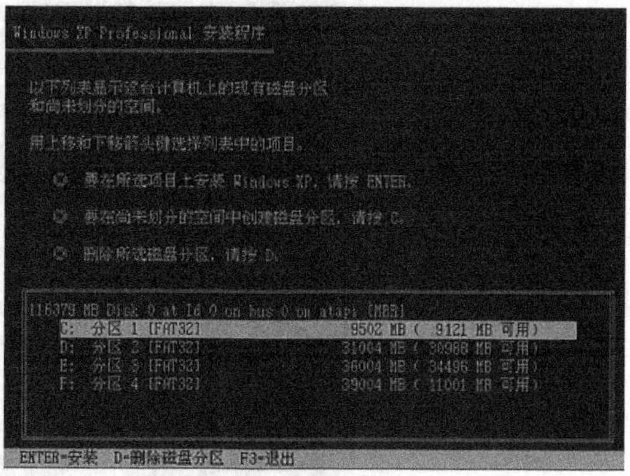

图4-21 指定格式化方式

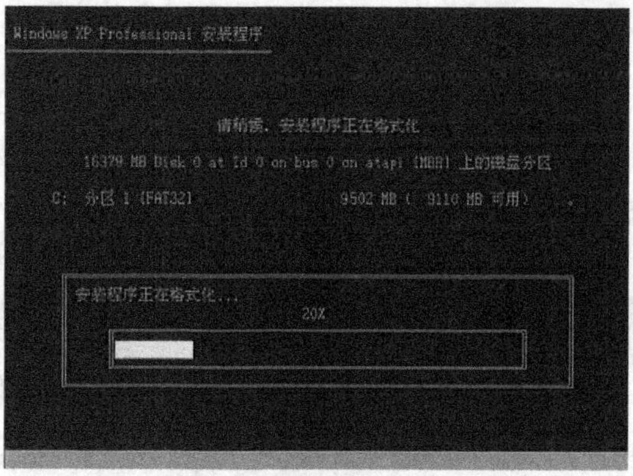

图4-22 格式化安装分区进度

在图4-23 中所示的准备安装进度条完成后，计算机将重新启动。再次启动后的计算机应从硬盘启动，启动画面如图4-24所示。

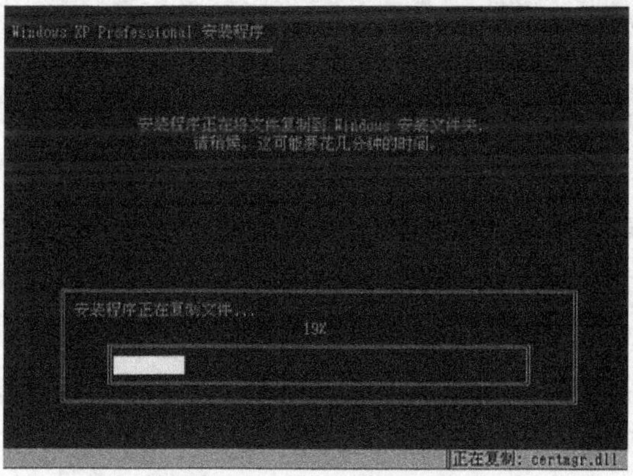

图4-23 准备安装进度

图4-24 再次启动界面

再次启动后，如图4-25所示，指定“区域和语言选项”，一般情况下直接单击“下一步”。

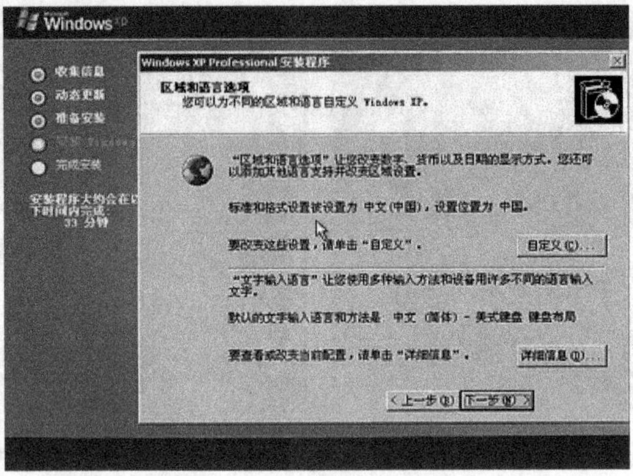

图4-25　设定“区域和语言选项”

在如图4-26所示的界面中输入CD-Key（安装光盘序列号）后，如图4-27所示，计算机要求指定计算机名与管理员密码。计算机名是用于局域网中区分各计算机的标识，接入局域网的计算机建议其名称改为有具体意义的标识。管理员即Administrator用户，在Windows系统中具有最高权限，平时登录系统不需要这个账号。此处是设定Administrator用户的密码。

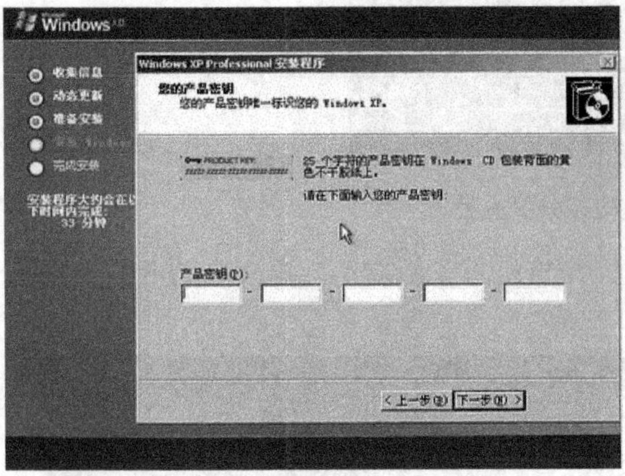

图4-26　输入CD-Key界面

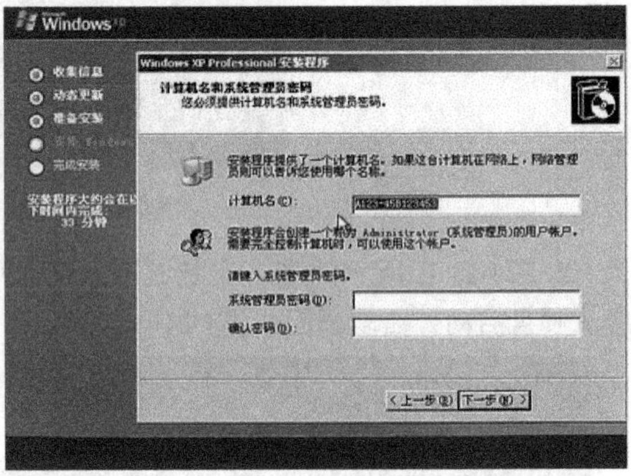

图4-27　设定计算机名与管理员密码

接下来是较长时间的系统安装，系统安装完成后还需针对网络配置进行设定。一般情况下，网络设置方式可选择“典型设置”，如图4-28、图2-29所示。

对于接入网络的计算机来说，有工作组模式与域模式，这里只要指定该计算机所在的工作组或域名，若不知道这台计算机接入何种网络可直接采用默认值，单击“下一步”按钮，系统开始自行安装，如图4-30、图4-31所示，安装完毕，显示如图4-32所示。。

如图4-33所示，要求指定“这台计算机如何连接到Internet?”时，可以单击“跳过”（在Windows使用中也可再设置）按钮，并在图4-34中再指定使用该计算机的用户名后Windows XP即安装完成，如图4-35所示。

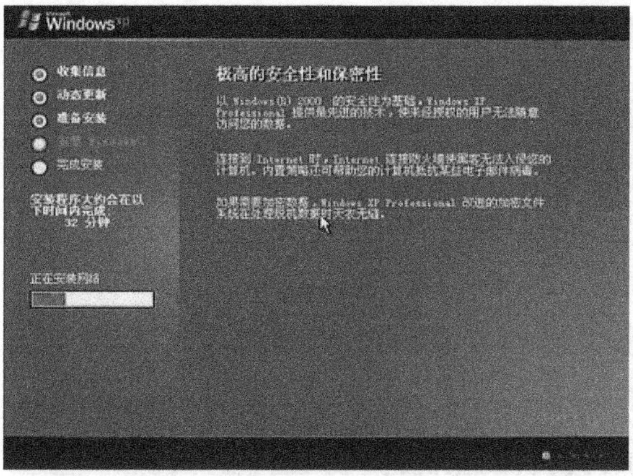

图4-28 安装Windows XP进度

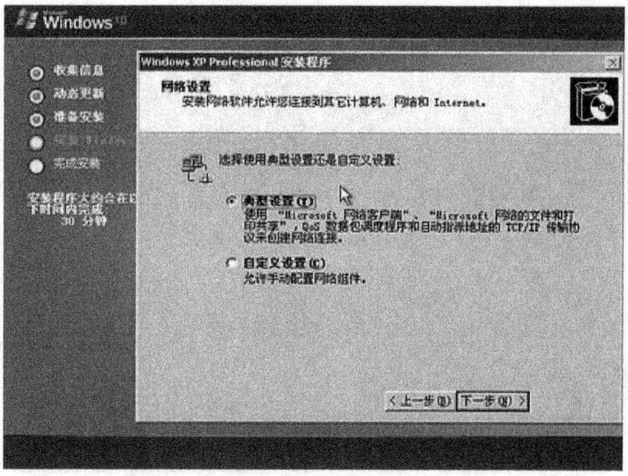

图4-29 网络设置

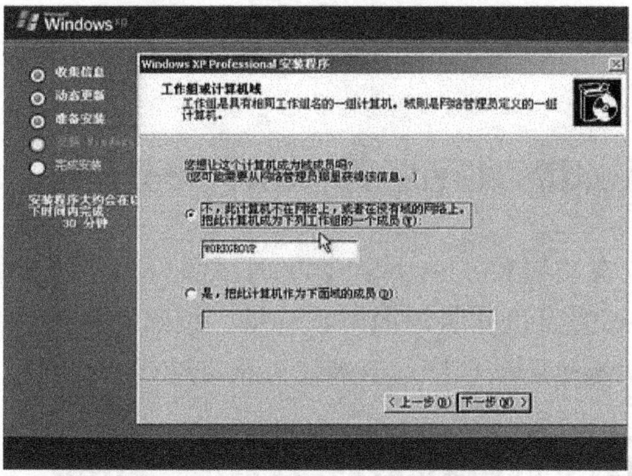

图4-30 指定工作组或域名

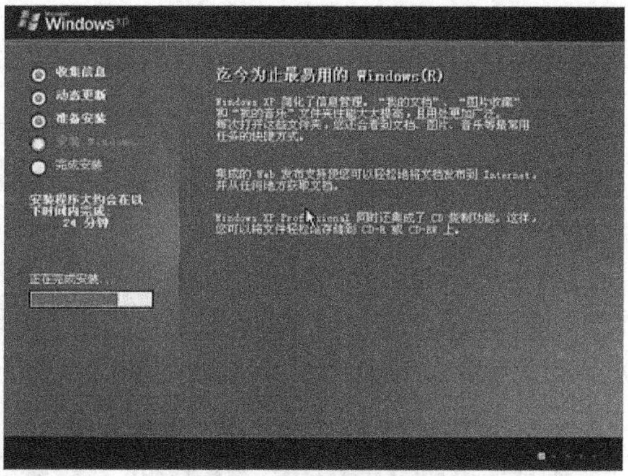

图4-31 系统开始安装

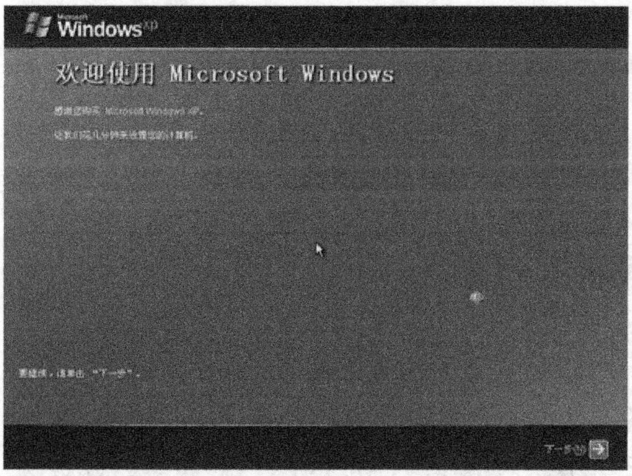

图4-32 “欢迎使用Microsoft Windows”界面

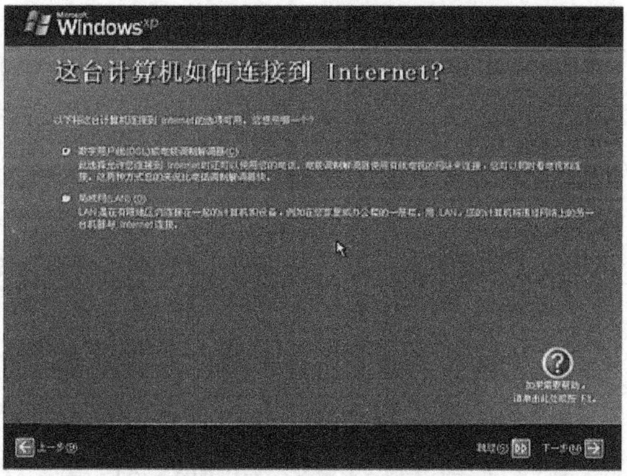

图4-33 设置如何连接到Internet

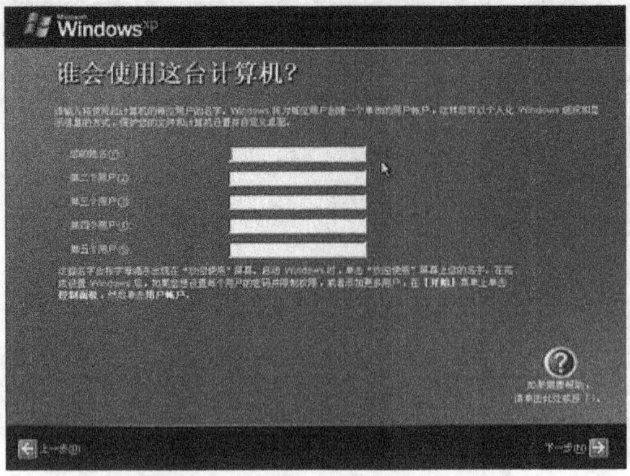

图4-34 设定使用计算机的用户

图4-35 安装完成界面

【常见故障与注意事项】

1. 无法在配置SATA接口硬盘的计算机中顺利完成Windows XP的安装。

当某台计算机的硬盘为SATA接口时，建议在安装Windows XP/2000时准备好该主板的SATA接口驱动程序。一般来说，在进入Windows的蓝色安装画面时按F6键，按照屏幕提示放入含有SATA/RAID接口驱动程序的磁盘，正确选择驱动程序后安装便可正常进行。

2. 安装Windows 2000时，从复制完文件重新启动到提示按“Enter”键继续时“死机”。

通常出现这种情况的原因是由于使用的设备存在兼容性问题，此时应注意检查系统是否存在串口鼠标、SCSI/SATA接口硬盘、电视卡、视频采集卡等特殊的非常用配件，由于兼容性的问题导致安装程序将键盘死锁，更换该不兼容设备即可以顺利安装了。

3. 安装Windows操作系统时应注意以下问题。

（1）检查系统资源是否满足最低配置，低于最低配置是无法安装Windows的。

（2）准备好主板、显卡、声卡、网卡等设备的驱动程序，以防Windows无法正常运行。

（3）大容量硬盘安装Windows XP/7时，若不考虑与Windows 98/95/DOS的兼容，建议采用NTFS格式进行分区。

项目任务4-4 设备驱动程序的获取与安装

【项目任务】

› 获取设备的驱动程序，并安装或升级该驱动程序，让计算机各部件正常工作。

【项目准备知识】

1. 驱动程序的作用

通常所说的驱动程序是向操作系统解释硬件设备工作方式、占用资源等信息的一类程序，硬件安装完成后必须安装驱动程序才能有效工作。

提示：在Windows系统中，某些设备似乎未安装驱动程序即可正常工作，这是因为Windows自动识别了这些设备，并在安装过程中自动为其安装了相应的驱动程序。

2. 驱动程序的特点

① 一般来说，同一设备在不同操作系统下的驱动程序也有所不同。例如，某显卡的Windows 7的驱动程序不能安装在Windows XP系统下。

② 驱动程序的版本不断提升，硬件设备性能或兼容性也不断增强。一般来说，使用较高版本的驱动程序，其完善程度最高，可以最大限度地挖掘硬件设备的潜力。

③ 一般来说，主板的驱动程序应先于各类板卡驱动程序安装。

3. 检查需要手工安装驱动程序的设备及其型号

虽然部分设备的驱动程序由Windows这样的操作系统自行安装了，但仍有部分驱动程序需要手工安装。以Windows XP为例，可通过单击“控制面板→系统→硬件→设备管理器”，在如图4-36所示界面中检查有哪些设备需要手工安装驱动程序。窗口中“其他设备”下带有?图标的设备即为需手工安装驱动程序的设备。

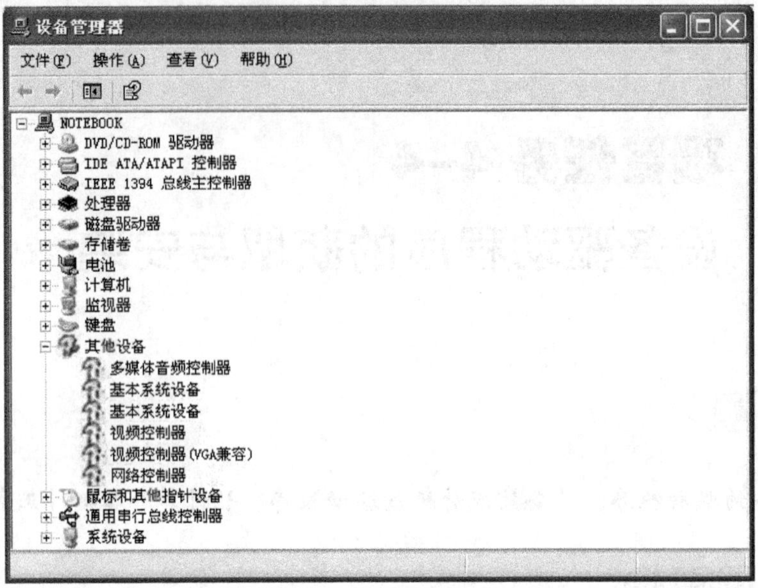

图4-36 Windows XP的设备管理器

此时还需要找到与设备型号完全一致的设备驱动程序进行安装。主要方法如下：

① 品牌机可找出购买计算机时有该计算机的驱动程序的光、磁盘，组装计算机可找出有主板、显卡、声卡等设备的驱动程序有光、磁盘，这些光、磁盘中一般都有自动安装的功能。

② 品牌机可登录该品牌生产商网站，下载与该品牌型号完全一致的设备驱动程序，组装计算机可根据主板、显卡、声卡等设备的品牌型号登录相应生产商网站，下载相应的驱动程序（需注意与其配套的操作系统版本）。

③ 打开计算机机箱，找到相应设备的主要控制芯片，记录其规格型号，在该芯片生产商网站上下载相应的驱动程序（需注意与其配套的操作系统版本）。

④ 尝试从www.mydrivers.com下载相应的驱动程序（需注意与其配套的操作系统版本）。

⑤ 使用“驱动精灵”软件（可在Internet中搜索下载），该软件会自动帮你搜索计算机上的设备，并告诉你设备型号，也会在Internet上自动搜索并下载驱动。

提示：上述几种方案，后4种均需该计算机接入Internet，且网络接入设备（如网卡）已安装驱动程序，并工作正常。否则需借助其他计算机从Internet中下载后再复制到该计算机中。

【项目内容与步骤】

1. 写出如图4-36所示设备管理器中共有多少种设备未安装驱动程序，记录如下。
2. 观察实验用Windows操作系统，统计缺乏驱动程序的设备并记录如下。
3. 通过观察设备外观确定设备型号。

主板芯片组类型：

显卡型号：

网卡型号：

声卡型号：

4. 安装各设备的驱动程序（能用Setup程序及控制面板等多种方法安装）。

5. 找到适当的驱动程序（通过因特网搜索3COM905B网卡for Windows 2000驱动程序）。

6. 观察驱动程序安装后的效果，如何判断驱动程序安装正确？

7. 在www.baidu.com或www.google.com以“系统安装技巧”和“驱动安装顺序”为关键字进行信息搜索，学习高级技巧。

【项目补充知识】

1. 安装驱动程序的方法

一般的主板及其集成设备的驱动程序都在主板驱动盘里，将驱动盘放入光驱后通常都会自动运行，此时可在如图4-37所示的界面中根据屏幕提示信息安装各设备的驱动程序。如果不自动运行，可双击“我的计算机”里的光驱盘符，打开后进入相应的文件夹后运行其中的setup.exe文件，如图4-38所示。当然，不同的主板驱动盘其操作可能略有差异。

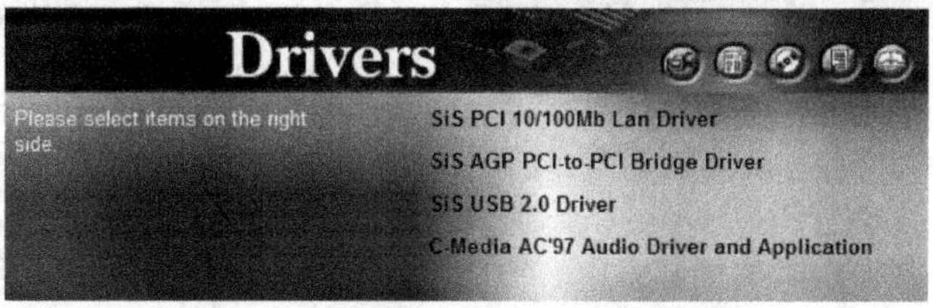

图4-37 自动运行的驱动程序安装界面

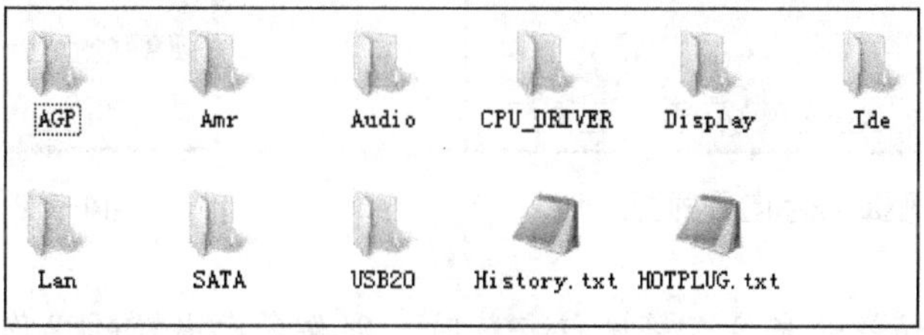

图4-38 光盘中存放各种驱动程序的文件夹

2. 更新驱动程序的方法

如何对某设备的驱动程序加以更新呢？这里以对显卡驱动程序的更新为例。

（1）用鼠标右键单击“我的计算机→属性→硬件→设备管理器”，双击“显卡”下的设备名，在弹出窗口中选择“驱动程序”选项卡，在如图4-39所示的窗口中单击“更新驱动程序”。

（2）在如图4-40所示的窗口中选择“从列表或指定位置安装（高级）”后，单击“下一步”。

（3）在如图4-41所示的窗口中的“在搜索中包括这个位置”处填入新驱动程序的位置（或单击“浏览”按钮后在如图4-42所示的窗口中指定），单击“下一步”按钮即可。

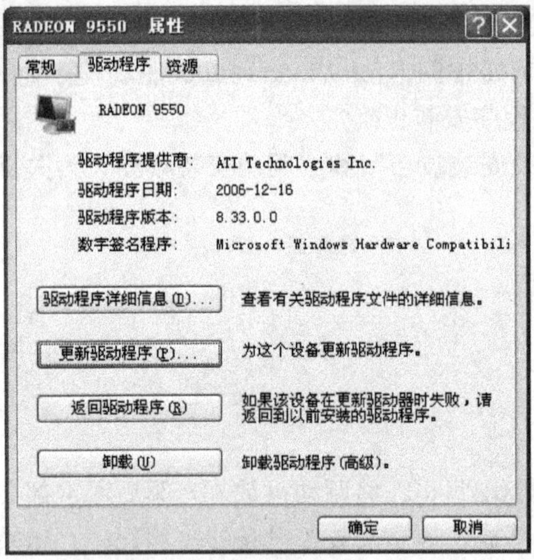

图4-39 更新驱动程序窗口

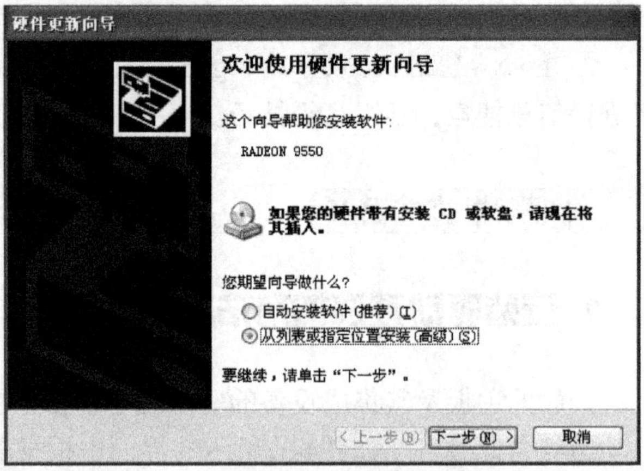

图4-40 更新驱动程序向导界面1

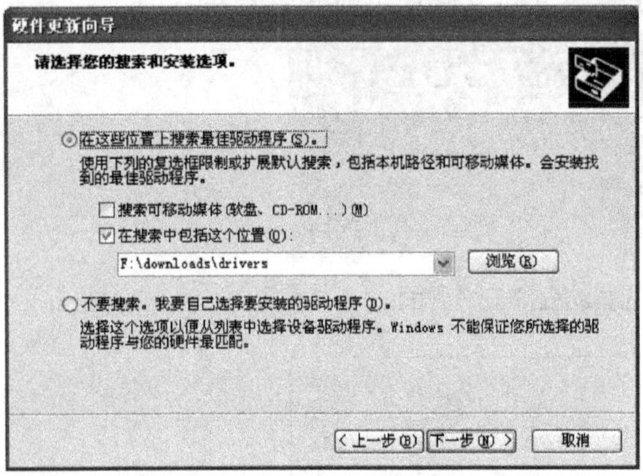

图4-41 更新驱动程序向导界面2

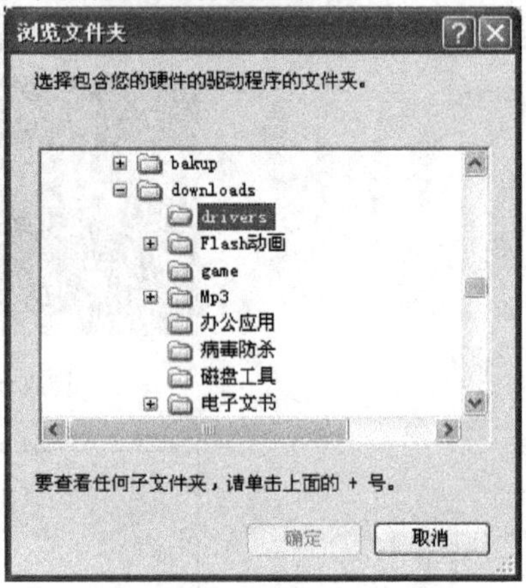

图4-42 浏览文件夹窗口

提示：如果是手动打开光盘盘符进行安装时，则要考虑当前的操作系统是什么，如果是Windows 98则打开win98文件夹里的驱动程序进行安装，如果是Windows 2000/XP，则需要打开win2k或winXP的文件夹，运行其中的setup.exe文件进行安装。

3. 如何了解设备型号

如果无法知道某设备的具体型号，可以打开机箱，找到该设备后，记录其主芯片型号。如图4-43所示的设备就是型号为ALC860的声卡和RTL8100C的网卡。

图4-43 ALC860声卡和RTL8100C网卡

【常见故障与注意事项】

1. 某安装有Windows XP的计算机在安装完显卡驱动程序后，一进入Windows XP就死机。

这种原因往往是因为在安装显卡驱动程序前没有安装主板的驱动程序，使得显卡驱动程序无法正常工作。建议在安全模式下将显示模式设置为VGA模式，并卸载显卡驱动程序后，安装主板驱动程序，然后再加载显卡驱动程序。

2. 某计算机总是在运行“Quake3”游戏时，该游戏画面显示不正常。

出现某设备运行不正常时，往往是因为驱动程序的兼容性不佳，若将该设备的驱动程序更新到最新版本，此问题可能会解决。上述问题中极有可能是显卡驱动程序与游戏的兼容性不好，可考虑更新显卡驱动程序或搜索该游戏是否有针对指定显卡的补丁程序。

项目任务4-5 Windows 自带维护工具的使用

【项目任务】

- 在暂时没有工具光盘及不能联网的情况下，仅利用Windows自带的实用工具软件以对系统进行维护、优化、排除故障。

【项目准备知识】

1. 系统实用工具的作用

完整的计算机系统是由硬件系统与软件系统组成的，任何一台正常使用的计算机都必须有着工作稳定的硬件与软件，但是在平时使用计算机时，计算机的软硬件系统的工作状态并不是一成不变的，如硬盘、光驱不断地读写操作对硬盘光驱会产生损耗，不断地进行安装与删除文件会产生磁盘文件碎片，经常上网会导致计算机中带有大量冗余数据，甚至病毒与木马。因此，不断地对计算机软硬件进行维护是十分必要的，这就需要借助大量的维护工具，而这些维护工具中最常用的恰恰就是Windows本身自带的一些小程序。

2. Windows XP自带的部分实用工具

Windows XP自带的部分实用工具一览表见表4-1。

表4-1部分Windows XP自带实用工具

程序名称	作用
系统备份与还原	用于备份或复原Windows的工作状态
磁盘碎片整理	用于清理磁盘中的文件碎片
磁盘清理	用于清除磁盘中的无用数据
msconfig.exe	可以配置计算机的启动参数
ipconfig.exe	检查计算机中的网络参数
taskman.exe	Windows的任务管理器，可以终止某程序或进程
mrt.exe	Windows自带的恶意软件扫描工具
REGEDIT.exe	Windows的注册表编辑工具
TOURSTART.exe	帮助学习使用Windows的教学程序
ping.exe	检查网络通信正常与否
cmd.exe	进入DOS提示符状态，可以运行大量的DOS命令来维护计算机
dxdiag.exe	简单的计算机检测工具，可以检查出部分计算机故障隐患
osk.exe	软键盘、键盘故障时可代替键盘输入数据
sndrec32.exe	录音机与麦克风配合可录制声音
iexpress.exe	创建自解压文件（制作压缩文件）
说明：上述工具中从msconfig.exe至iexpress.exe都存放在Windows系统的System32文件夹中，该文件夹中还有大量的实用工具，只是未出现在Windows的菜单中。	

3. 磁盘碎片整理程序的使用

“磁盘碎片整理程序”主界面如图4-44所示，由于光盘不可进行碎片整理，所以在下拉列表框中不会列出其驱动器盘符。单击“分析”按钮可以对指定磁盘分区的数据存储情况进行分析，并产生如图4-45所示的“分析报告”，以便操作者了解该磁盘是否需要进行碎片整理。

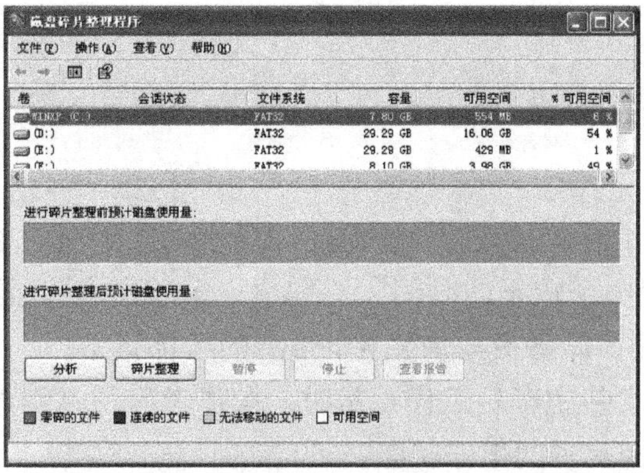

图4-44 “磁盘碎片整理程序”主界面

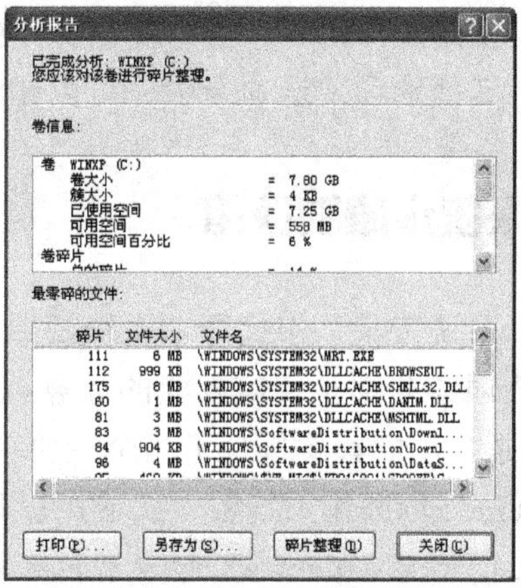

图4-45 磁盘碎片分析报告

单击“碎片整理”按钮即开始对所选择的驱动器进行碎片整理。

碎片整理开始后，如图4-46所示的窗口会显示已完成的进度及进行碎片整理的示意图，并分别用不同的颜色来表示程序零碎的文件、连续存放的文件、无法移动的文件及未使用的空间，以便操作者清晰直观地了解整理前与整理后的情况。

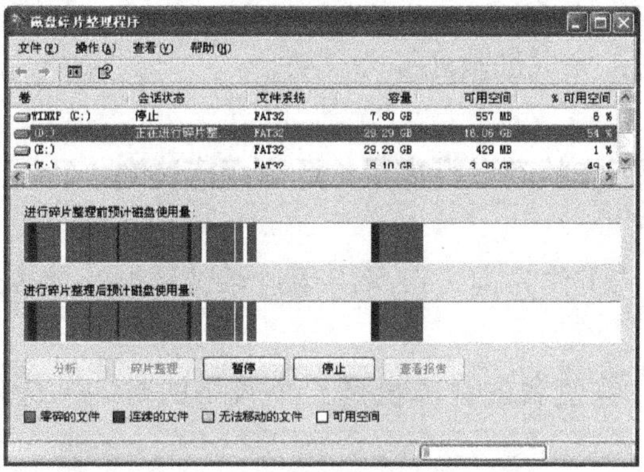

图4-46 整理过程详细资料显示窗口

4. 磁盘清理程序的使用

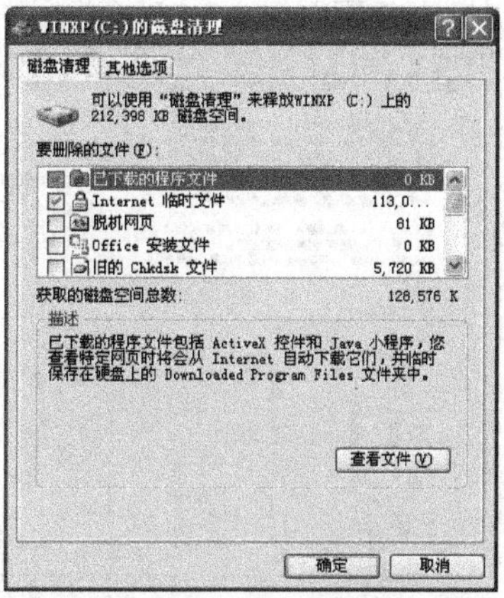

图4-47 磁盘清理程序主界面

磁盘清理程序如图4-47所示，列有“磁盘清理”、“其他选项”两个选项卡。

其中“磁盘清理”选项卡中有“要删除的文件”与“描述”两个部分。

①“要删除的文件”列出了Windows在指定磁盘上找到并可以删除的几类文件。选中某类文件前的复选框后，单击确定按钮后可清理这类文件。

②“描述”指出了当前选中项目的用途，以便明确是否可以删除该类文件。通过单击“查看文件”按钮可以查看指

定文件类型的具体内容，进一步确保不致误删重要数据文件。

在“其他选项”选项卡中，可以删除Windows各组件及卸载已安装软件。

5. 系统还原的使用

在“系统工具”中打开“系统还原”命令，即可看到如图4-48所示的主界面。主界面中有两个选项，分别是“恢复我的计算机到一个较早的时间”、“创建一个还原点”。这就表明“系统还原”功能其实包含了两个主要功能，即备份与恢复Windows的运行状态。

当Windows操作系统各主要应用软件安装完毕且工作正常时，操作者应及时创建一个还原点，以便将来Windows工作异常时恢复至此时的工作状态。

（1）对当前Windows的工作状态进行备份（还原点描述为：BACKUP）

① 单击选中主界面中的“创建一个还原点”选项，并单击“下一步”按钮。

② 在如图4-49所示的窗口中为当前创建的还原点加入描述“BACKUP”，以便今后能快速识别本次还原点的主要情况。

③ 单击“创建”按钮，完成创建还原点任务。

（2）对Windows的工作状态进行恢复（还原点描述为：BACKUP）

如果Windows操作系统工作异常，可考虑通过系统还原来将Windows恢复至某个还原点创建时的工作状态。

① 选中主界面中的“恢复我的计算机到一个较早的时间”选项，并单击“下一步”按钮。

② 在如图4-50所示窗口中指定相应日期后，单击选取“BACKUP”的还原点。

③ 在如图4-51所示窗口中确认所选的还原点后，单击“下一步”按钮。

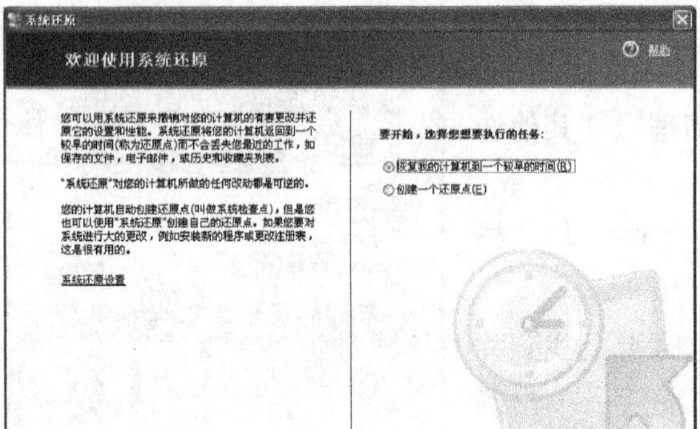

图4-48 “系统还原”功能的主界面

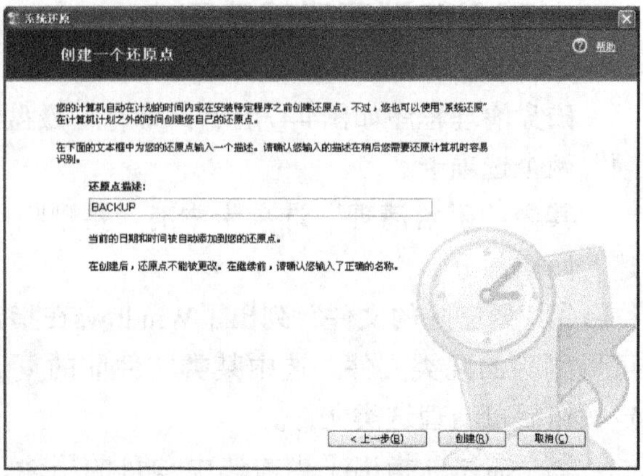

图4-49 为“还原点”添加描述的窗口

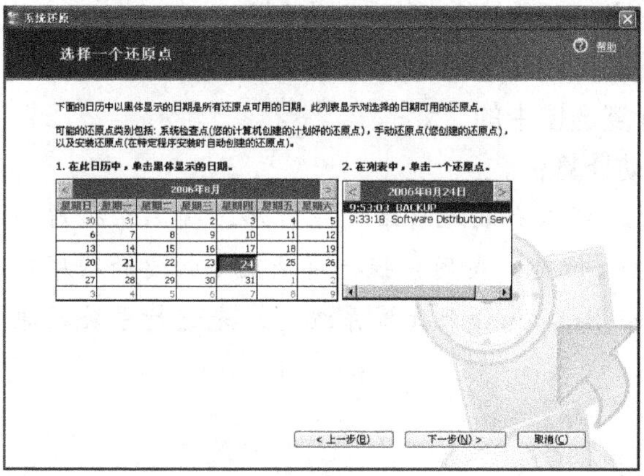

图4-50 选择“还原点”窗口

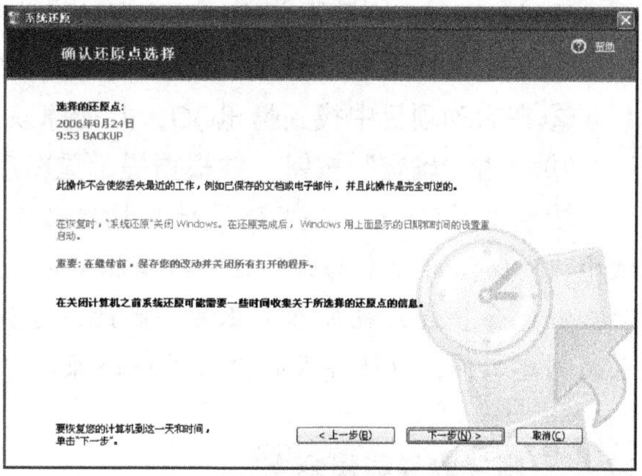

图4-51 确认所选的“还原点”

（3）计算机重新启动并进行系统还原。

提示：Windows提供的“系统还原”实际上是对注册表的备份与恢复，因此，系统还原并不会导致操作者已保存文档的损坏或丢失。但是，系统还原将可能会导致创建还原点之后安装的软件不能正常工作。

若计算机感染病毒或木马，可通过“系统还原”与查杀病毒软件的配合使用来解决问题。

如果操作者不希望使用“系统还原”功能，可在“控制面板→系统→系统还原”选项卡中，关闭“系统还原”功能。

6. msconfig的使用

使用Windows提供的系统配置工具msconfig可以将系统按指定的参数来配置系统运行的环境。但因为运行msconfig需要具备一定的专业知识，所以在Windows安装后，并没有提供一个桌面快捷方式来打开该系统配置工具。用户可以通过单击“开始→运行”，并在弹出窗口中的文本框中输入“msconfig”来打开该程序。msconfig程序界面如图4-52所示。该程序可以针对SYSTEM.INI、WIN.INI、BOOT.INI、服务、启动等项目进行配置，如图4-53所示。

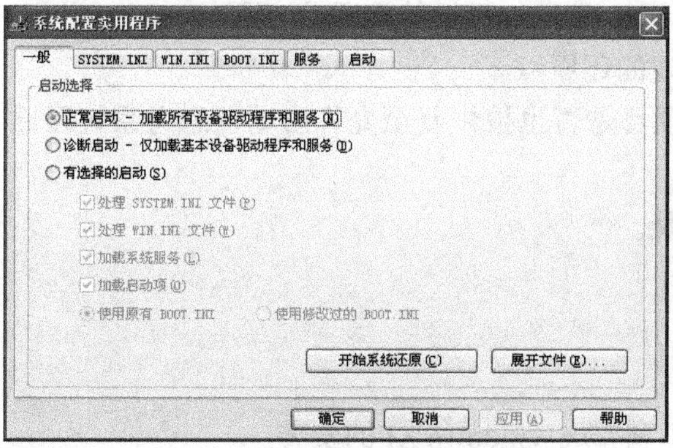

图4-52 “msconfig”程序界面

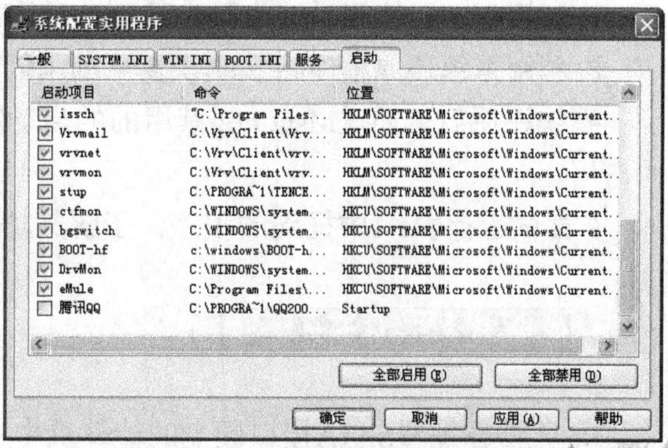

图4-53 “msconfig”系统启动项目配置界面

通过msconfig使系统启动时不再自动加载程序（以禁止QQ自启动为例）。

① 单击主界面中“启动”选项卡，进入如图4-54所示的系统启动项目配置界面。

② 在启动项目中找到腾讯QQ，并去掉该行复选框中的“√”。

③ 单击“确定”按钮，并根据提示重新启动计算机。

提示：利用msconfig来配置计算机启动环境，可以有效地屏蔽无用程序、提高系统启动效率，对防治部分木马程序往往也有很好的效果。但是，当用户强行屏蔽某个必要的程序自动加载也会导致系统工作不正常，因此，建议在用msconfig来配置系统时，先进行系统还原点的创建工作，以便异常时进行系统还原。

【项目内容与步骤】

1. 请用磁盘碎片整理程序对D盘进行碎片分析，阅读分析报告并填写在下面的空白处。

（1）碎片数量最多的文件名：________________________。

（2）它的碎片数为：____________________________。

（3）通过观察，请指出碎片整理程序可以对哪些盘进行操作？________。（多选）

A. 软盘 B.硬盘 C.光盘 D.U盘

2. 利用磁盘清理来清除D盘不必要的数据，扩大可用空间。D盘中可以清理的项目有哪些?

3. 利用系统还原程序创建还原点，写出创建步骤。

4. 用msconfig禁用启动项目。

① 在msconfig程序的“启动”选项卡中，列出启动项目。

② 尝试清除其中的一项后，重新启动计算机，观察启动效果，记录其差异。

5. 利用ipconfig来了解网络配置参数。

在“命令提示符”窗口中，输入：ipconfig /all。观察显示内容，从中找出以下内容。

本机名：__________，IP地址：__________，子网掩码（Subnet mask）__________，默认网关（Default Gateway）__________，DNS服务器（DNS Server）__________。

6. 运行“写字板”程序，通过Windows任务管理器（在Windows运行时按Ctrl+Alt+Del组合键）来强行结束该程序。

所结束运行的应用程序名：__________，记录操作步骤。

7. 利用Dxdiag检测系统中硬件及驱动程序。Dxdiag.exe可以检测哪些方面?

8. 利用系统还原程序将系统恢复至刚刚创建的还原点。

系统还原后，通过Msconfig禁用的的启动项目是否也被恢复至允许启动？思考系统还原的作用。

9.尝试运行表4-1中提到的程序，了解其功能。

【常见故障与注意事项】

① 无法在配置SATA接口硬盘的计算机中顺利完成Windows XP的安装。

当某台计算机的硬盘为SATA接口时，建议在安装Windows XP/2000时准备好该主板的SATA接口驱动程序。一般来说，在进入Windows的蓝色安装画面时按F6键，按照屏幕提示放入含有SATA/RAID接口驱动程序的磁盘，正确选择驱动程序后安装便可正常进行。

② 安装Windows 2000时，从复制完文件重新启动到提示按“Enter”键继续时“死机”。

通常出现这种情况的是由于使用的设备存在兼容性问题，此时应注意检查系统是否存在“串口鼠标、SCSI/SATA接口硬盘、电视卡、视频采集卡”等特殊非常用配件，由于兼容性的问题导致安装程序将键盘死锁，更换该不兼容设备即可以顺利安装了。

项目任务 4-6 磁盘数据的备份、还原与复制

【项目任务】

- 学习磁盘数据备份、还原与复制的基本知识
- 掌握注册表、Windows自带组件、Ghost软件进行磁盘数据的备份与还原的方法

【项目准备知识】

在计算机的使用中，存储在计算机上的数据不是我们想象的那么安全，一不小心的误操作、计算机病毒感染、黑客的入侵、各种软、硬件的故障都会对数据安全造成威胁。对于磁盘的数据备份与恢复很重要，利用计算机系统本身所带的备份程序或者第三方软件进行硬盘分区备份，当系统崩溃，不能进入操作系统时，就可以对备份的数据进行恢复。

1. 注册表的备份与还原

微软公司将Windows系统的配置信息存储在注册表的数据库中，注册表是Windows系统管理所有软硬件的核心，包含计算机用户的配置文件和系统相关的硬件、软件程序等属性的信息。在系统遭遇恶意程序的破坏而不稳定，浏览器被篡改，应用程序无法使用等问题，可以通过备份与修复注册表来解决。

（1）使用“注册表编辑器”进行注册表的备份

打开“开始菜单”中的“运行”，输入“regedit”，打开“注册表编辑器”窗口，通过“文件→导出注册表文件”，选择注册表备份文件的名称和保存路径（如图4-54所示），完成对注册表的备份。

（2）注册表的恢复

打开“注册表编辑器”，通过“文件→导入注册表文件”，找到并选择曾经导出的注册表备份文件（如图4-55所示），单击“打开”按钮，完成注册表的恢复，恢复后出现要求重启的提示框，重新启动计算机，完成注册表的重新载入。

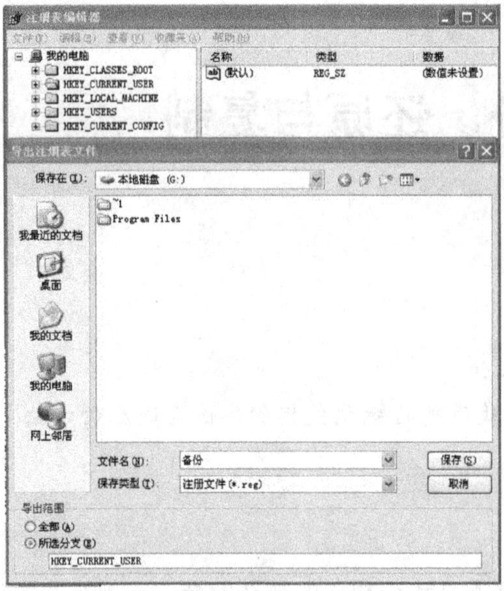

图4-54　注册表备份

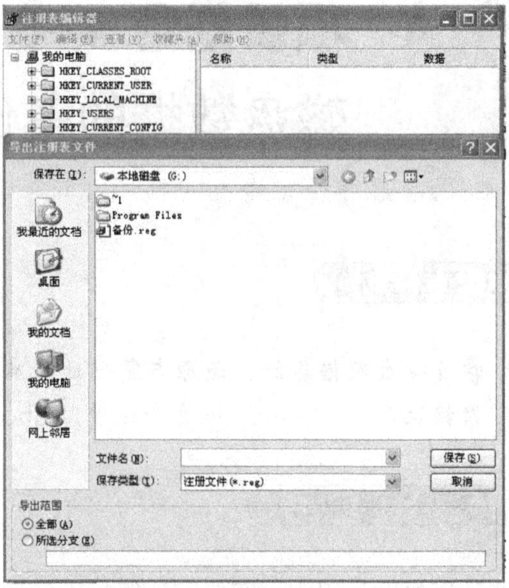

图4-55　注册表恢复

2. 使用Windows系统“系统还原”组件实现磁盘数据的备份与还原

“系统还原”组件是Windows系统自带的工具，可以备份整个磁盘驱动器，利用它创建还原点，可以在计算机发生故障时使计算机恢复到以前的状态，而不会丢失个人数据文件。

（1）手动创建还原点

当对计算机的操作可能会对其稳定性产生影响，提前创建还原点。 通过“开始→所有程序→附件→系统还原”（如图4-56所示）。选择“创建一个还原点”（如图4-57所示），在“还原点描述”框中（如图4-58所示），输入一个名称来标识该还原点，然后，单击“创建”

按钮。

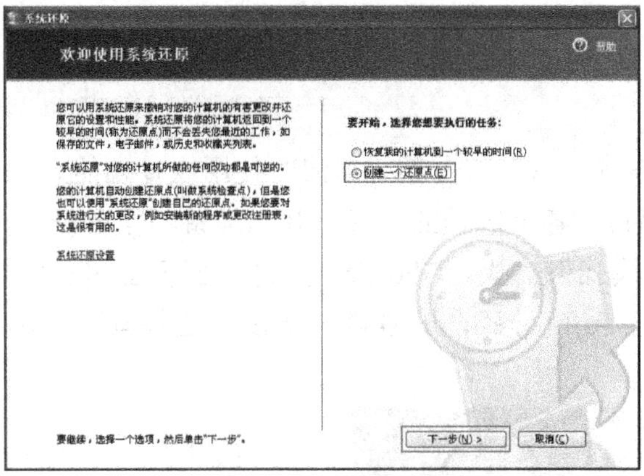

图4-56　系统还原

图4-57　创建还原点

（2）通过还原点对系统进行还原

如果系统出现了异常，可以通过系统还原操作实现恢复到正常的系统状态。通过“系统还原向导”的“欢使用系统还原”选项中选择“恢复我的计算机到一个较早的时间”（如图4-59所示）。

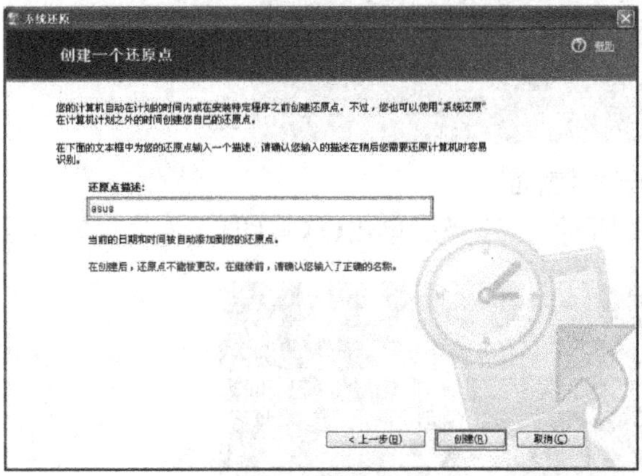

图4-58　还原点名称

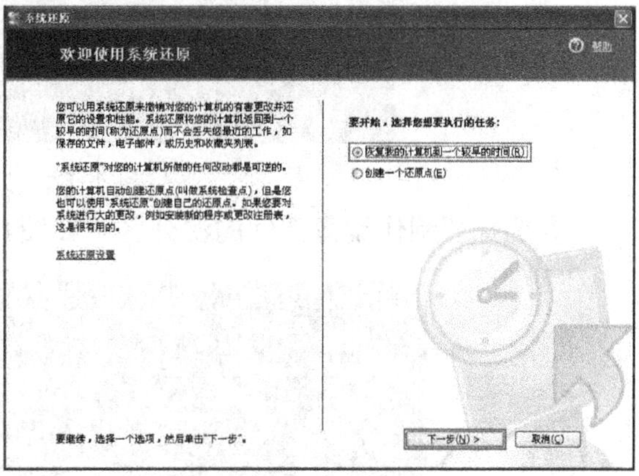

图4-59　系统还原

3. 使用Ghost软件实现磁盘数据备份与还原的方法

Norton Ghost（诺顿克隆精灵，Symantec General Hardware Oriented Software Transfer的缩写译为“赛门铁克面向通用型硬件系统传送器”）是美国赛门铁克公司旗下的一款出色的硬盘备份还原工具，可以实现FAT16、FAT32、NTFS等多种硬盘分区格式的分区及硬盘的备份还原。它可以把一个磁盘上的全部内容复制到另外一个磁盘上，也可以把磁盘内容保存为一个磁盘的镜像文件，利用这个镜像文件创建一个原始磁盘的复制，最大限度地减少安装系统的时间。

（1）系统的镜像备份

在系统安全与“干净”的状态下制作备份系统，以备万一系统崩溃时使用恢复功能。

运行 Ghost后，首先看到的是主菜单，了解其中各个选项的含义，开始准备制作备份。

① 用一张干净的启动盘启动机器到纯DOS模式下，执行Ghost.exe文件，显示出Ghost主画面（如图4-60所示），选择“Local→Partition→To Image”，屏幕显示出硬盘选择画面，选择源分区所在的硬盘“1”（如图4-61所示）。

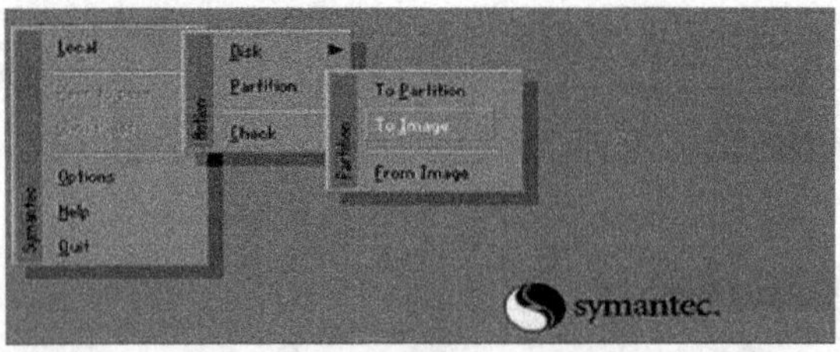

图4-60　Ghost主画面

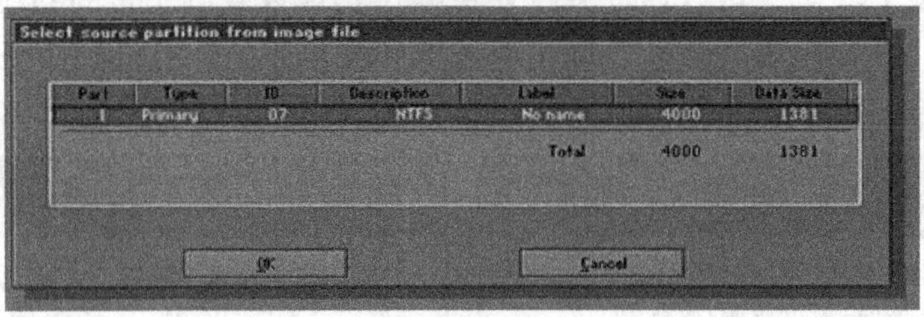

图4-61　硬盘选择画面

② 选择要制作镜像文件的源分区（如图4-62所示），选择后单击OK按钮。

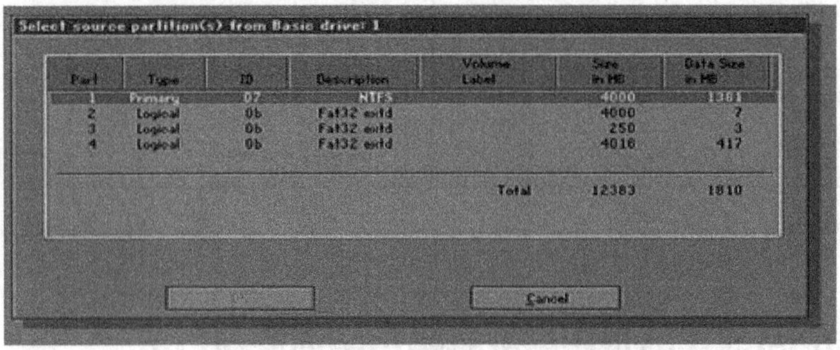

图4-62　制作镜像的源分区

③ 选择镜像文件保存的位置，再在“Filename”文本框中输入镜像文件名称，然后按回车键（如图4-63所示）。

警告：镜像文件保存的位置不能选择制作镜像文件的源分区，否则会造成严重后果。

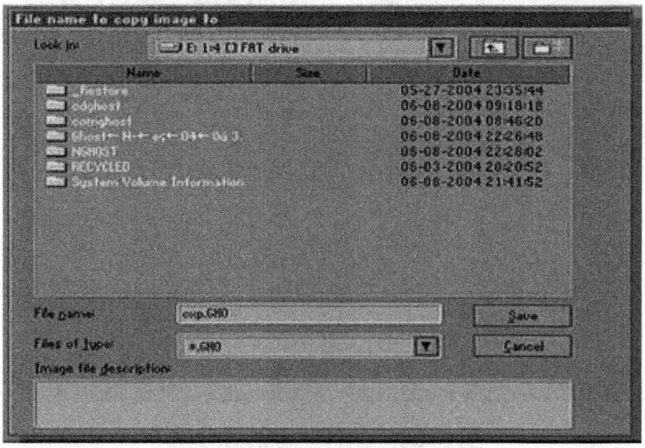

图4-63　保存镜像文件

④ Ghost会询问你是否需要压缩镜像文件（如图4-64所示），“No”表示不做任何压缩；“Fast”的意思是进行小比例压缩但备份工作的执行速度较快；“High”是采用较高的压缩比但备份速度相对较慢。一般选择“High”，虽然速度稍慢，但镜像文件所占用的硬盘空间会大大降低。

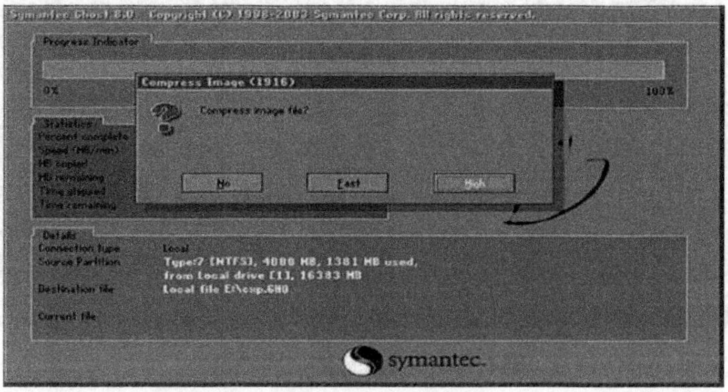

图4-64　压缩镜像文件

⑤ 接下来Ghost就开始制作名为“C_BAK.GHO”的镜像文件了。备份速度与CPU主频和内存容量有很大的关系。

（2）镜像文件的恢复

运行 Ghost，在主菜单中选择“Local→Partition→From Image”项，从D盘中选择刚才的主分区镜像文件C_BAK.GHO，如图4-65所示。

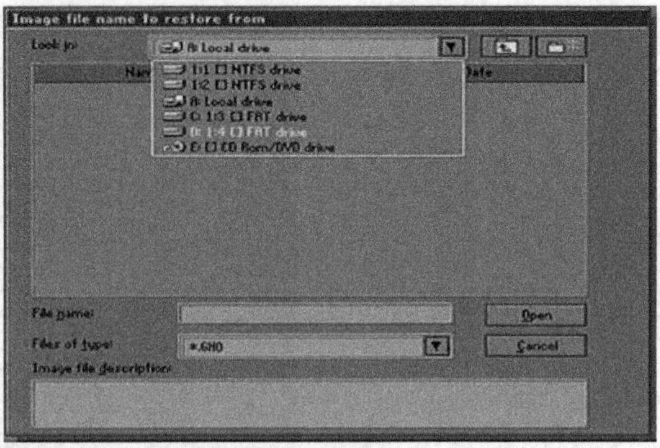

图4-65　制作镜像的源分区

选择要恢复镜像的目标硬盘中的目标分区，如图4-66所示。注意目标分区不能选错，否则后果不堪设想。最后，Ghost会再一次询问是否进行恢复操作，并且警告如果进行的话目标分区上的所有资料将会全部消失，单击“Y”后就开始恢复操作。恢复操作结束后，Ghost会建议重新启动系统，一个干净、完美的基本系统便重新出现在你面前。

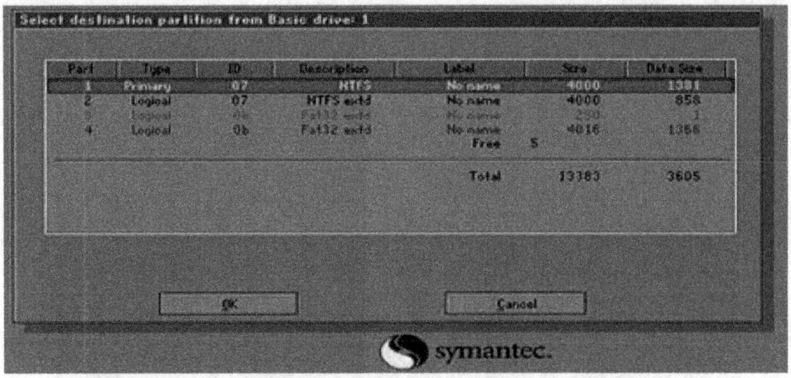

图4-66　镜像文件恢复位置

任何一种工具也不能百分百地保证在磁盘数据丢失后恢复所有的的数据，养成经常备份数据的习惯，对于数据的安全是非常必要的，此外还要学习利用杀毒软件，及时对计算机文件进行病毒查杀和安全优化的设置。

【项目内容及步骤】

1. 打开注册表编辑器，完成注册表信息的备份与还原操作。

2. 运行Ghost软件，将当前硬盘的系统盘C 盘保存为一个镜像文件，并放在D：\C.gho。记录下具体操作步骤。

3. 使用Ghost软件对刚刚制作完成的gho文件进行验证，确认无误。

提示：使用LOCAL→CHECK对完成的文件验证。

4. 在DOS环境下，使用命令format c：/s/q将C盘格式化。

5. 利用GHOST软件将D：\c.gho文件恢复到C 盘，记录操作步骤。

6. 用硬盘启动系统，观察系统是否正常还原。

7. 在www.baidu.com或www.google.com上以“Ghost软件使用”或“Ghost网络还原”、“一键恢复系统的制作”为关键字搜索信息，进一步学习Ghost软件高级使用技巧。

【项目补充知识】

Ghost在不同硬盘之间的应用（磁盘数据的复制）

有两个容量一致的硬盘，其中一个有可以正常运行的操作系统，另一个则为空白盘或有问题的硬盘，无须花费大量时间在另一个硬盘上安装Windows，只要使用Ghost在很短的时间内就可以完成这项工作。

① 准备：将源盘作为主硬盘，空白硬盘或者问题硬盘作为从盘。

② 对拷：启动盘引导系统之后，在提示符状态下输入Ghost，按回车键，启动程序,然后选择Local→Disk→To Disk：

③ 选择源盘：回车之后，Ghost会显示一个“Select local source drive by clicking on the drive number”（请选择源硬盘）的窗口，如图4-67所示，列出了机器上的硬盘数目，而且每块硬盘的容量大小都会显示出来，这样可以区分硬盘。本例要把1号硬盘（机器上第一块硬盘，IDE-0）的内容克隆到2号硬盘上（机器上第二块硬盘，IDE-1）上，用鼠标或者键盘上、下方向键选中1号硬盘，单击OK按钮并按回车键确认。

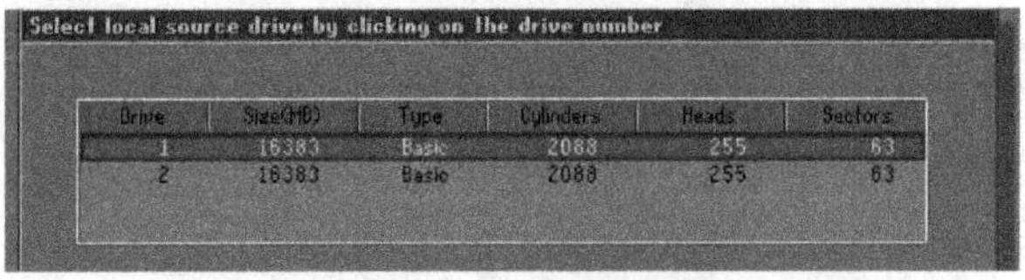

图4-67　选择源硬盘

④ 选择目标盘：在出现的“Select local destination drive by clicking on the drive number”（请选择目标硬盘）窗口中，用鼠标选中2号硬盘（目标盘），如图4-68所示，按下OK按钮确认。

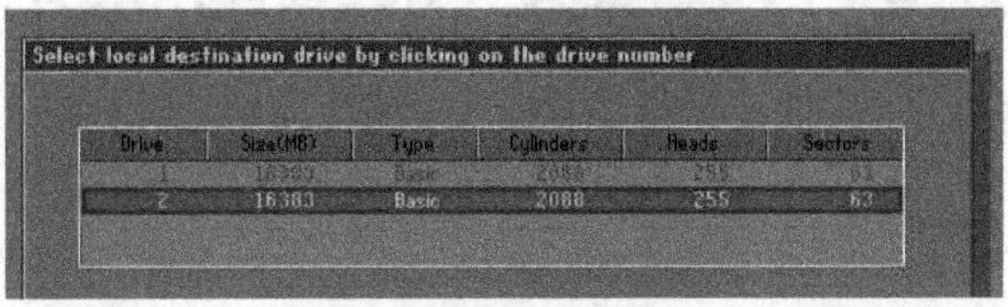

图4-68　选择目标硬盘

⑤ 更改目标盘分区大小：新版Ghost还会弹出如图4-69所示设置目标盘分区大小的窗口。重新设置克隆后目标盘上分区的大小。若想更改，只要用鼠标单击“New Size”栏，输入新的值即可。一般情况下不作修改，直接按下OK按钮继续。

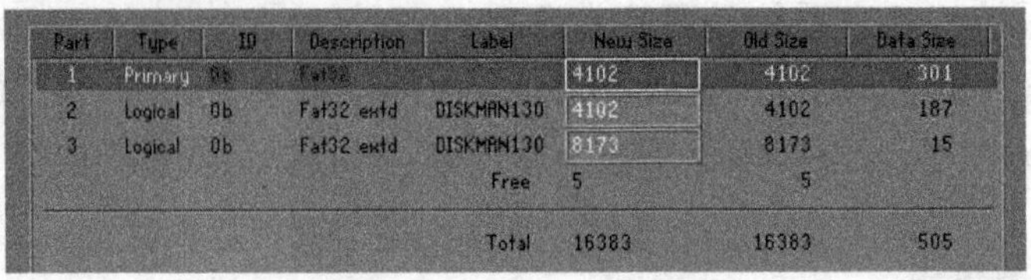

Part	Type	ID	Description	Label	New Size	Old Size	Data Size
1	Primary	0b	Fat32		4102	4102	301
2	Logical	0b	Fat32 extd	DISKMAN130	4102	4102	187
3	Logical	0b	Fat32 extd	DISKMAN130	8173	8173	15
				Free	5	5	
				Total	16383	16383	505

图4-69　设置目标盘分区大小

提示：在Ghost中操作时，按下Tab键可进行不同项目间的切换。

⑥ 确认克隆：由于克隆硬盘到硬盘会删除掉目标盘上所有数据，所以这时Ghost还会弹出如图4-70所示的窗口确认窗口。

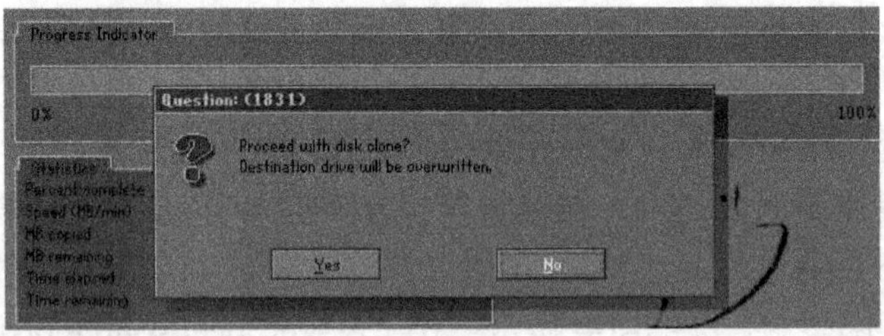

图4-70　设置目标盘分区大小

⑦ 按下Yes按钮后Ghost开始硬盘克隆操作。同时屏幕上方将有蓝色进度条显示其进行的状态，完成操作后，根据提示重新启动计算机，然后断掉电源，拔下源硬盘。

警告：执行硬盘间的复制时，选择源盘和目标盘时不能弄错。如果资料比较重要，最好先作一个备份。如果把盘弄反了，将会得到两块没有任何数据的空盘！

项目任务 4-7
利用软件测试、杀毒与优化

【项目任务】

- 了解测试、杀毒与优化软件的相关知识
- 掌握软件的使用方法
- 提升计算机使用的安全意识

【项目准备知识】

1. 软件测试、杀毒与优化

2011年7月19日，中国互联网络信息中心（CNNIC）在北京发布了《第28次中国互联网络发展状况统计报告》，报告显示，截至2011年6月，中国网民规模达4.85亿，较2010年年底增加2770万人，计算机成为病毒、木马，以及计算机黑客的攻击对象，利用软件对计算机进行测试、杀毒与优化，已经成为计算机应用中的重要问题。

一台新机器完成操作系统的安装后，用户通过软件测试，可以了解机器的硬件版本信息及整体的性能。在计算机的使用过程中，光盘、U盘、移动硬盘等外部存储设备可能携带并传播病毒，上网浏览信息和下载程序时也不免会遇到病毒和木马程序的攻击。计算机病毒可以造成计算机系统故障和崩溃，同计算机病毒伴随而生的各种间谍软件也使很多用户蒙受了重大经济损失，利用相关的软件对机器进行杀毒与优化，做好安全防护工作，才能确保系统的安全与健康。

目前市场上有很多测试软件，如CPU-Z，SUPER PI，SISSOFT Sandra，HWINFO32等。杀毒软件和优化软件也不胜枚举，如Norton、金山毒霸、瑞星、KV、优化大师、鲁大师等。也有部分软件同时兼备了测试、杀毒与优化的功能。下面以360安全卫士为例进行介绍。

2. 使用360安全卫士软件对计算机系统进行测试、杀毒与优化

360安全卫士软件可在360官方网站进行下载，也可在华军软件园、太平洋计算机网等大型网站下载。目前360官方网站的最新版本是V8.5，支持下载离线安装包和在线安装两种模式示。若下载离线安装包，如图4-71所，下载后运行setup_8.5.2001a.exe文件即可进行安装。若在线安装，单击网站上“免费下载”图标，直接运行inst.exe文件，如图4-72所示。安装时，可以根据需要选择是否安装“360安全浏览器”（如图4-73所示），按默认设置单击“下一步”按钮，如图4-74，直到安装完成。

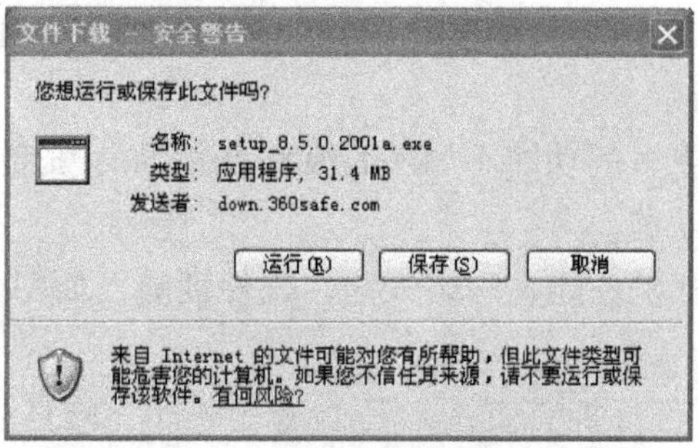

图4-71　离线安装包下载

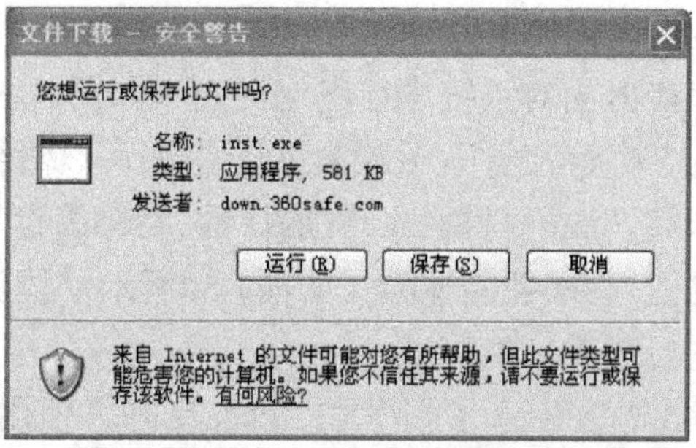

图4-72　在线安装文件下载

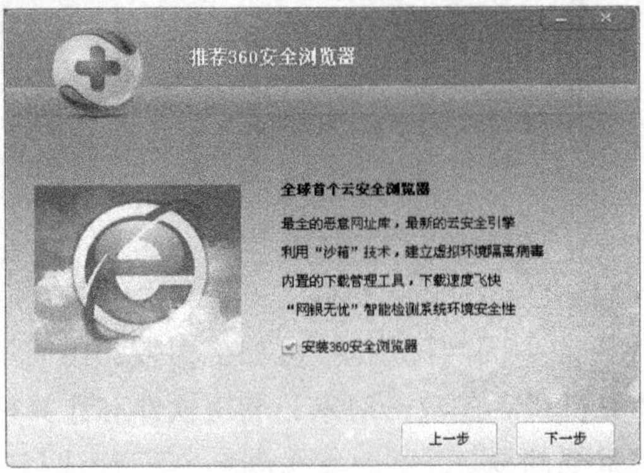

图4-73 捆绑软件360安全浏览器

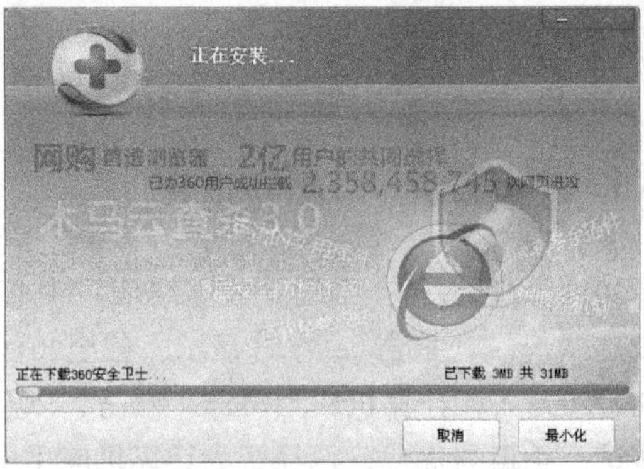

图4-74 下载安装360安全卫士

① 选择左上方“计算机体检”进行系统的体检，并按“一键修复”按钮，如图4-75。

② “查杀木马”：通过快速扫描、全盘扫描和自定义扫描对计算机进行木马查杀（如图4-76所示），还可以通过计算机门诊（如图4-77所示），对一些常见的计算机问题进行智能一键解决。

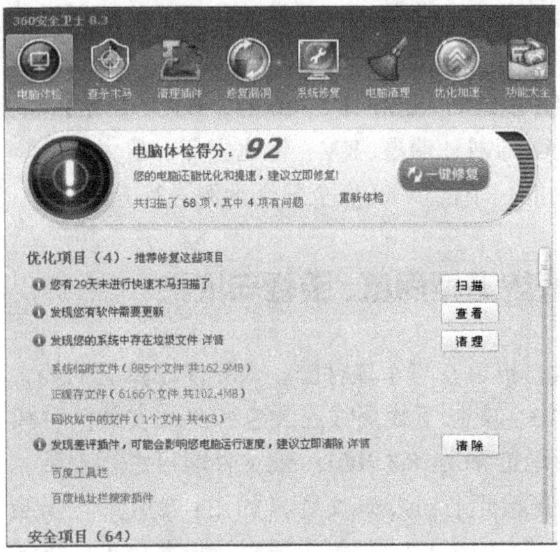

图4-75 计算机体检

图4-76 查杀木马

③ “优化加速”：通过一键优化、我的开机时间、启动项、优化记录与恢复、人工个性化提速等方面对系统进行优化提速（如图4-78所示）。

④ “功能大全”：在功能大全里面可以看到更多的功能（如图4-79所示），如：安装360木马防火墙、360网盾、360网购保镖、360杀毒等功能。

通过对360性能体验，如图4-80所示，体验开机性能、网络性能、硬件性能，如图4-81所示可进行硬件性能测试。

360安全卫士功能强大、效果良好、使用方便，拥有查杀木马、清理插件、修复漏洞、计算机体检等多种功能。同时具备开机加速、垃圾清理等多种系统优化功能，可加快计算机运行速度，内含的360软件管家还可帮助用户轻松下载、升级和强力卸载各种应用软件。

图4-77 计算机门诊

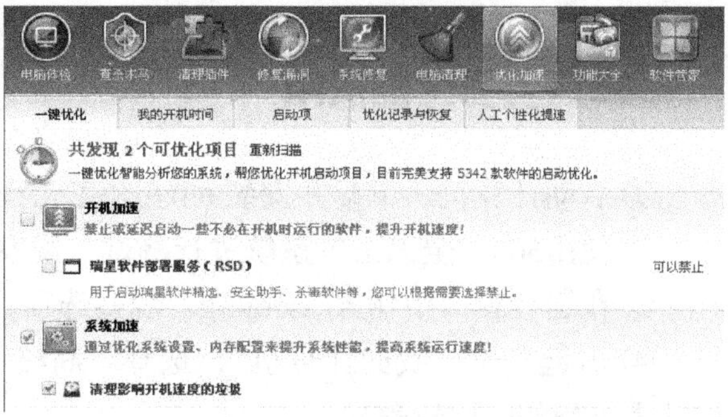

图4-78 优化加速

图4-79 功能大全

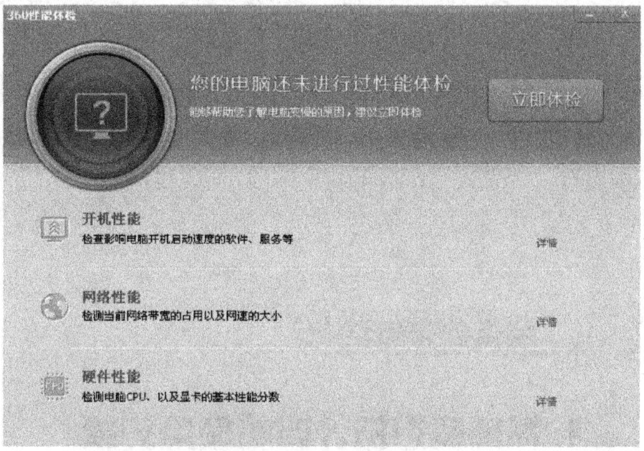

图4-80 性能体验

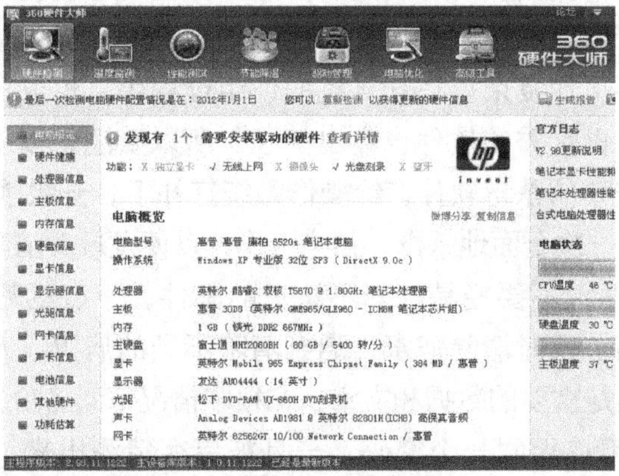

图4-81 硬件性能测试

【项目内容及步骤】

360安全卫士的使用

① 启动计算机，下载并安装360安全卫士程序，记录相关的步骤。

② 使用360安全卫士对系统进行测试，观察并记录测试的主要硬件信息。

③ 在运行窗口中输入msconfig，观察选项，并记录下启动项目。

④ 右键单击“我的计算机”，选择“高级→性能”设置，选择“调整为最佳性能”，操作计算机操作，比较差异。

⑤ 右键单击“我的计算机”，选择“高级→启动和故障恢复”，将“显示操作系统列表的时间”设为10秒，将“系统失败”下的“自动重新启动”选项关闭。

⑥ 安装并使用360安全卫士对系统进行优化设置，记下选项与操作步骤。

⑦ 在www.baidu.com或www.google.com上以“测试软件使用方法”、“杀毒软件”及“优化软件”等为关键字搜索相关信息，了解并学习更多软件的名称及使用技巧，并摘要记录。

【项目补充知识】

1. 养成良好的计算机使用习惯

随着防病毒软件的不断提高，病毒制造者们也在挖空心思使自己的病毒更加狡猾，很多计算机病毒都对自己进行相应的伪装，或是利用系统本身的漏洞，或是和其他间谍木马软件捆绑传播，使得情况变得更加复杂。在计算机的使用过程中，仅仅依赖于各种软件而自身没有养成良好的操作习惯，再优秀的软件也会出问题，所以要注意以下几个方面。

① 应该定期升级所安装的杀毒软件，给操作系统打补丁、升级杀毒引擎和病毒定义码。

② 每周对计算机进行一次全面地杀毒、扫描工作，以便发现并清除隐藏在系统中的病毒。

③ 不要随意下载软件，不要轻易打开不认识的邮件，下载的程序或者文件在运行或打开前要对其进行病毒扫描。及时清除病毒，遇到清除不了的病毒，及时提交给反病毒厂商。

④ 尽量去备份。尤其是重要的数据和文章，在很多情况下，备份比安装防御产品更重要。

⑤ 不要所有的地方都使用同一个密码，一旦被黑客猜测出来，个人资料将被泄漏。同时不要为了省事而不设密码，或者密码设置得过于简单，这样都是极其危险的。

2. 用Windows自带的功能进行优化设置

用Windows自带的功能进行优化设置，如：取消不需要的启动项，关闭不需要的服务及磁盘维护等，提高计算机的启动和运行速度。

（1）取消不需要的启动项

一些软件安装完成后将自身加载到自启动项中，以后每次开机都启动它，影响了开机速度，但是这些软件使用频率并不高，也不需要在开机启动时进行加载，可以将这些软个从启动项中去除。去除它们的操作方法是：选择“开始→运行”命令，在运行对话框中输入“regedit”，按回车键，打开“注册表编辑器”窗口，展开注册表中的HKEY_CURRENT_USER \Software\Microsoft\Windows\CurrentVersion\Run项，右侧列表中显示开机时的自动启动软件项，删除即可。

（2）关闭不需要的服务

默认情况下，操作系统加载了很多的服务，为了节省内存资源，有必要关闭一些不需要的服务。操作方法是：选择“开始→设置→控制面板”命令，打开里面“管理工具”窗口，然后打开“服务”窗口，其中包含了Windows提供的各种服务，选择其中的一种即可停止服务。

（3）磁盘维护工具

通过磁盘维护工具可以最大限度地优化磁盘系统，Windows操作系统自带的维护工具有磁盘清理程序、磁盘扫描程序、磁盘碎片整理程序等。

项目任务 4-8 计算机的整机安装与调试

【项目任务】

- 掌握计算机整机安装与调试的规范化操作
- 养成良好、规范的操作习惯

【项目准备知识】

1. 计算机整机安装与调试的步骤

经营计算机硬件组装与销售的公司，对整机的组装有严格的规范，一般来说，分为以下几个步骤。

① 填写装机单，根据装机单领取配件并进行核对。

② 查阅产品说明书，了解相关设置与注意事项。

③ 按照顺序进行部件安装与连接。

④ 对部件安装进行复查。

⑤ 开机检查（显示器是否点亮、键盘是否工作、是否有叫声、开机是否检测到设备）。

⑥ 清理物品，捆扎内部线缆。

⑦ 对CMOS设置并安装操作系统。

⑧ 安装硬件驱动程序。

⑨ 安装相关的应用软件（常用办公软件，测试、优化、杀毒软件等）。

⑩ 对系统进行数据备份。

2. COMS设置操作

① 将光盘设为第一启动顺序。

② 将第一启动设备调整为光驱。

③ 启用主板整合的声卡、网卡，启用主板USB接口。

④ 开启计算机的快速检测方式。

⑤ 查看硬盘的参数并记录。

⑥ 查看CPU的温度和风扇转速并记录。

【项目内容及步骤】

1. 填写下面的装机单，并根据装机单领取配件，核对无误后签字确认。

将图4-82中的相关配件填入表4-2的装机单中。

华硕P5LD2 SE

Intel Core 2 Duo E6300 1.86GHz（散）

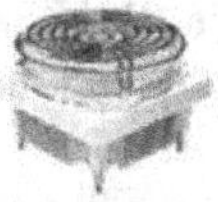
酷冷至尊 冰玲珑（静音版）

金士顿 1GB DDRII667

影驰 GF7600GE 骨灰玩家版

希捷 7200.9 160G SATA2.5（散）

三星 金将军 16XDVD 黑金版

罗机 光电高手 飞猎套装

爱国者 309A

三星 711N（黑色）

漫步者 R201T06

图4-82 领取装机配件

表4-2 装机单

物品	型号	数量	备注	签字
主板				
CPU				
风扇				
内存				
显卡				
声卡				
网卡				
硬盘				
光驱				
键盘				
鼠标				
机箱				
电源				
显示器				
音箱				
耳机				

2. 查阅说明书，了解相关设置与注意事项并记录如下。

3. 按顺序进行部件安装。

① 消除自身静电；

② 将主板从绝缘袋中取出，放在绝缘板上；

③ 打开主板上的CPU插座ZIP开关；

④ 将CPU特征角对齐后，放入CPU插座，检查CPU是否安装到位；

⑤ 合上ZIP开关；

⑥ 在CPU表面涂上一层薄薄的硅脂；

⑦ 固定CPU风扇，并连接CPU风扇电源插座；

⑧ 将内存插槽两侧保险栓打开；

⑨ 对齐内存金手指缺口，将内存条插，直到听到“咔”的一声，确认内存条安装到位；

⑩ 将两根内存条插在同一颜色的插槽内；

⑪ 打开机箱侧板，对照主板固定螺钉位置在机箱底板上安装固定铜柱；

⑫ 将机箱背部挡板安装到位；

⑬ 将主板平放入机箱，对准固定铜柱位置，并安装螺钉固定；检查主板是否固定到位；

⑭ 安装机箱电源（本机箱自带电源，因此略去此步）；

⑮ 将主板上PCI-E插槽保险扣按下，将显卡插在PCI-E插槽上，检查显卡是否安装到位；

⑯ 将硬盘固定于三寸固定架；

⑰ 拆下机箱前面板光驱位挡板，将光驱反向放入机箱内，并安装螺钉固定；

⑱ 插上主板20芯电源线和4芯补充电源线；

⑲ 安装SATA硬盘7芯电源线；

⑳ 安装光驱大4芯电源线；

㉑ 安装PCI-E显卡6芯额外供电线；

㉒ 安装SATA硬盘15芯数据线；

㉓ 安装光驱80芯IDE数据线；

㉔ 对照说明书示意图连接机箱面板连线（POWER SW、POWER LED、RESET、HDD LED、SPEAKER）和前置USB连线；

㉕ 连接显示器、音箱及键盘鼠标。

4. 对关键部件再次进行复查，并记录结果到表4-3中。

表4-3 装机复查表

装机复查表			
物品	是否固定到位	电源线是否插好	数据线是否插好
主板			—
CPU风扇			—
内存条		—	—
显卡			—
硬盘			
光驱			
机箱面板连线		—	—
前置USB连线		—	—
显示器			

（续表）

键盘鼠标		—	
音箱			

5. 开机检查，将结果填入表4-4中。

表4-4 开机设备检测表

开机设备检测表	
现象	**备注**
屏幕是否点亮	
CPU风扇是否正常工作	
有无焦糊味	
电源、硬盘指示灯是否点亮	
键盘是否工作正常	
内存容量与CPU主频是否正确	
硬盘、光驱信息是否正常检测出	
开机是否听到一声短鸣	
RESET键是否工作正常	

6. 清理物品，捆扎内部线缆。

以上检查确认无误后，关闭主机及显示器电源，保存好随机附件与说明书、驱动盘、螺钉等，机箱内部线缆捆扎以整洁有序、不妨碍散热为原则，完成后上好机箱侧板，清理工作台面。

7. 对CMOS设置并安装操作系统。

对CMOS里的启动顺序进行设置，设光盘为第一启动顺序，硬盘为第二启动顺序；启用板载的网卡、声卡、USB等设备。

8. 安装操作系统及硬件驱动程序。

通过光盘，安装Windows XP操作系统。从随机的光盘中，打开并安装硬件驱动程序（主板、显卡）。

9. 安装相关的应用软件（常用办公软件，测试、优化、杀毒软件等）。

安装Office 软件、360安全卫士、QQ软件、暴风影音等软件。

10. 对系统进行数据备份。

利用Ghost软件，对当前的系统进行备份。

【项目补充知识】

计算机硬件安装应注意的问题

计算机硬件安装并非完全不变的过程，由于硬件设备发展迅速，配置各有不同，因此在安装与调试过程中切记不要完全凭经验办事，想当然地去处理问题。而应该在组装开始之前仔细观察配件，浏览硬件说明书，否则可能多走很多弯路，甚至发生事故。笔者在组装机器过程中曾经遇到一块主板，它并不象普通主板一样将CMOS跳线直接插在正常使用针脚上，而是默认插在清除针脚上，因此在硬件组装完成后，开机始终不亮，反复检查配件并拆装均不能解决，耽误了很多时间，最后重新阅读主板说明书时才发现说明书上在明显位置标有相关警告信息。

因此，平时应加强对硬件知识的学习与练习，通过实践来增加工作经验，同时谦虚的学习态度、良好的职业规范、细致的工作作风、负责的工作态度等均是在工作过程中需要保持与培养的。

在计算机组装与维护操作考核时，要按照科学规范的操作进行，同时也要考虑到部件的摆放位置。下面是给出的“物品摆放图”。

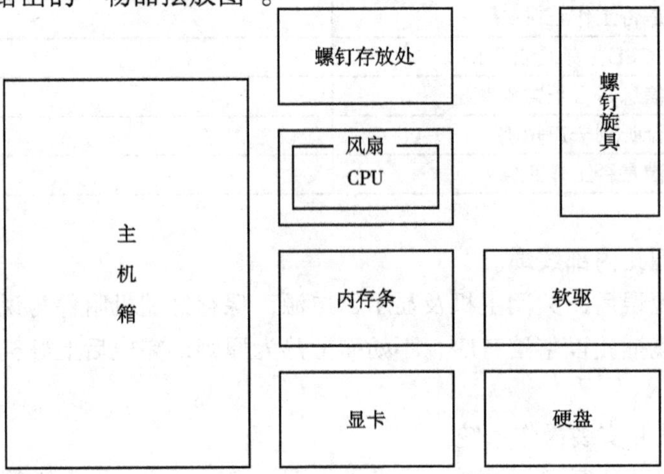

第5章 Fifth chapter 计算机的维护与保养

一台完整的计算机系统由多个配件或外设组成，作为较为精密的电子产品而言，在使用的过程中，温度、湿度、灰尘、计算机病毒与黑客等都有可能对计算机的硬件或软件系统的工作带来一定的干扰或影响，需要我们在日常工作中应加以考虑与处理，以保证计算机系统始终处于良好的工作状态。

项目任务5-1 计算机产品使用的注意事项

【项目任务】

- 了解计算机产品使用的注意事项
- 学会科学合理的使用计算机

【项目准备知识】

计算机产品在使用的过程中，对外部环境和使用者的操作都有一定的要求。为了防止计算机不必要的故障维修，要了解并掌握温度、湿度、静电、辐射等外部环境对计算机产品的影响。

1. 温度和湿度

计算机理想的工作温度在10~35℃（太高或太低都会影响配件的寿命），相对湿度为30~80%（天气较为潮湿时，最好每天开机使用一会儿，1~2小时左右即可）。

保证计算机稳定运行，首先要解决计算机内部的散热。CPU作为计算机的心脏，担负着繁重的数据处理工作。如果CPU散热不佳，会导致计算机死机或无故重启，严重时会直接烧毁计算机配件，造成数据损失。

CPU正常的工作温度在35~65℃，散热风扇的转速多在1500~4500rpm。如果发现CPU温度过高或散热风扇转速过慢，应及时检查CPU散热是否正常。当发现机箱内部温度过高时，就需要更换相关散热设备以保障计算机稳定工作。通过前面学习的360安全卫士软件，运行360硬件大师，如图5-1所示，可以实时监控计算机各配件的电压、温度、风扇转速等。

同样，对于主板、硬盘和显卡等部件，在较潮湿的环境中工作，会使绝缘电阻下降，引起工作的不稳定，重则使某些电子器件损坏，造成机器故障。对于长期不用的计算机要开机盖除尘除潮后，用大塑料袋封装起来避免灰尘和潮气侵入。

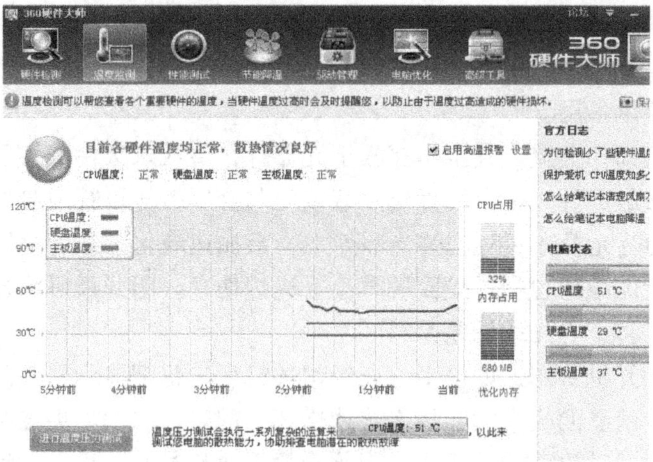

图5-1 360硬件大师

2. 环境影响

首先是防尘。如果处在灰尘较多的环境中，计算机主板、显卡及硬盘等配件的电路板容易造成短路，灰尘会被吸附到印制电路板的表面及主轴电动机的内部，某些对灰尘敏感的传感器不能正常工作。因此要保持环境卫生，减少空气中的含尘量。

其次是磁场。尽可能使显示器、硬盘等部件远离强磁场，如音箱、扬声器、电动机、电台等，以免硬盘里所记录的数据因磁化而受到破坏，显示器屏幕遭磁化引起“花屏”。

恶劣天气同样对计算机使用有要求，雷电交加时尽量避免使用计算机，雷电形成的电压会通过电源线，给计算机部件造成损伤。如果计算机被雷击，将导致报废。最好将电源线断开以防雷击。夏天使用过计算机后要把插座电源线拔下，把宽带调制解调器的电话线拔下。使用路由器、光纤或局域网上网时，要把网线从机器的网卡端口拔掉。梅雨季节，要保证计算机处于通风干燥的环境，否则在潮湿的环境下工作，很容易烧毁计算机电源等配件，应隔几天就开机运行30~60分钟，以去除机箱内潮气。

3. 操作方式

计算机开关机顺序：先打开打印机、扫描仪等外部设备的电源，再打开计算机主机的电源；关机时，先关掉主机的电源，再关闭各种外部设备的电源（让打印机、扫描仪等外设对计算机的影响减到最小），不要频繁地开关机，每次开机至少间隔10秒以上。

当计算机在工作时，请勿强制关机，以免损坏正在读取数据的驱动器。计算机工作时，尽量避免搬动机器，过大的振动会对硬盘等造成损害。在应用软件运行时请勿关机，如需关机，请先关闭所有的程序后再关机。在卸载文件时，不要删除共享文件，这些共享文件可能被系统或者其他程序使用，删除后会造成运行软件或启动系统时死机。

尽量少用测试版的软件，有些测试版的软件，由于本身的bug，使用后会导致系统崩溃。不要使用盗版的游戏、程序软件，以免感染病毒，病毒轻则影响机器速度，重则破坏文件造成死机，严重的会影响主板、硬盘等主要配件。应及时用防病毒软件查杀病毒。

妥善保存显卡、声卡、MODEM、网卡、显示器等配件和打印机、数码相机、扫描仪等外部设备的驱动程序以备用。

静电可使计算机部件失灵，甚至击穿板卡元器件，造成永久性损害。因此平时应注意保持环境湿度。人体接触部件时带上防静电手套或先与金属接触以释放身体所带的静电。

CRT显象管中的荧光粉在长时间强光照射下，会加速老化，从而缩短了显示器的使用寿命。另一方面使用者的眼睛也极易受到屏幕反射光线伤害。因此最好将显示器放在光线不能直接照射的地方或者将室内光线调整柔和。

LCD长时间处于开机状态，如很多人在经常关机后忘记把显示器关闭，造成显示器开机时间过长，这样会使液晶面板中的晶体老化或烧坏。同时，LCD如果连续长时间显示固定画面时，晶体可能会由于过热而造成损害，因此一般不要长时间开机，并设置屏幕保护程序。

不要按压液晶屏幕，液晶面板正反面都有一块偏振片，受挤压力量较大时可能会形成永久性斑点。

【项目内容及步骤】

1. 开机后进入BIOS，观察CPU温度、风扇转速并记录。
2. 打开360硬件大师软件，观察“温度监测”选项中计算机硬件的信息，并记录。
3. 开启360安全大师软件的“节能降温”设置，手动设置“全面节能”模式。
4. 将计算机的部件的驱动程序进行备份，保存到E盘驱动程序文件夹。

【项目补充知识】

笔记本计算机使用注意事项

笔记本计算机是一件精密的数码设备，为了使用的舒适性，在使用过程中要了解一些必要的注意事项，采取一定的保养措施。

（1）良好状态的笔记本计算机和使用环境、使用习惯有很大关系。良好的环境和习惯能够减少维护的复杂程度。恶劣的环境容易造成笔记本计算机的外壳、硬盘和屏幕损坏。

（2）给笔记本电脑创造尽可能好的散热环境，笔记本散热主要是靠笔记本内部的散热器和风扇散热。一般的笔记本在笔记本底部都留有进风口，在安装风扇的地方留有出风口，这样就形成一个空气循环，从而为笔记本降温。在使用笔记本的时候，不要让其他物品影响到空气的进入和排出，垫高笔记本电脑或者给它增加一个散热底座都会有利于笔记本电脑散热。

（3）强烈的电磁干扰也将会造成对笔记本电脑的损害。目前的笔记本计算机的外壳大都有屏蔽涂层。但在电磁干扰特别强烈的地方，如强功率的发射站及发电厂机房等地方，笔记本计算机在这些地方会频繁死机或者停滞，同样笔记本的屏幕也容易受强电磁的影响产生磁化现象。

（4）在使用笔记本的过程中，要防止任何液体进入笔记本内部。目前家用的笔记本电脑很少有防水设计，泼到笔记本电脑上的液体会顺着键盘的空隙流入主板，造成主板短路以致损坏。特别需要注意的是：潮湿的环境也对笔记本电脑有很大的损伤，当将低温环境下（例如空调强劲的房间）的笔记本电脑移动到温暖的环境中时，机器内将会产生一些凝结的露水，这也有可能造成主板的短路。这时应先关机，然后静置半小时左右，让机器内的结露蒸发，以免造成损坏。

（5）对笔记本计算机有较大损害的还包括灰尘和烟雾较重的环境。灰尘和烟雾中的颗粒会随着风扇带起的散热气流污染笔记本计算机的散热系统，造成散热能力下降。灰尘严重时会造成短路，放置笔记本计算机的桌面上的灰尘也可能会被散热风扇吸入笔记本计算机中，因此也要注意桌面的清洁。

项目任务 5-2 打印机色带、墨盒与硒鼓的更换

【项目任务】

- 了解打印机的内部结构及配件更换的方法
- 体会打印机工作原理

【项目准备知识】

打印机是计算机系统的标准输出设备，也是家庭和工作单位常用的办公设备。打印机可分为针式打印机、喷墨式打印机和激光打印机，其中针式打印机通过打印针撞击色带将颜色附着在纸张上；喷墨打印机是给墨盒中的墨水施压喷射到打印介质上来形成文字或图像；激光打印机是通过光线照射带有电荷的硒鼓，并以此吸附碳粉成像的。

可以看出，色带、墨盒和硒鼓是打印机成像的关键。按照打印文本或图像的复杂程度及元器件的不同，一般来说，激光式打印机打印3000~10000页左右应更换硒鼓，喷墨打印机打印200~500页左右墨水指示灯会开始闪烁提示更换墨盒，而针式打印机较为特殊，如果发现字迹明显变淡即应更换色带，否则容易打烂带基，从而造成打印针折断影响打印质量。

【项目内容及步骤】

1. 针式打印机色带更换

① 确保打印机电源已关闭并拔下电源插座。向后推动打印机盖至竖立位置，然后拉起并卸下，如图5-2所示。

② 抬起压纸部件两边的固定小片，然后将部件向上提起使之脱离打印机，用手将打印头滑动到打印机中间位置，如图5-3所示。

警告：切勿在打印机接通电源时移动打印头，否则会损坏打印机。

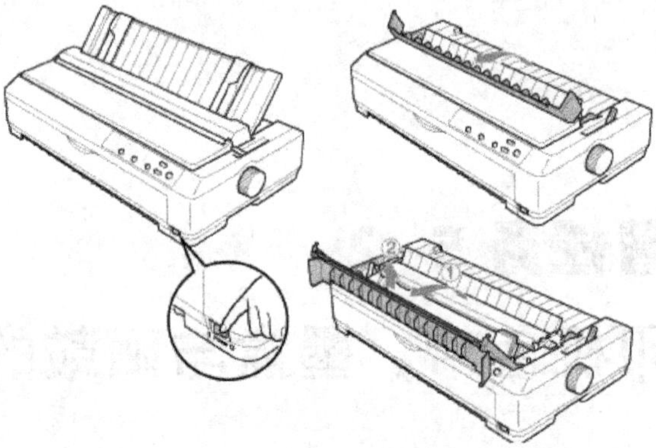

图5-2 关闭电源并卸下打印机盖

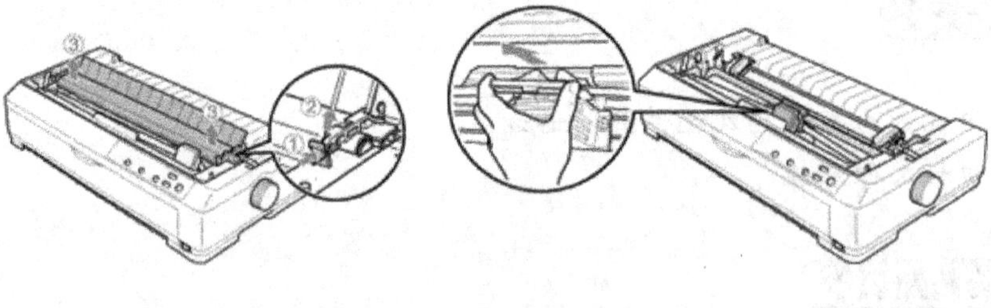

图5-3 移动打印头

③ 拿住色带导轨向外拉动直到它脱离打印头，拉出色带架，握住色带导轨的两边，并拉动它直到它脱离色带架，将新色带架按一定角度插入到打印机，如图5-4所示。

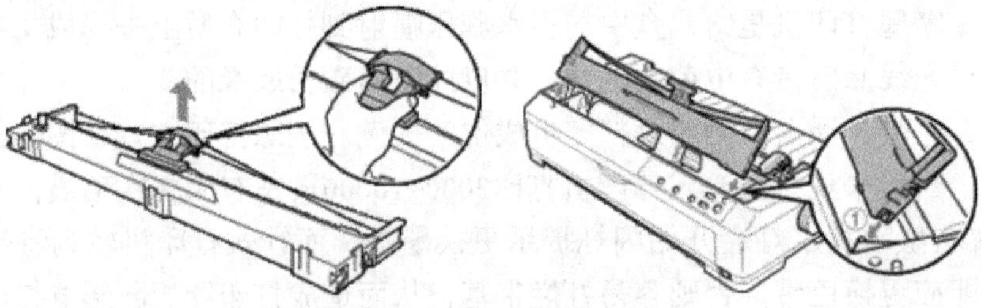

图5-4 更换色带

④ 压紧色带架两侧，使色带架安装到位，滑动色带导轨到打印头，听见“咔嗒”声到位，如图5-5所示。

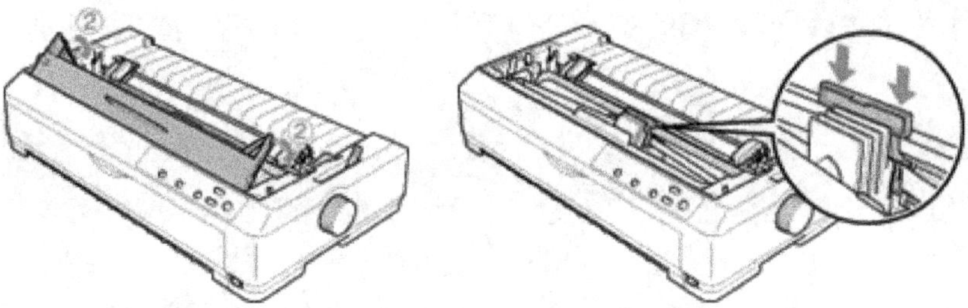

图5-5　将色带安装到位

⑤ 旋转色带架上的松紧旋钮帮助色带芯到位，重新安装压纸部件并按下部件两端的小片直到锁定到位，如图5-6所示。

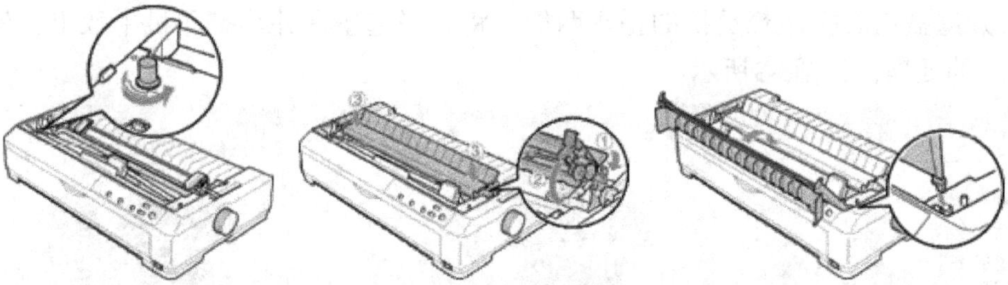

图5-6　安装压纸部件

⑥ 重新将打印机前盖下部的小片插入到打印机的插槽中，放下打印机盖，色带架更换完毕。

2. 喷墨打印机墨盒更换（以EPSON STYLUS PHOTO R1800为例）

如果墨水错误指示灯闪烁或亮，则表示需要更换墨盒。

① 确保打印机电源指示灯应亮着，但不闪烁。为了达到较佳效果，打开墨盒包装前，先摇晃墨盒四五次，如图5-7所示。

图5-7　安装前摇晃墨盒

② 从包装中取出新墨盒，注意不要碰触墨盒侧面的绿色IC芯片，否则会损坏墨盒。

③ 打开打印机顶盖，按下墨水按键，打印头移至墨盒更换位置，并且电源指示灯开始闪烁，如图5-8所示。不要一直按着墨水按键超过3秒，否则打印机开始清洗打印头。

图5-8　按下更换墨盒键

警告：不要用手移动打印头，否则可能会损坏打印机，应使用墨水按键移动打印头。

④ 打开墨盒盖。捏住想更换的墨盒两侧，将它提起墨盒并从打印机中取出，然后将墨盒进行适当的处理，如图5-9所示。

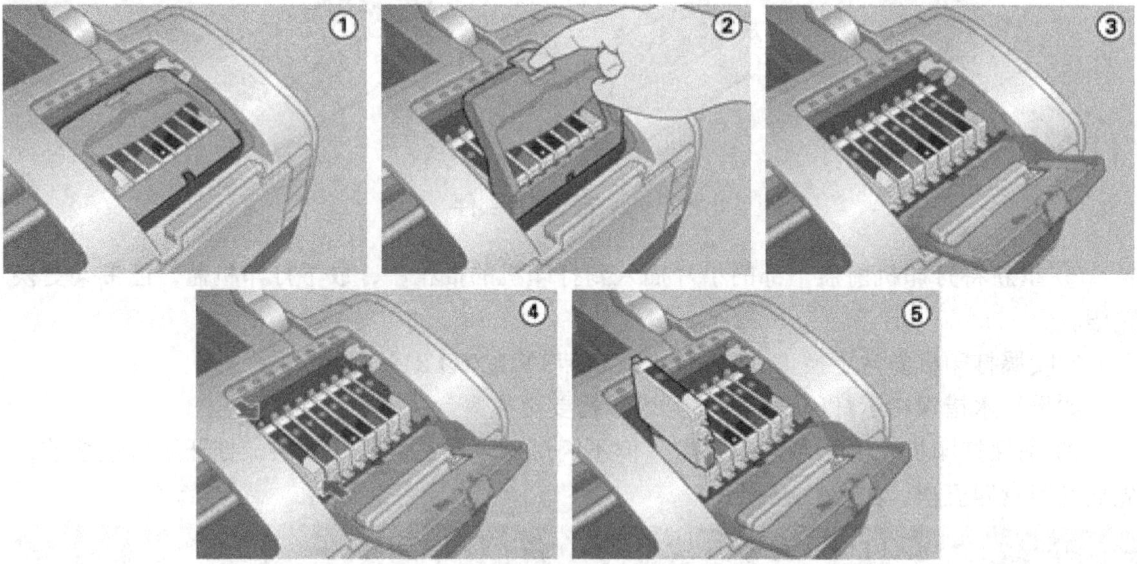

图5-9　取下旧墨盒

⑤ 将墨盒垂直地放入墨盒舱中。向下推动墨盒，直到它锁定到位。当完成更换墨盒时，关闭墨盒盖和打印机盖，如图5-10所示。

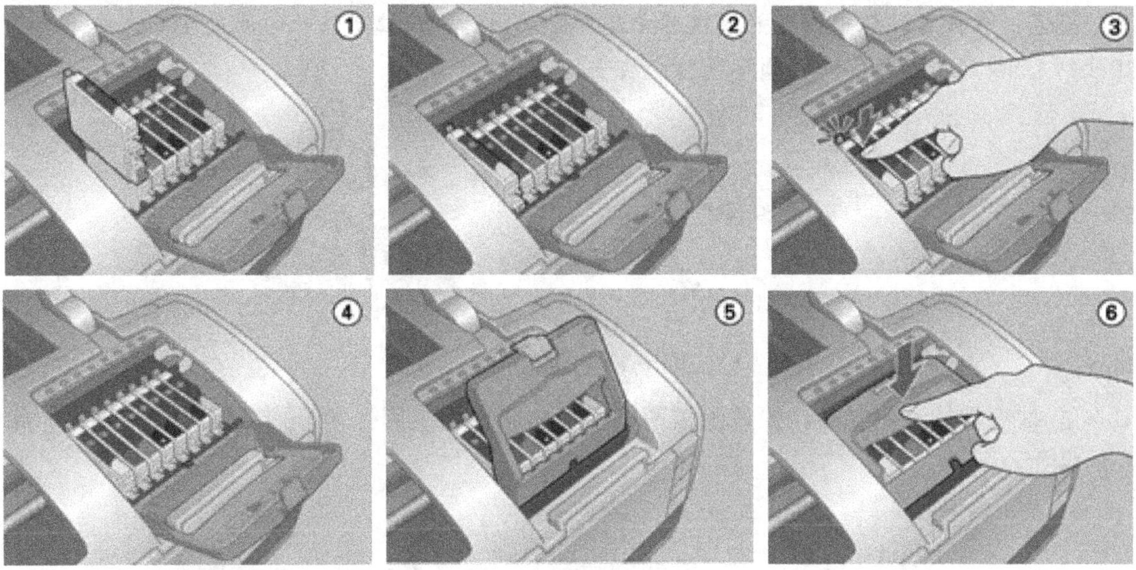

图5-10　安装新墨盒

⑥ 按下墨水按键。打印头移动，并且墨水传输系统开始充墨，如图5-11所示。完成充墨过程约需一分钟。当完成此过程时，打印头返回到初始位置并且电源指示灯停止闪烁。

图5-11　打印机充墨、复位

3. 激光打印机更换硒鼓

① 关闭打印机电源，按住打印机前盖两侧的栓锁打开前盖，向外拉动硒鼓两侧手柄，卸下旧硒鼓，如图5-12所示。

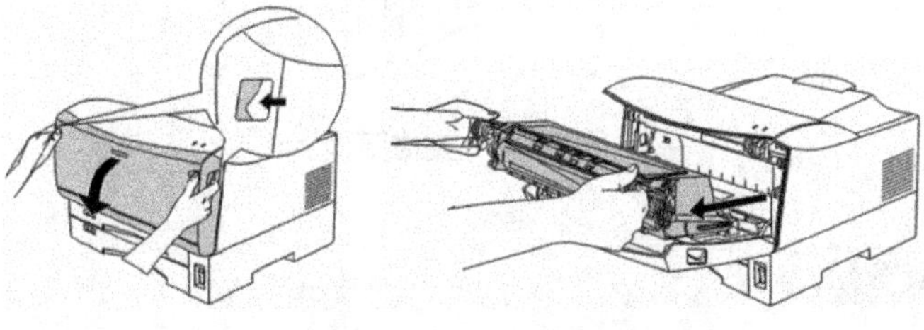

图5-12　取出旧硒鼓

警告：旧硒鼓应妥善处理，不得焚烧，可能会引起爆炸。

② 握住新硒鼓两侧，并左右前后晃动，以使碳粉均匀分布，剥下右侧保护透明胶纸，如图5-13所示。

警告：在操作过程中，不能触摸感光鼓部分，同时不应让硒鼓长时间处于阳光之下（约10分钟），否则易引起部件的损坏或打印质量的下降。

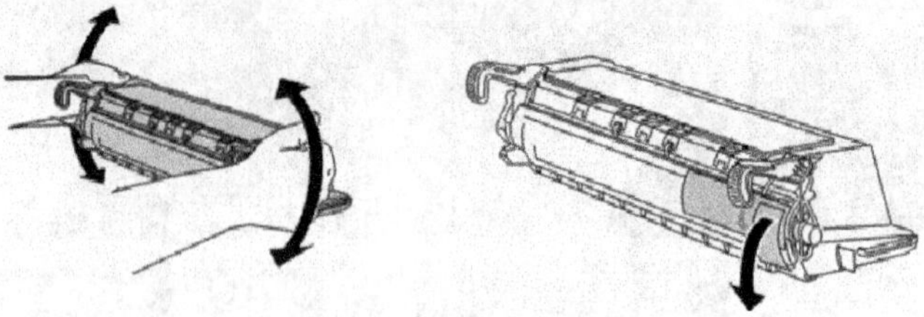

图5-13　摇晃新硒鼓

③ 抽出保护透明封条，抓住硒鼓两侧手柄将硒鼓安装回打印机内，确保安装到位，如图5-14所示。

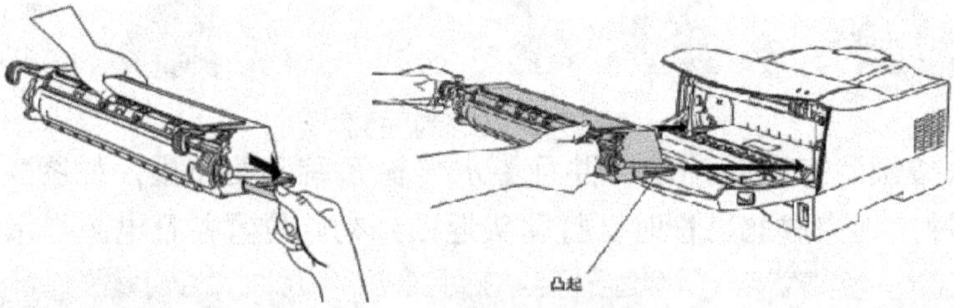

图5-14　安装新硒鼓

④ 合上打印机前盖，硒鼓更换完毕，如图5-15所示。

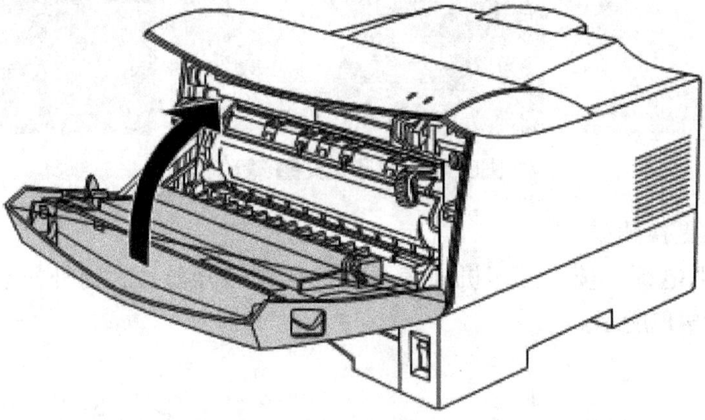

图5-15　完成更换

【项目补充知识】

1. 色带

色带是以尼龙丝为原料编织而成的，带基经过油墨的浸泡、染色后制成的。好的色带，带基应该是耐久打，弹力大，长时间打印不起毛、不断线。除了带基之外，油墨也是色带好坏的一个重要因素。好的油墨颗粒很小，不会造成堵塞针孔。

高档热升华打印机的耗材有时也称之为色带，但是工作原理和价格完全和针式打印机色带不同。

2. 墨盒

墨盒主要指喷墨打印机（包括喷墨型多功能一体机）中用来存放墨水的容器，并最终完成打印的部件。目前市场上的墨盒可分为：一体式墨盒、分体分色式墨盒、分体整合式墨盒，如图5-16所示。

一体式墨盒就是将喷头集成在墨盒上，墨水用完后需整体更换。分体式墨盒是指将喷头和墨盒设计分开的产品，需要时只需更换墨盒即可。

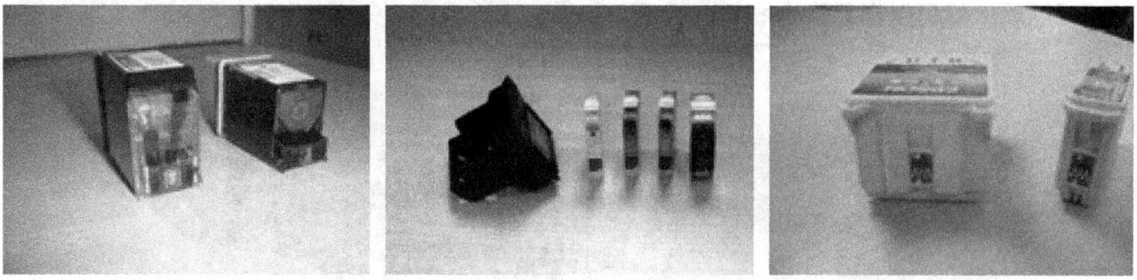

图5-16　一体式墨盒、分体分色式墨盒和分体整合式墨盒

3. 硒鼓

硒鼓也称为感光鼓。它决定了打印质量的好坏，同时也决定了激光式打印机的价格档次。

硒鼓有一体式和分离式两种。一体化硒鼓把碳粉及感光鼓等装在同一装置上，当碳粉用尽时需整体更换。

分离式硒鼓中碳粉和感光鼓各在不同的装置，需要时只需填充碳粉即可。

① 准备工作：准备好工具，包括碳粉一瓶、斜口钳一个、吹气球（皮老虎）、十字螺钉旋具、一字螺钉旋具，如图5-17所示。

② 左手拿起硒鼓，右手用斜口钳把鼓芯有齿轮一头的定位销慢慢拔出，如图5-18所示。

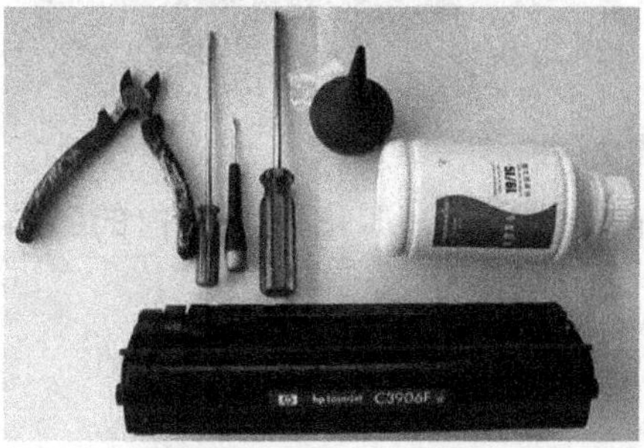

图5-17　工具

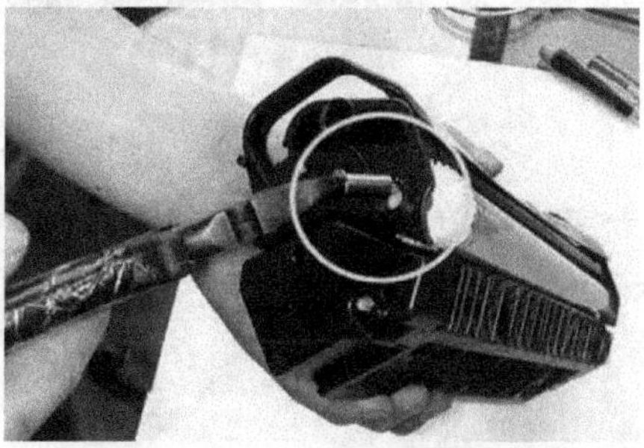

图5-18　拔出定位销

③ 取出鼓芯定位销后，抓住鼓芯的塑料齿轮可以顺利地拔出鼓芯，如图5-19所示。

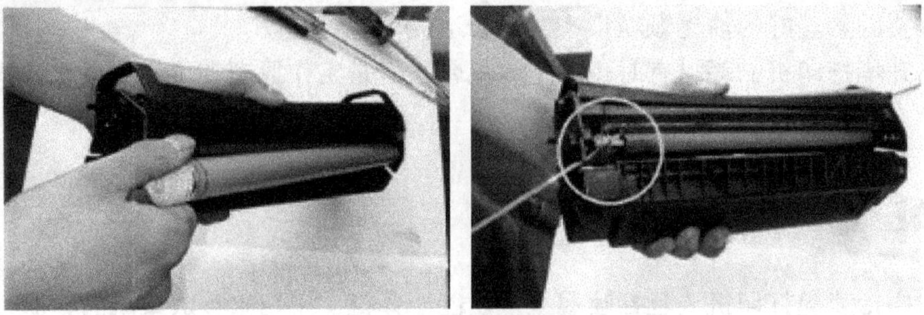

图5-19　拔出鼓芯

④ 取出鼓芯以后，用一字螺丝刀轻轻向上挑出充电辊的一头，将它轻轻抽出。用一字螺钉旋具向外顶出小铁销。

⑤ 用斜口钳把顶出来的小铁销轻轻拔出，用十字螺钉旋具拧开硒鼓另一头的螺钉，拧下螺钉以后，就可以把显影仓和粉仓分开，如图5-20所示。

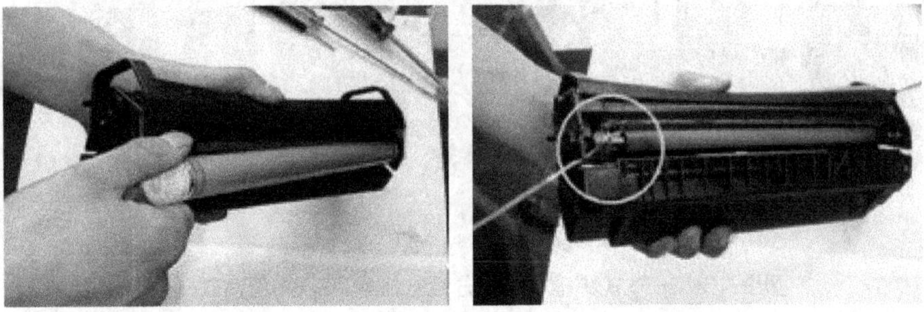

图5-20　分离显影仓和粉仓

⑥ 用一字螺钉旋具把硒鼓另一头的小铁销向外顶出，用斜口钳把顶出来的铁销拔出来，如图5-21所示。

图5-21　拔出铁销

⑦ 用十字螺钉旋具，把图中圆圈内的两个螺钉拧下，取出废粉仓内的鼓芯刮板，如图5-22所示。

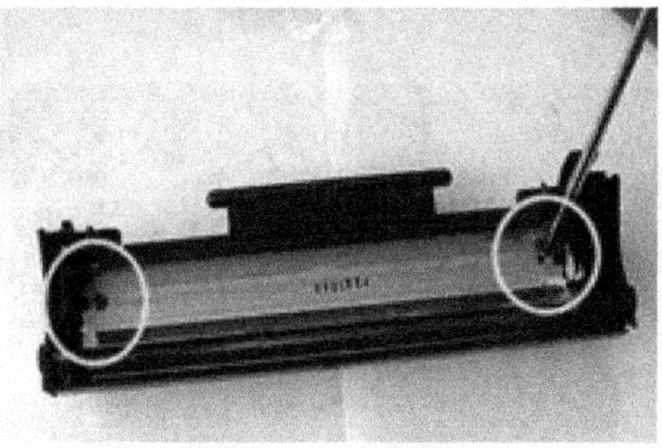 

图5-22 取出鼓芯刮板

⑧ 用干净的软布对充电辊进行清洁，进行充电辊和鼓芯的安装，如图5-23所示。

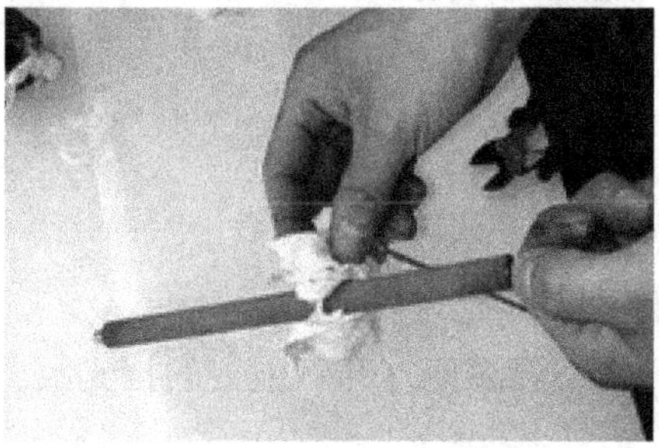 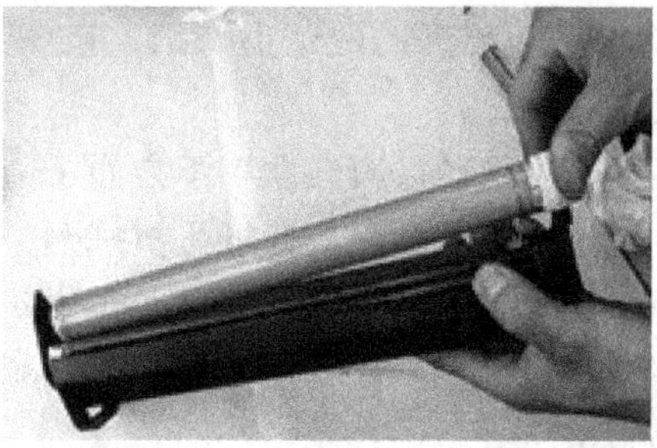

图5-23 清洁充电辊

⑨ 回到显影仓部分，取出显影仓上的磁辊，用布擦掉磁辊上碳粉，如图5-24所示。

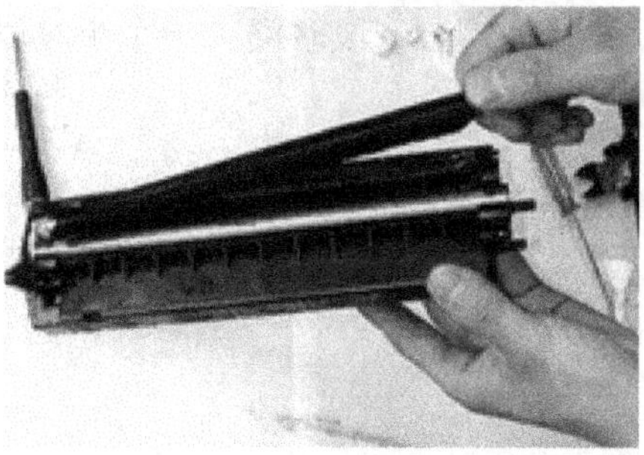 

图5-24 清洁磁辊

⑩ 开始加碳粉，用一张废纸叠成槽口形状，如图5-25所示，以便于对粉仓进行加粉。

提示：加碳粉的时候，瓶口左右来回移动，以便碳粉均匀地加入粉仓。

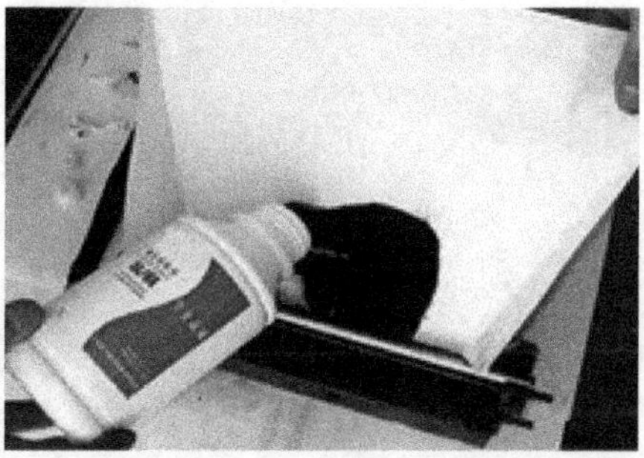 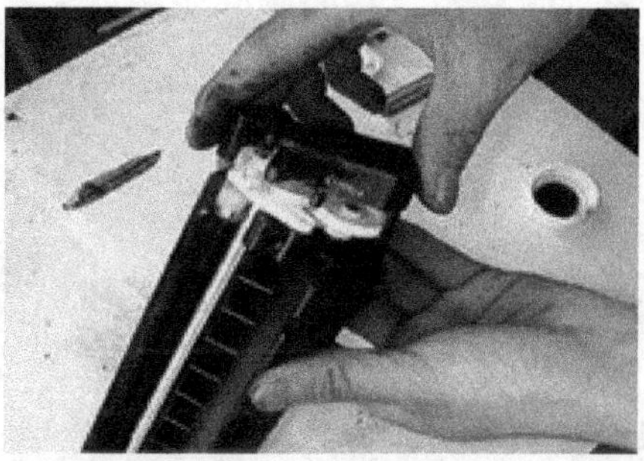

图5-25 加粉

⑪ 加完碳粉之后，安装磁辊合上齿轮盖，如图5-26所示，注意齿轮不要丢失或者反装。

合上清洁过的粉仓和加好碳粉后的显影仓。

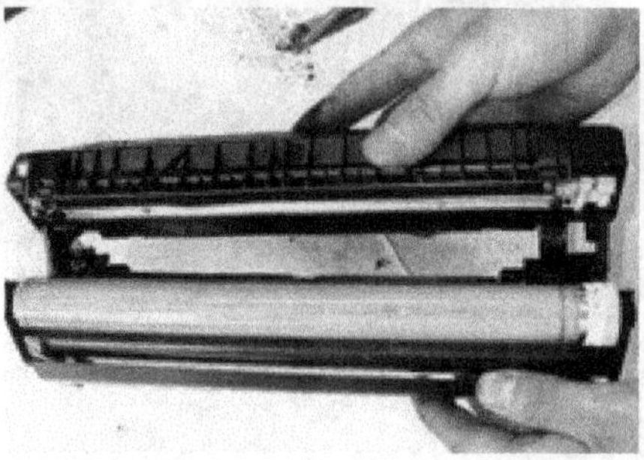

图5-26　碳粉加完成后安装磁辊

⑫ 找出前面拔出来的两个小铁销，按图上位置打入小铁销，保持与塑料口相平即可，整个加粉过程结束。

激光打印机更换硒鼓应注意以下方面：

硒鼓更换过程中禁止用普通纸张擦拭硒鼓表面；

严禁用手触及感光鼓的表面，同时还要防止硬物碰撞；

尽量不要让硒鼓直接暴露在阳光或强光源下，不要随便打开硒鼓上的挡光板，否则容易导致感光鼓报废；

避免在高湿、高温、高寒环境下使用和保存，硒鼓里的碳粉一旦受潮会结块，影响打印效果；

在把硒鼓从低温拿到高温的环境下工作时，最好先搁置一段时间（一个小时以上）再使用。

项目任务 5-3　利用软件进行数据恢复

【项目任务】

- 掌握数据恢复软件的操作方法
- 学会使用软件对丢失的数据进行恢复

【项目准备知识】

用户在使用计算机的时候，因为误操作造成重要文件的删除、系统崩溃、计算机中毒或突然的死机等一系列的软硬件故障发生，造成数据的丢失，通过数据恢复软件可以找回丢失的数据。

1. 数据恢复软件的功能

逻辑层恢复：恢复因病毒感染、误操作所删除、格式化的数据。
物理层恢复：恢复由硬件物理损伤，如硬盘盘片的坏道、电机故障等问题丢失的数据。

2. 常见的数据恢复软件类型

用于数据恢复的软件非常之多，常见的有EasyRecovery、FinalData、Recover My File、DiskGenius、Rcover My Photos等。对于专业数据恢复公司和各大企业则配备更为专业的工具，国内处理物理故障造成数据丢失的专业级恢复工具主要是效率源生产的专修系列产品。

3. 数据恢复软件EasyRecovery的使用方法

EasyRecovery是专业的数据恢复软件，能恢复丢失的数据及重建文件系统。它不会向计算机的原始驱动器写入信息，而在内存中重建文件分区表使数据能够安全地传输到其他驱动器中。EasyRecovery可以从被病毒破坏或已经格式化的硬盘中恢复数据，可以恢复大于8.4GB 的硬盘。被破坏的硬盘如丢失引导记录、BIOS 参数数据块、分区表、FAT 表或引导区都可以由它来进行恢复。

① 启动EasyRecovery进入主界面，如图5-27所示，观察左侧的选项卡，可以根据自己的需要来选择应用。

② 第一个选项卡是“磁盘诊断”，磁盘诊断界面如图5-28所示，可以对磁盘驱动器、分区等进行测试、诊断。

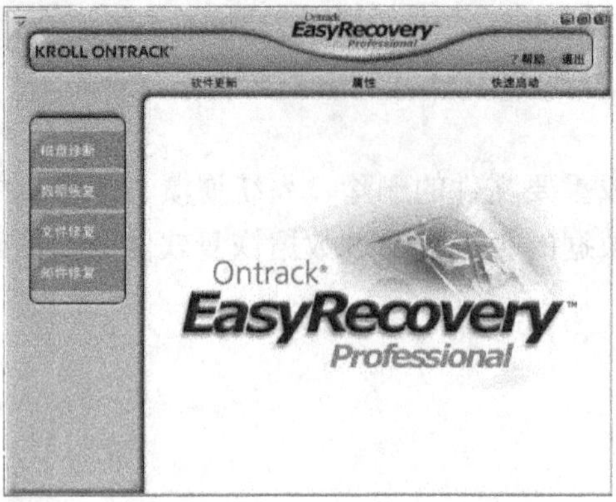

图5-27 主界面

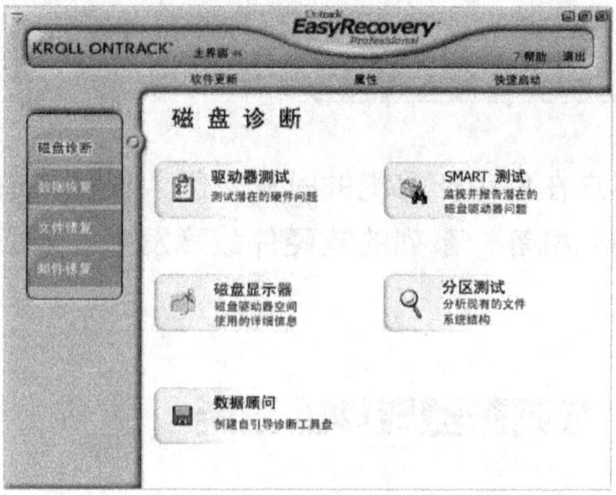

图5-28 “磁盘诊断”界面

③ 打开“数据恢复”选项，在右侧选择任何一种数据修复方式都会出现相应的用法提示，如图5-29所示，使用“删除恢复”项来查找并恢复已删除的文件时，就会在界面右侧出现相应的使用提示。

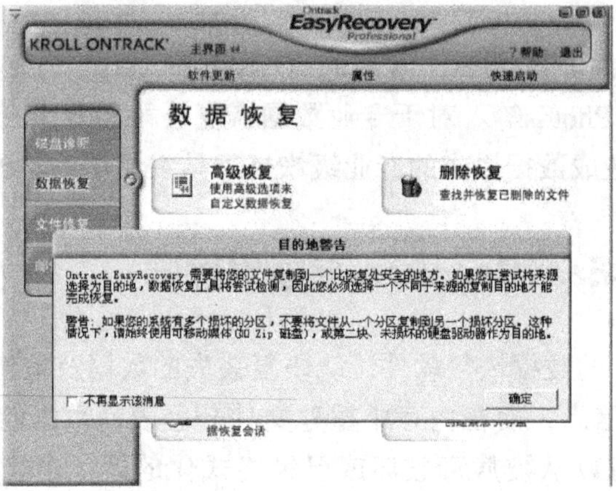

图5-29 “数据恢复”界面

④ 选择要恢复的文件所在的驱动器进行扫描。也可以在文件过滤器下直接输入文件名或通配符来快速找到某个或某类文件。如果要对分区执行更彻底的扫描可以勾选“完整扫描”选项，如图5-30所示。

⑤ 扫描之后，文件夹上曾经删除的文件及文件夹会全部呈现出来，如图5-31所示，寻找并选择需要恢复的文件。

⑥ 如果不能确认文件是否是想要恢复，可以通过单击“查看文件”按钮来查看文件内容。

⑦ 确认并选择要恢复的文件后，根据提示，如图5-32所示，选择一个用以保存恢复文件的逻辑驱动器，此时应存在其他分区上。可以事先准备一个较大容量的移动硬盘，这在恢复误格式化某个分区的数据时尤为重要。

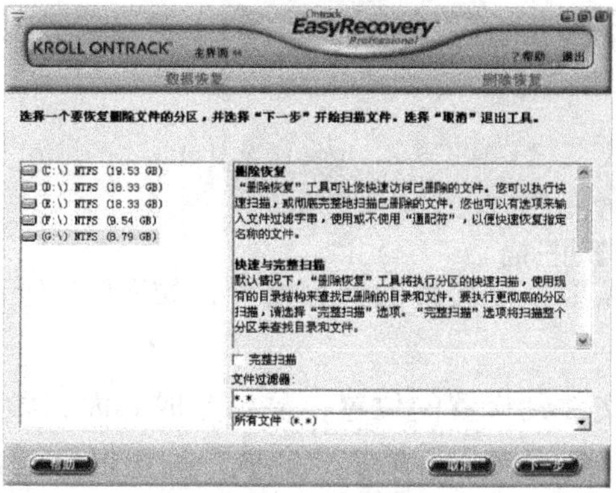

图5-30 选择分区

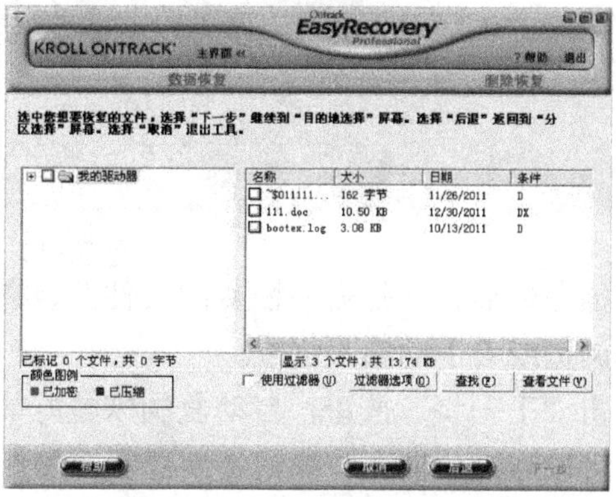

图5-31 选择要恢复的数据

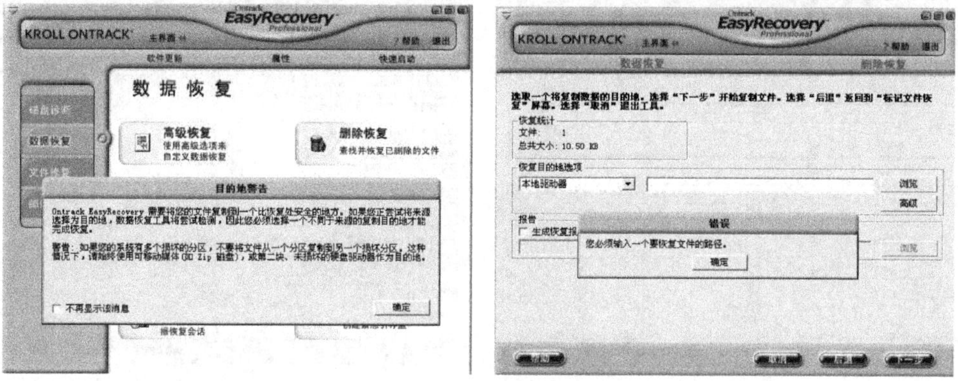

图5-32 选择恢复目的地

⑧单击“下一步”按钮，开始扫描，并会出现恢复摘要，直到数据完全恢复后退出。

同样，可以利用EasyRecovery软件在已经格式化的卷中恢复文件，在右边的选项卡中选择“格式化恢复”。

根据弹出的“目的地警告”提示（如图5-33所示），恢复的数据最好选择保存在和被恢复磁盘不同的分区或者移动磁盘，如果有多个磁盘的话可以选择其他磁盘。

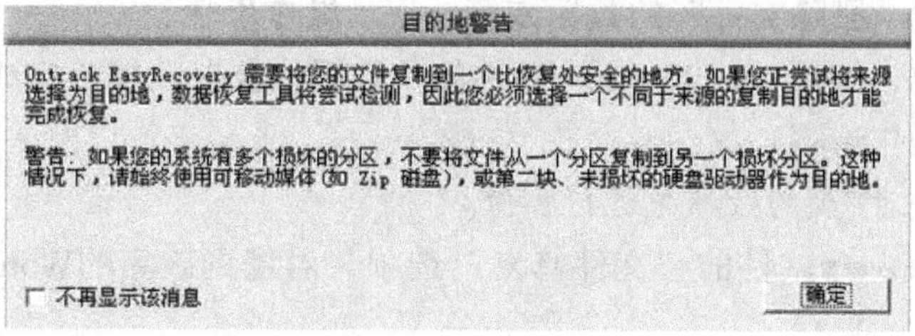

图5-33 目的地警告

选择一个需要恢复的分区，设置好分区的格式，进行自动扫描，如图5-34所示。

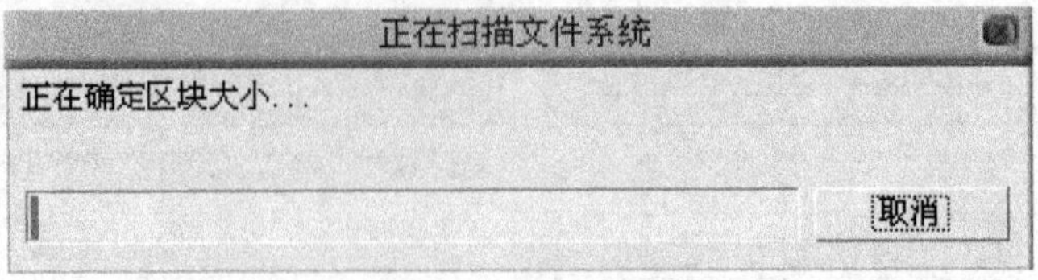

图5-34　自动扫描

扫描完成后，选择需要恢复的文件并设置需要恢复文件的保存位置，如图5-35所示，可以选择浏览或者手动输入位置。

单击“下一步”按钮，自动复制恢复好的文件到设置的位置，显示完成界面，如图5-36所示，可以通过“保存”按钮将恢复的摘要保存到文件中，单击“完成”按钮退出工具。

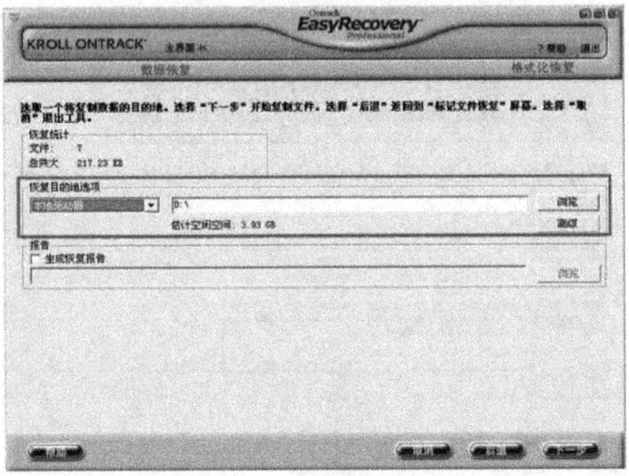

图5-35　文件保存位置

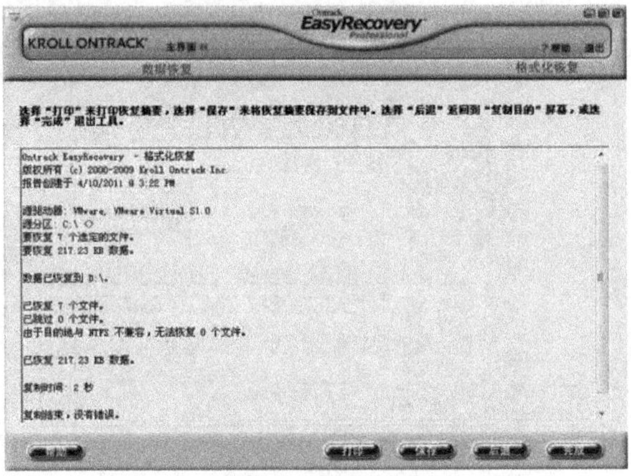

图5-36　完成界面

【项目内容及步骤】

1. 搜索并下载EasyRecovery软件，运行安装程序。

2. 在D 盘新建一个Word文档，删除文件并清空回收站，运用EasyRecovery软件的“数据恢复”功能，完成对“删除文件”的数据恢复，记录操作步骤。

3. 将E盘格式化，运用EasyRecovery软件的“数据恢复”功能，完成对“格式化磁盘”的数据恢复，记录操作步骤。

提示：可以事先对E盘的数据先进行备份。

4. 运行EasyRecovery软件的“文件修复”选项，对遭到破坏的Word文档进行数据的恢复，记录操作步骤。

5. 打开正常的文档，观察文档是否恢复正确。

6. 在www.baidu.com或www.google.com上以“数据恢复软件”或“数据还原软件”为关键字搜索信息，进一步学习其他可进行数据恢复的软件的使用技巧。

【项目补充知识】

数据恢复过程中的注意事项

在数据恢复过程中应注意以下事项，防止数据恢复过程中因误操作而造成二次破坏，增加恢复难度的。

① 数据恢复过程中，不要向源盘里面写入新数据的。文件系统出现错误后，系统开机进入启动画面时会自动提示是否需要做磁盘检查，默认10s后开始进行DskChk磁盘检查操作，这个操作有时候可以修复一些损坏较轻的目录文件，但是很多时候会因为复杂的目录结构破坏了数据。

② 不要再次格式化分区。用户第一次格式化分区后分区类型改变，造成数据丢失，第二次格式化很可能把本来可以恢复的一些大的文件给破坏了，造成永久无法恢复。

③ 不要把数据直接恢复到源盘上。很多普通客户删除文件后，用一般的软件恢复出来的文件直接还原到原来的目录下，这样破坏原来数据的可能性非常大，所以严格禁止直接还原到源盘。

④ 任何写入盘的操作都有可能破坏数据，数据丢失后，严禁向需要恢复的分区里面保存文件。最好是关闭下载工具，不要上网，将不必要的应用程序也关掉之后，再来扫描恢复数据。

项目任务 5-4 计算机的清洁与保养

【项目任务】

- 掌握计算机清洁的一般方法和注意事项
- 养成良好的清洁保养意识

【项目准备知识】

计算机硬件在使用过程中，需要精心地保养和维护，外部的粉尘、油污和静电等污染不仅会造成其外壳的污染磨损，还会造成显示器、激光头和内部设备，如集成电路板的老化，缩短其使用寿命，定期对计算机进行清洁是非常必要的。

1. 准备好清洁用品

（1）螺钉旋具（用于清洁过程中拆除板卡螺钉）
（2）毛刷（用于清理大片积尘）
（3）无水酒精和棉签（用于清理接头氧化层）
（4）软布、镜头纸、专用清洗液（用于清洁键盘鼠标及显示器表面）
（5）吹气球和电吹风（用于清除一些角落积尘）

2. 清洁前首先清除自身静电

接触硬件设备之前应注意消除自身静电，否则容易损坏设备，可洗手、触摸金属物品、佩戴防静电手环或防静电手套。

3. 注意事项

（1）尽量不要在使用计算机时吃东西、喝饮料。
（2）不要使用所谓的“光驱清洁盘”清洁光驱磁头，否则易造成磁头的损坏。
（3）不要使用有机溶剂清理键盘或显示器表面，否则易造成表面增透膜或字迹的损坏。
（4）使用纯净水或专用清洗液，有利于保护部件及防止病菌。

【项目内容及步骤】

1. 内部清洁

机箱内部容易累积灰尘的部件主要有电源盒、CPU风扇及板卡元件的表面。

（1）电源盒的清洁

使用毛刷刷去外部积尘即可，不建议大家清理内部元件。

（2）CPU风扇的清洁

将CPU风扇和散热片取下，用毛刷刷去附着在风扇扇叶上的灰尘，用吹气球（皮老虎）吹去散热片空隙里的积灰。

（3）主板与其他适配卡清洁

使用毛刷刷去表面积尘，注意用力不要太大，以免损坏板卡表面元件，一些不易清洁的角落可以使用皮老虎或电吹风吹尽，同时可使用棉签蘸取少量无水酒精清理板卡接口处的氧化层。

2. 外部清洁

机箱外部清洁主要包括机箱外壁、键盘鼠标与显示器等。

（1）机箱外壁的清洁

可使用毛刷清理表面积尘，使用软布蘸取纯静水或专用清洗液进一步擦拭。

（2）键盘的清洁

大部分键盘内部由导电橡胶层和电路板构成，一般建议大家不要拆开清洁，否则容易在安装时导致导电橡胶层与电路板接触不好，出现部分按键不灵现象。

首先关闭计算机的电源，将键盘拔下并翻转后，轻轻拍打，以使灰尘和碎屑落下。使用工具将键盘上键帽依次取下（如图5-37所示），使用软布蘸取纯净水或专用清洗液擦洗（如图5-38所示）。

图5-37　取下键帽

警告：① 在有些大按键（如：Shift键、空格键、Enter键等）上，还会有一条金属条，这根金属条主要用于辅助固定较大按键，取下这些按键时应注意；② 不要一次性取下多个键帽，除非你记得按键所在的位置；③ 不要使用酒精擦洗键帽，否则易腐蚀键帽上蚀刻的文字；④ 键帽清洗完毕后应等待风干后装回原位。

图5-38　清洁键帽及键盘表面

（3）鼠标的清洁

如果是光电鼠标，一般无须清理内部，只需将表面污迹和鼠标垫脚擦干净即可。如果是机械鼠标，一般背面有一颗或多颗固定螺钉。卸下螺钉将外壳打开，用刷子轻轻刷去电路板上的脏东西。注意不可扳动电路板上的光电发射管和接收管。使用棉签蘸取无水酒精清洗滚轴上的污迹，并清洗鼠标外壳和小球（如图5-39所示）。

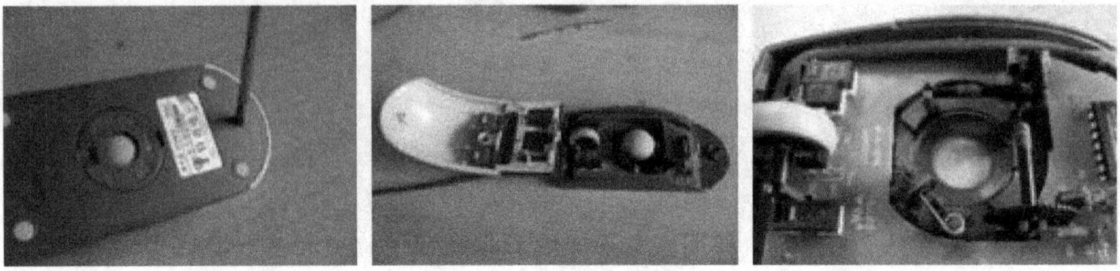

图5-39 拆卸并清洁鼠标

在背面的中间位置，有一块固定橡胶球的环形塑料护盖。根据环形塑料护盖上所标示的旋转方向，稍微用力将环形塑料护盖旋转开来，放回小球，并上好固定螺钉即可。

（4）显示器的清洁

CRT与LCD的清洁大同小异，注意清理用具及清理方法即可。

清洁用具建议使用棉质软布，可使用少量纯净水或专用清洗溶剂，但千万不能使用酒精等有机溶剂来擦拭屏幕，否则会对显示器屏幕表面涂层造成不可逆的损害。

清理方法略有区别：对于CRT显示器，小心地从屏幕中心，向外圆形的擦拭，而对于LCD显示器应按屏幕方向从左向右、从上向下轻轻擦拭，注意不要用力，防止损害内部晶体。此外需注意不要让水或清洗液进入内部。

警告：显示器内部有高压，建议不要自行对内部进行清洁。

【项目补充知识】

笔记本计算机的清洁保养

笔记本计算机是精密设备，定期清洁笔记本计算机，养成一种良好的习惯是十分必要的。笔记本计算机保持清洁，不仅可以延长其使用寿命，还能够提高性能，而如果笔记本组件没有定期进行清洁，系统出现故障的可能性就会大大增加。

清洁笔记本计算机时要先关机，及时取出光驱的盘片，完全切断笔记本电源，拔下墙上插座上的电源、网线或者电话线，取出电池，用无绒毛湿布轻轻擦拭。对于经常使用的部件要重点清洁，对于鼠标触摸板表面的污垢，用一块柔软微湿的棉布轻轻擦拭，然后用干软布擦干。

清洁键盘时，可以利用真空吸尘器或者专用的键盘清理吸尘器，将键与键之间的灰尘吸净，然后再用软布擦拭键帽。对键盘的定期清洁可防止按键被粘或卡住，让键盘敲击得更加舒适方便。

目前主流的笔记本外壳材料大都是碳纤合金，不仅提升弹性，而且增加强度，不易变形。在镁铝合金等传统材质上很难除去的油性较重的圆珠笔、油性水笔污迹，可用纸巾或软布蘸上清水擦拭干净。

笔记本上的鼠标（触摸板或者指点杆）也是清洁方面的重要一环。触摸板上存在的油渍和污垢会造成移动鼠标光标时在屏幕上的跳动，要避免这一情况，可以用湿布定期对触摸板进行清洁，在使用触摸板之前，也要洗手。而指点杆也是同样的道理，使用前洗手，这样可以最大程度地避免指点杆变脏，而如果已经略脏，则可以洗手后略留点水滴在使用指上，在使用指点杆时要匀力地进行清洗。

对于笔记本显示器的清洗参照LCD液晶显示器的方法，只要养成对笔记本计算机及时清洁保养的好习惯，可以让笔记本计算机保持良好的工作状态，延长其使用的寿命。

第6章

Sixth chapter

计算机的故障排除

在计算机长期使用过程中，由于外部环境、产品寿命、使用习惯、安全意识等方面的影响，必然会出现一系列的硬件或软件问题，那么如何针对软硬件故障进行观察、分析与处理呢？这就需要在牢固掌握所学知识与技能的基础上，针对故障的本质，采用合适的方法与手段加以解决。

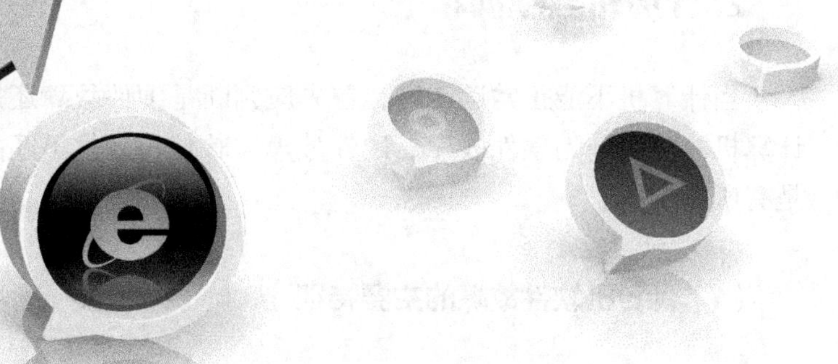

项目任务 6-1

计算机故障的分类及一般处理流程

【项目任务】

- 针对计算机故障现象，尝试判断其故障分类，尽可能定位故障点
- 了解计算机故障维修的基本流程

【项目准备知识】

1. 计算机系统的正常工作需要软、硬件各部件运行良好

一个完整的计算机系统包括硬件系统及软件系统。若在如图6-1所示的某个环节中出现故障，必将导致计算机系统不能正常运转。轻则某个程序或某个任务无法完成，重则计算机瘫痪，无法工作。对于软件故障而言，一般情况下，指图6-1中粗实线外的部分发生故障。

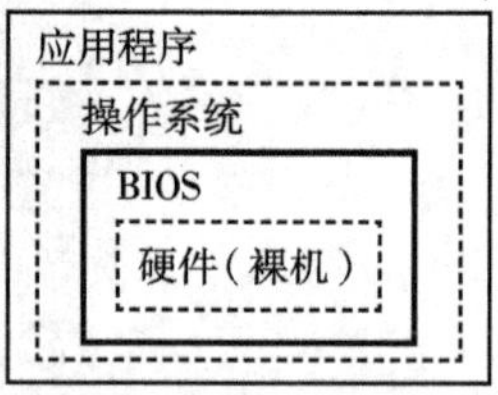

图6-1　计算机系统

因此，计算机系统工作异常，一般来说分为：软件故障、硬件故障、软件与硬件不匹配故障。此外，还可能出现因网络配置不正确或网络设备故障造成计算机的网络功能异常。本书重点讨论计算机故障，对于网络故障，不在本书讨论范围。

2. 计算机故障的特征

当计算机不能正常运转时，首先应判断是硬件故障还是软件故障。根据故障点来分类，计算机故障可分为软件故障、硬件故障、软件与硬件不匹配故障3类。这3类故障的一般特征是有所区别的。

（1）计算机软件故障的主要特征

计算机故障具有以下某种特征时，一般可判断为软件故障。

① 计算机在安装、卸载某软件或打开某网页后，运行不流畅。

② 计算机中某程序不能正常工作，但其他功能相似的程序却能完全正常，如IE浏览器不能联网，但QQ却工作正常等情况。

③ 计算机中个别软件不能正常工作，但其他软件均无异常。

④ 无法打开某类文档。

⑤ 常常提示内存容量不足。

⑥ 启动Windows或某程序时提示缺少××文件。

（2）计算机硬件故障的主要特征

计算机故障具有以下某种特征时，一般可判断为硬件故障。

① 故障现象在尚未进入操作系统之前就出现。如：开机无法点亮，自检不能通过等。

② 不能通过软件进行调节的项目出现了异常。如：显示器缺色，键盘指示灯全亮且无法关闭等。

③ 机器运转时，出现声光异常。如：风扇转动噪声大，各指示灯异常闪烁，开机自检有异常鸣叫声等。

④ 计算机运转时，出现焦臭味后，工作异常。

某些硬件故障的现象有时也看似软件问题，如某个设备故障，则往往在调用其工作时报错，此类故障需结合其他伴随现象共同分析。

（3）计算机软件与硬件配合不良故障的主要特征

软件与硬件的配合不良造成的故障，其一般具有以下特征之一。

① 具有为硬件故障的特征，但疑似故障设备换装到其他计算机上又不存在故障。

② 自检不正常，但对CMOS掉电后，自检又能通过。

③ 在Windows系统中，某设备的驱动程序工作异常。

④ 运行Windows操作系统的计算机在“安全模式”下运转正常，但在“正常启动”时工作异常。

对于此类故障，一般是通过调整软件运行参数或是更换软件来解决，如更新驱动程序、更改CMOS设置参数等，此类故障可以归纳为软件与硬件配合不良。

3. 计算机故障的一般处理流程

做为从事计算机销售服务行业的工作人员，必须了解计算机故障的处理流程。一般来说，当客户反映某台计算机出现故障时，故障处理流程需要执行以下几个步骤：故障调查、诊断故障、故障处理、系统调试、客户服务。

（1）故障调查

① 客户接待

客户接待即在服务前与用户沟通，了解故障发生前后的情况，进行初步地判断，要求做到态度热情，礼貌周到。

在沟通过程中，要求详细了解并记录客户描述的故障症状，了解故障机工作环境，介绍服务项目及收费标准，做好上门服务前的准备工作。如果能了解到故障发生前后尽可能详细的情况，将使现场维修效率及判断的准确性得到提高。这样不仅能初步判断故障的部位，也对准备相应的维修备件有所帮助。

② 环境检测

在上门维修时，建议使用温、湿度计检测环境温度与湿度，使用万用表检测机器供电电压，以便对故障产生原因进行分析。

（2）诊断故障

① 验证故障机

在与用户充分沟通的情况下，确认：

- 用户所报修故障现象是否存在，并对所见现象进行初步地判断，确定下一步操作；
- 是否还有其他故障存在。

② 确定故障原因

根据故障现象对主要部件进行替换检查，进一步确定故障部位与故障原因。

（3）故障处理

① 对非损坏性故障进行部件维护。

② 对部件损坏性故障进行部件更换。

（4）系统调试

① 维修后必须进行检验，确认所复现或发现的故障现象已解决，且用户的计算机不存在其他可见的故障。

② 必须对系统BIOS、软件系统及各部件进行检查、调试，尽可能消除用户未发现的故障，并及时排除之。

（5）客户服务

① 填写故障排除单，并指导客户验收计算机。

② 指导用户使用计算机，对系统检测过程中发现的一些用户不良使用习惯进行指导，必要时可写下相关操作步骤。

③ 征求用户对服务相关意见。

【项目内容与步骤】

1. 在www.baidu.com或www.google.com上以“计算机软件故障”为关键字搜索相关信息，并摘要记录。

2. IE打不开新窗口，请搜索相关故障解决方法并摘要记录如下。

3. 在www.baidu.com或www.google.com上以“计算机硬件故障排查方法”为关键字搜索相关信息，并摘要记录。

4. 仔细阅读上述材料，并针对自己对上文的理解编制维修操作步骤相关表格。

5. 针对一常见故障（如开机不亮或开机有鸣叫声），分组进行实景模拟，并找出实景模拟中客户服务方面存在的问题。

【项目补充知识】

1. Windows系统常见故障及应对方法

（1）Windows使用一定时间后，运行有时会很不流畅，甚至会出现不响应的情况，很多时候这只是系统的假死状态，和真正的死机不同，可以通过下面介绍的措施尝试解决假死现象。

解决方法

① 当使用资源管理器打开文件夹或用浏览器打开新页面不响应时，单击快速启动栏里的显示桌面按钮，在桌面上按F5键刷新即可，一般刷新几次后再把原窗口还原就可恢复。

② 当任务管理器都打不开时，可先把光驱弹出后再弹入，这时也可解除假死状态。

③ 用Ctrl+Alt+Del组合键启动任务管理器，然后在进程里结束explorer.exe，整个桌面不再显示任何信息后，再启动任务管理器，并运行菜单“文件→新建任务”，输入explorer.exe即可恢复正常。

（2）计算机启动时间太长

启动计算机时，Windows系统显示壁纸后，一般在半分钟内就进入Windows的桌面。但有些计算机在启动时，需等待长达2 ~ 3分钟的时间。这种情况可能是由于计算机在正常启动时，会执行Config.sys、Autoexec.bat、Win.ini、System.ini和注册表中的启动选项，若上述文件中的自启动选项太多，就会极大地影响系统的启动速度。另外磁盘出现坏道及系统中存在病毒也会影响系统的启动速度。

解决方法：

① 使用Windows自带的“msconfig.exe”来屏蔽不需要开机自行启动的程序。

② 使用如“360安全卫士”等软件提供的“开机加速”功能模块来屏蔽不需要开机自行

启动的程序。

如果这些文件中的启动选项都被取消后，启动时间仍然很长，就应该怀疑系统被病毒感染。这时启动某个最新版本的反病毒程序对系统进行扫描是非常必要的。若病毒原因也被排除，就应该考虑是磁盘故障了。首先对磁盘进行全面扫描，检查硬盘是否存在坏道，然后运行磁盘碎片整理程序，消除磁盘碎片，最后运行磁盘清理程序，清除计算机中的垃圾文件以腾出必要的磁盘空间。

（3）桌面上的图标显示正常，但系统任务栏消失

如果计算机启动过程中，没出现异常情况，运行程序也正常，则可能是任务栏属性被设置成了“自动隐藏”并被拖到了上边、左边和右边的其中一边上。

解决方法：

将鼠标移到上边、左边或右边的其中一边上，任务栏就会显现出来。然后单击任务栏中的空白处，选择弹出菜单中的“属性”选项，取消任务栏的“自动隐藏”属性后单击“确定”按钮，接着按住鼠标左键，将任务栏拖拽到屏幕下边即可。

（4）系统总是首先打开汉字输入法

这是用户将某种中文输入法错误地设置为了默认输入法所致，只须将系统默认输入法还原为英文输入法即可解决问题。

解决方法：

用鼠标右键单击系统托盘中的“输入法”图标，接着选择弹出菜单中的“属性”命令，选择“键盘属性”设置框中的“语言”选项卡，然后在“语言”列表框中选择“En英语”输入法并单击“设成默认值”按钮即可。

（5）系统启动时出现“VXD或386无效”的错误提示

若系统在启动时显示*.VXD或386文件无效的错误提示，单击任意键后，系统能启动并运行正常。则该故障的产生主要是因为：

① 用户在系统中安装了不兼容的驱动程序或网络组件。如果是这样，只需禁止这些项目的运行或将其卸载即可；

② 采用正确的程序卸载方法将某些自启动程序（如Norton杀毒程序）卸载后，因为某种原因造成注册表损坏，于是用备份的注册表文件（该备份文件建立时，自启动程序还没有卸载）进行恢复，这样也会造成系统启动时找不到某些.VXD或.386文件（因为这些文件被卸载了，而备份的注册表文件中仍保留着这些文件的启动信息）。

解决方法：

若错误信息所涉及的文件扩展名为.386或未显示文件的扩展名，可先打开Windows文件夹中的System.ini文件，然后在该文件的[386Enh]节中删除错误提示所涉及的命令行。如果提示信息仍然存在，就需启动注册表编辑器，利用该编辑器提供的搜索功能（执行“编辑→查找”）找到该命令所在的主键，将该主键删除即可。若错误信息所涉及的文件扩展名为.VXD，注册表中必须将对应的VXD驱动程序的主键删除。这些自启动程序和驱动程序一般位于HKEY_LOCAL_MA CHINE\System\CurrentControlSet\ Services\VxD主键和HKEY_LOCAL_MACHINE\Software\Microsoft\Windows\CurrentVersion\Run（RunOnce）主键中。

（6）系统提示内存不足

该故障的出现并非用户的物理内存不够，而是系统交换文件所在分区的自由空间不够。

解决方法：

用鼠标右键单击桌面上“我的计算机”，然后执行弹出菜单中的“属性”命令，打开“系统属性”设置框，选择“性能”选项卡，接着单击“虚拟内存”按钮，打开“虚拟内存”对话框，选择“用户自己指定虚拟内存设置”选项，最后在“硬盘”对话框中选择拥有较大剩余磁盘空间的磁盘分区即可（若用户同时安装了两个以上的硬盘，最好将速度较快的硬盘分区作为虚拟内存盘）。

2. 常见的系统设置不当或其他软件故障及应对方法

（1）鼠标双击操作无效（单击正常）

该故障是用户无意中将鼠标双击的时间间隔设置得太短，致使系统将用户的双击操作视为两次不连续的单击操作。只需进入Windows的“控制面板”，选中“鼠标”选项，启动鼠标设置功能，适当调整鼠标双击的速度即可解决该问题。

（2）文件关联出错

这类故障需删除某类文件与某个应用程序之间的关联关系，即可解决问题。

解决方法：

① 如果是*.SYS文件关联出错，则需运行注册表编辑器Regedit.exe，找到HKEY_CLASSES_ROOT\sysfile子键，将其下的Shell主键删除即可。对于其他类型的文件，可在任一文件夹窗口中执行“查看”菜单的“文件夹选项”命令，然后在“文件夹选项”对话框中选择“文件类型”选项卡，从“已注册的应用程序”列表框中选择拟删除的数据文件类型，最后单击“删除”按钮，也可取消文件默认的关联方式。

② 在资源管理器菜单栏中依次单击“工具→文件夹选项”，在弹出的窗口中单击“文件类型”选项卡。在如图6-2所示界面中，找到关联出错的文件后缀，单击“删除”按钮即可取消文件默认的关联方式，也可以单击“更改”按钮，来重新指定打开此类文件的程序。

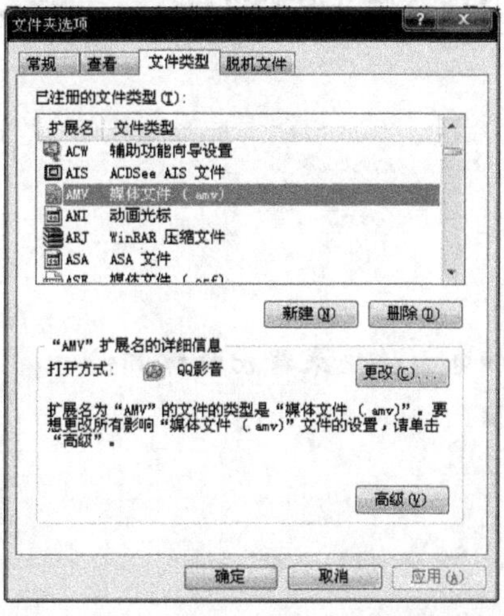

图6-2 “文件类型”选项配置界面

3. 利用系统工具软件修复软件故障

很多软件故障涉及对注册表进行修改的操作，如果按照前文中描述的方法直接修改注册表，虽然可能将该故障排除，但存在一定的风险。因此，可以通过某些系统工具软件进行修复。

本书第4章中介绍了大量的系统工具软件，很多用户故障可查阅该章节，尝试采用系统工具软件来修复计算机故障。

【常见故障与注意事项】

① 某计算机IE浏览器工作不正常，但QQ能正常上网。

此类情况一般是由于IE浏览器被恶意修改，可通过“360安全卫士”、“QQ计算机卫士”或部分杀毒软件的IE修复功能来解决。

② 某计算机进行显示器分辨率调整后，出现黑屏，无法显示。

此类情况一般是由于显示分辨率设置得过高或刷新率设置得过高所致，可通过重新启动进入“安全模式（引导时按F8键，在菜单中选择引导方式）”后，设置为较低的显示参数即可。

提示： 对于计算机软件故障来说，当多项措施无效时，可备份关键文档后，进行系统还原，若仍然无效，可重新安装Windows或映像恢复。

项目任务 6-2 计算机故障检测的一般方法

【项目任务】

- 用加电自检法检测故障
- 综合运用最小系统法与加电自检法来找出故障部件
- 用硬件替代法来排除故障

【项目准备知识】

1. 计算机加电自检的项目与步骤

加电自检是微机接通电源后，执行的进行自我检查的例行程序（这个程序存放在BIOS ROM芯片中）。这个过程通常称为POST加电自检（Power On Self Test）。加电自检针对计算机中的主要硬件设备进行检测。

计算机启动与自检分为两大部分：关键部件测试与非关键部件测试。如果关键部件有问题，计算机会按故障类别进行各种鸣叫（CPU故障及BIOS故障无鸣叫声），并使计算机挂起（不再继续启动）；非关键部件故障则在屏幕上显示信息和出错报告。

关键部件测试的主要步骤如下：

上电→CPU复位→读取BIOS ROM中的程序→读取并检查系统时钟（System Clock）→检测DMA控制器→检测0至64KB 内存→检测中断控制器（IRQ）→检查显卡。

非关键部件测试的主要步骤如下：

64KB以上内存→I/O口→软硬盘驱动器→键盘→即插即用设备→CMOS数据正确性。

POST加电自检过程进行得非常快，正常情况下只需10余秒，完成时蜂鸣器会发出“嘟”的声音。

2. 计算机加电自检的故障报警声

对于计算机出现关键部件故障时，是无法在屏幕上显示信息的，而是通过计算机内部的蜂鸣器发出鸣叫来提示用户故障类别。

提示：无论什么部件故障，若蜂鸣器发出鸣叫（蜂鸣器需确保正常），就可以基本排除CPU、BIOS ROM故障，因为此时计算机的CPU已经从BIOS ROM中读取自检程序并运行了。

由于不同厂家编写的BIOS自检程序各不相同，因此采用加电自检法来检测硬件故障就需要根据不同厂家的BIOS自检程序区别对待。目前，主要的BIOS厂家有AWARD、AMI、Phoenix等几个品牌。

① AMI的BIOS自检报警声及意义

报警声	报警意义	报警声	报警意义
1短	内存错误	6短	键盘控制器错误
2短	内存校验错误	7短	实模式错误
3短	基本内存错误	8短	显示内存错误
4短	系统时钟错误	9短	ROM BIOS校验错误
5短	处理器错	1长3短	内存错误
1长8短	显示测试错误		

② Award的BIOS自检报警声及意义

报警声	报警意义
1短	系统启动正常
1长9短	主板Flash ROM或EFROM错误（BIOS损坏）
1长1短	内存或主板出错
不断地响（长声）	内存未插稳或损坏
1长2短	显示错误（显示器或显卡）
1长3短	键盘控制器错误
不停地响	电源、显示器未和显卡接好
重复短声	电源

③ Phoenix的BIOS自检报警声及意义

报警声	报警意义	报警声	报警意义
1短	系统启动正常	3短1短2短	主DMA寄存器错误
1短1短1短	系统加电初始化失败	3短1短3短	主中断处理寄存器错误
1短1短2短	主板错误	3短1短4短	从中断处理寄存器错误
1短1短3短	COMS或电池失效	3短2短4短	键盘控制器错误
1短1短4短	ROM BIOS校验错误	3短3短4短	显示内存错误
1短2短1短	系统时钟错误	3短4短2短	显示错误
1短2短2短	DMA初始化失败	3短4短3短	时钟错误
1短2短3短	DMA页寄存器错误	4短2短2短	关机错误
1短3短1短	RAM刷新错误	4短2短3短	A20错误
1短3短2短	基本内存错误	4短2短4短	保护模式中断错误
1短3短3短	基本内存错误	4短3短1短	内存错误
1短4短1短	基本内存地址线错误	4短3短3短	时钟2错误
1短4短2短	基本内存校验错误	4短3短4短	时钟错误
1短4短3短	EISA时序器错误	4短4短1短	串行口错误
1短4短4短	EISA NMI口错误	4短4短2短	并行口错误
2短1短1短	前64K基本内存错误	4短4短3短	数字协处理器错误
3短1短1短	从DMA寄存器错误		

提示：各厂家BIOS自检报警声的意义也可能会随版本的更新发生变化。某计算机BIOS报警声的具体含义应以该计算机说明书为准。

3. 加电自检法与最小化系统法的配合

从如图6-3所示的计算机最小化系统可见，最小系统是由主板、蜂鸣器、CPU、内存、显卡、显示器及开关电源组成的系统。所谓最小系统指从维修判断的角度来看，能使计算机开机或运行的最基本的硬件和软件环境，是保留系统能运行的最小环境。把其他的适配器和输入/输出接口（包括软、硬盘驱动器）临时取下来，再加电观察最小系统能否运行。这样可以避免因外围电路故障而影响最小系统。一般在微机开机后系统没有任何反应的情况下，使用最小系统法。若最小系统在打开电源后，系统正常，则逐步加入其他部件扩大最小系统，在逐步扩大系统配置的过程中，若发现在加入某块电路板到系统板扩展槽上后，微机系统由正常变为不正常，则说明刚刚加入的那一块适配卡或部件有故障，从而找到故障电路板，更换该电路板。

由于开机自检程序也主要检测最小系统中所示的硬件设备，所以最小系统法往往和开机自检法综合运用，来判别故障点。

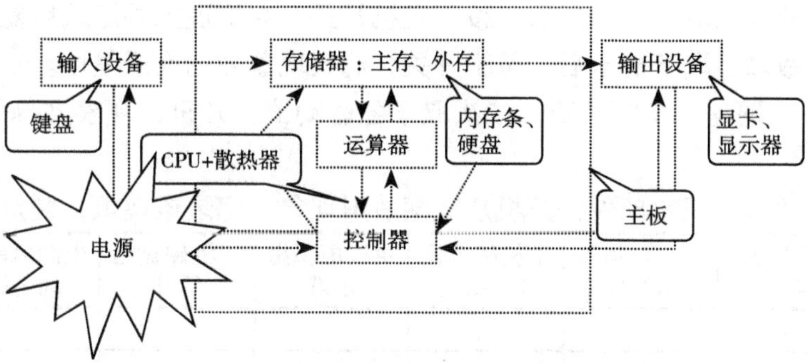

图6-3　计算机最小化系统

4. 硬件替代法与其一般操作步骤

硬件替换法是用工作正常的部件去代替可能有故障的部件，根据替代后故障是否消失来判断故障部位的一种维修方法。好的部件可以是同型号的，也可能是不同型号的。替换的顺序一般为：

① 根据故障的现象，来考虑需要进行替换的部件或设备。

② 按先简单后复杂的顺序进行替换。如先内存、CPU，后主板。如要判断打印故障时，可先考虑打印驱动是否有问题，再考虑打印电缆是否有故障，最后考虑打印机或并口是否有故障等。

③ 最先考查与怀疑有故障的部件相连接的连接线、信号线等，之后是替换怀疑有故障的部件，再后是替换供电部件，最后是与之相关的其他部件。

④ 从部件的故障率高低来考虑最先替换的部件。故障率高的部件先进行替换。

一般而言，硬件替换法多与其他检修方法联合使用，用于缩小故障范围，或最终确定故障部件，并加以更换。在实际使用中，多与最小系统法共同使用，来解决相关故障。

【项目内容与步骤】

警告：所有拆装部件的过程均需在断电的情况下进行，整个过程涉及各部件多次拔插，尤其是CPU及风扇，复原时切记要确保正确安装。

① 启动计算机，观察正常自检过程，记录正常自检信息。

实验用计算机的BIOS品牌是__________，进入CMOS设置的热键是__________。

② 断开电源，消除身体静电，并打开机箱。

③ 模拟电源故障。断开电源连接线，按下开关，观察现象并记录后复原。

④ 模拟CPU故障。取下CPU后，按下主机开关，观察现象并记录后复原。

⑤ 模拟主板BIOS故障。取下BIOS芯片，按下主机开关，观察现象并记录后复原。

⑥ 模拟CMOS 数据丢失。短接清除CMOS数据的跳线数秒（按实验用计算机说明书操作），或取下主板电池数分钟，再安装好电池，打开主机开关，观察现象并记录。

⑦ 模拟内存故障。取下内存条后，按下主机开关，观察现象并记录后复原。

⑧ 模拟显卡故障。取下显卡后，按下开关，观察现象并记录后复原。

⑨ 模拟软驱、硬盘、光驱故障。依次取下各驱动器，开机，观察屏幕信息并记录，复原。

⑩ 用故障部件替换正常部件，开机后观察故障现象，记录该现象，判定故障部件。

所设置故障的部件	自检显示信息	显示器信号指示灯状态	主机蜂鸣器鸣叫声	主机电源指示灯	主机硬盘指示灯	电源风扇转动与否	CPU散热器发热否

根据上表谈谈各部件发生故障时的主要现象。

⑪ 针对最小系统法、加电自检法与硬件替换法的联合使用，谈谈自己的体会。

【项目补充知识】

1. 开机自检的提示信息说明

当计算机自检到非关键部件故障时，可在屏幕上显示故障信息，现将自检屏幕常见的提示信息简要说明。

（1）CMOS battery failed（CMOS电池失效）

说明CMOS电池已经快没电了，只要更换新的电池即可。

（2）CMOS check sum error — Defaults loaded（CMOS数据错误，已载入系统预设值）

此故障可能是在原有系统上更换或安装了新硬件后检测结果与CMOS中储存的信息不符合而致。此时不需要作任何处理，只需按屏幕提示按F1键继续即可。此外，还可能是主板上的电池电力不足，可以尝试更换电池。若故障仍未解决，则可能是CMOS芯片供电线路故障，需对主板上此部分线路进行检查维修。

（3）Press ESC to skip memory test（正在进行内存检查，可按ESC键跳过）

可在COMS设置中将Quick Power On Self Test项设为Enabled，储存后即可跳过64KB以上部分内存的检测。

（4）Keyboard error or no keyboard present（键盘错误或者未接键盘）

检查一下键盘的连线是否松动或者损坏。

（5）Hard disk install failure（硬盘安装失败）

硬盘的电源线或数据线可能未接好或者硬盘跳线设置不当，可以检查一下硬盘的各根连线是否插好。

（6）Primary IDE channel no 80 conductor cable installed（主IDE未安装80芯电缆）

一般说来，符合ATA66/100以上标准的硬盘应尽可能使用符合ATA66/100传输标准的80芯数据线，这样可保证硬盘工作时能达到ATA66/100的数据传输标准，若没有使用80芯数据线，则会出现此提示，此时硬盘工作时达不到ATA66/100标准，更换80芯数据线即可。

（7）Floppy Disk (s) fail 或 Floppy Disk(s) fail(80) 或Floppy Disk(s)fail(40)（无法驱动软盘驱动器）

系统提示找不到软驱，检查软驱的电源线和数据线有没有松动或者接错，或把软驱放到另一台计算机上试一试。如果没有安装软盘驱动器，则需在CMOS中把软驱设置为"NONE"（没有）可解决此问题。

（8）Hard disk (s) diagnosis fail（执行硬盘诊断时发生错误）

出现这个问题时就说明硬盘本身出现故障了，把硬盘放到另一台计算机上试一试，如果问题还是没有解决，则需要先解决硬盘的问题。

（9）Memory test fail（内存检测失败）

可能是内存条接触不良，重新插拔一下内存条，若未能解决，可能是内存条互相不兼容，特别是在插接了多条内存且型号、品牌各不相同的情况下容易出现此报告。

（10）Override enable — Defaults loaded（当前CMOS设定无法启动系统，载入BIOS中的预设值以便启动系统）

导致此现象一般是在COMS内的设定出现错误。按照屏幕提示按F1键继续即可。

（11）Press TAB to show POST screen（按TAB键可以切换屏幕显示）

有的品牌机厂商会以自己设计的显示画面来取代BIOS预设的开机显示画面，可以通过按TAB键在BIOS预设的开机画面与厂商的自定义画面之间进行切换。

（12）Resuming from disk，Press TAB to show POST screen（从硬盘恢复开机，按TAB显示开机自检画面）

这是因为有的主板的BIOS提供了Suspend to disk（STD技术，休眠时数据存放至硬盘）的功能，如果用Suspend to disk的方式来关机（休眠），那么下次开机时就会显示此信息。

【常见故障与注意事项】

1. 某计算机更换显示器后，开机上电无显示，主机蜂鸣器报警1长2短。

根据蜂鸣器的鸣叫可知是显卡故障，因为出现此现象前刚更换显示器，可能是对显示信号线拔插时用力较大，致使显卡与主板扩展槽松脱，接触不良，可尝试重新插紧显卡。

2. 某计算机更换新键盘与鼠标后，屏幕显示Keyboard error or no keyboard present，键盘

无任何反应。

根据屏幕提示信息可知发生此现象与键盘有关，可检查键盘是否正确连接到主机背板接口。对于刚更换了键盘、鼠标的情况，尤其要注意是否把键盘与鼠标接口混淆接错。

提示：采用加电自检法可以方便地知道计算机主机中存在的各种故障，但应熟知BIOS报警声的含义。此外，对于声卡、网卡、鼠标等非最小系统设备难以用加电自检法进行检测。

3. 某20英寸显示器，说明书上称最高分辨率为1600×900，将分辨率改为1920×1080，重新启动机器，黑屏。

此现象说明该显示器不能达到1920×1080的分辨率，由于该显示器原先运行正常，因此这台显示器损坏的可能性不大，黑屏很可能是该显示器因达不到1920×1080的分辨率所致。

解决办法：

用“硬件替换法”可以解决这个问题。用可正常显示1920×1080分辨率的显示器替换原显示器接好，开机后将分辨率调低至原显示器可使用的范围内，再换回原显示器即可。

4. 某计算机按下电源开关后，电源指示灯亮，硬盘灯不亮，显示器指示灯为橙色但无显示画面。但是光驱高速运转，即使把光驱内的光盘取出，光驱还是照“转”不误。

由于上述故障中未出现自检画面，因此，根据加电自检法判断出现了关键性部件故障，针对此故障，只能使用标准检修方法，按照最小系统法对几大部件逐个进行替换。由于内存相对容易更换，先换内存试试，发现更换一根新内存后故障解决。

5. 一台CPU为Pentium 4 3.0GHz的兼容机，挂接一块500GB硬盘和一块2TB硬盘。当计算机处于满负荷状态运行一段时间后（此时CPU使用率保持在100%，硬盘也在大量读写数据），经常性地自动重启，但用于文档编辑、上网等一般工作时无此现象。

由于这两台计算机用于文档编辑、上网等一般工作时正常，只有进行大量计算时才出问题，而此时的计算机会随着满负荷运转产生大量热量，功率大增。因此，该故障有可能是CPU温度过高或电源功率不足所致。经检测，该计算机工作时温度正常，在更换更高功率的电源后，故障消失。

6. 某计算机开机后经常重新启动，严重时在自检时就重新启动。

机器在自检时出现问题，证明故障出现在几大部件上，考虑到计算机有时能进入系统后再重新启动，故问题有可能出现在显卡或内存方面。

解决办法：

利用硬件替换法，将内存和显卡一一更换，当更换新内存条后，故障消失，经仔细检查，原内存条金手指部分积有大量灰尘，用橡皮擦过后，再重新插回机器中，打开机器，恢复正常。

项目任务 6-3 排除典型故障

【项目任务】

- 能分析计算机黑屏、计算机不发声等典型故障现象，找出故障点并将其排除
- 总结解决计算机故障的步骤与方法

【项目准备知识】

典型故障的种类

所谓典型故障，这里是指计算机最常见的一些故障，如黑屏、计算机不发声、不能连接网络等故障。在平时的生活与工作中，往往由于某个配件或软件问题就会导致这些故障的发生。因此，学会处理典型故障就可以应对绝大多数的计算机故障。

（1）黑屏故障

黑屏指计算机的显示器未显示应有的信息，屏幕上无任何画面的现象。

导致黑屏故障的原因很多，但凡是未能正常显示自检信息的故障，基本上可以认定为硬件故障；如果自检信息显示正常，但进入操作系统后黑屏，则可能存在软件故障。

由硬件故障导致的黑屏可按如下思路进行分析。

① 圈定排查范围，找出使计算机显示器出现显示信息的必备硬件。

首先，表6-1列出了使计算机显示器出现显示信息的必备硬件。

表6-1　使计算机显示器出现显示信息的必备硬件

序号	部件名称
1	电源供电插座
2	显示器与主机电源线缆
3	主机开关电源
4	主板
5	主板

（续表）

序号	部件名称
6	CPU
7	内存条
8	显卡
9	显示信号线缆
10	显示器

在上表中任何一处以上的部件出现故障，均会导致黑屏，即排查范围不应超出表中所示的各部件。

② 各相关硬件损坏时的主要故障现象

明确了排查范围后，要确定故障点，就必须清楚各部件故障时的主要现象，并以此为分析故障点的依据。表6-2描述了某部件故障时的主要现象，但在实际情况下，当多个部件同时发生故障时，现象可能会有变化。因此，在排查故障前应仔细了解故障前后发生的具体情况。

表6-2　黑屏时各部件故障的主要故障现象

序号	发生故障的部位	主要故障现象
1	电源供电插座故障	开关按下后无任何反应，显示器与主机电源指示灯均未点亮，更换供电插座后故障消失
2	电源线缆故障（显示器与主机分别供电时）	开关按下后，主机与显示器其中一个设备电源指示灯未点亮，更换显示器与主机的电源线缆后，故障现象是否相反
3	主机电源故障	主机开关按下后，电源风扇不运转，主机电源指示灯未点亮
4	主板BIOS故障	主机开关按下后，电源风扇运转，主机电源指示灯点亮，CPU散热风扇运转，CPU产生热量
5	主板CPU供电模块故障	主机开关按下后，电源风扇运转，主机电源指示灯点亮，CPU散热风扇运转，CPU不产生热量
6	CPU故障	主机开关按下后，电源风扇运转，主机电源指示灯点亮，CPU散热风扇运转，CPU不产生热量，更换CPU后故障消失
7	内存条或内存插槽故障，或内存条接触不良	开机后，主机蜂鸣器鸣叫（AMI BIOS为3短叫，AWARD BIOS为重复长叫）
8	显卡故障或显卡接触不良	开机后，主机蜂鸣器鸣叫（AMI BIOS为1长8短，AWARD BIOS为1长2短）
9	显示信号线缆故障	开机后，经过10余秒后主机蜂鸣器鸣叫1短声（自检完成，无故障），硬盘工作指示灯不断闪亮（加载操作系统），显示器一直无显示
10	显示器亮度调节过暗	开机后，显示器工作状态指示灯切换为有信号源，但无显示，经过10余秒后主机蜂鸣器鸣叫1短声（自检完成，无故障），硬盘工作指示灯不断闪亮（加载操作系统）

③ 排查顺序

对于黑屏故障，在实际情况下，可根据表6-4中描述的故障现象找到最可能有故障的部件进行排查。对于无法确认具体部件时，建议可采用先易后难，先外后内，先故障易发点的排查顺序，表6-4基本是按这些原则进行排列的。

（2）计算机不发声（其他工作正常）

具备声卡与音箱的计算机不能正常发出声音也是常见的故障之一，导致计算机不发声的故障原因也很多，此类故障可按如下思路进行故障分析。

① 圈定排查范围，找出使计算机发声的必备条件。

首先，表6-3列出了使计算机发声的必备条件。

表6-3 计算机发声的必备条件

序号	计算机发声的必备条件
1	计算机与音箱连接线连接正确
2	音箱供电正常且能正常发声
3	计算机声卡（音频处理器）工作正常
4	计算机声卡驱动程序安装正确
5	计算机音量设置正常（未设为禁音或音量过低）
6	光盘驱动器音频线连接正确（播放CD时需要）

在上表中任何一个以上的部件出现故障，均会导致计算机不能正常发声。因此，排查该故障时，排查范围不应超出表中所示的各部件。

② 各相关部件故障时的简易判断方法。计算机不发声故障的简易判断方法见表6-4。

表6-4 计算机不发声故障的简易判断方法

序号	故障部位	简易判断方法
1	计算机与音箱连接线连接	音箱信号线未接在主机背板的Line Out接口或音箱左右声道线未正确连接
2	音箱	打开音箱电源，调节音箱上的音量旋钮至音量较大，用手指反复触碰音箱信号输入端头，音箱随触碰动作产生噪声表明音箱工作正常
3	计算机声卡（音频处理器）未正常工作	打开机箱检查声卡是否牢固安装至扩展槽或整合声卡时BIOS设置中声卡功能是否被启用
4	计算机声卡驱动程序安装正确	Windows设备管理器中是否有声音设备被禁用、驱动程序未安装、安装不正确的信息
5	计算机音量设置正常（未设为禁音或音量过低）	“音量控制”当前值为最低或静音
6	光盘驱动器音频线连接正确（播放CD时需要）	播放CD时，音箱接在背板Line Out接口时无声，但接在光盘驱动器前面板Line Out接口时有声

【项目内容与步骤】

1. 设置黑屏故障，观察并记录各故障点现象。

警告：*所有拆装部件的过程均需在断电的情况下进行，整个过程涉及各部件多次拔插，尤其是CPU及风扇，复原时切记要确保正确安装。*

① 断开电源，消除身体静电，并打开机箱。

② 模拟开关电源故障。断开ATX电源与主板的电源线接头，按下开机按钮，观察现象（采用ATX电源时）。

③ 模拟主板BIOS故障。复原上步操作，用专用启拔器卸下主板BIOS ROM芯片后，按下开机按钮，观察现象（部分主板BIOS ROM焊接在主板上无法进行此步骤）。

④ 模拟CPU故障。复原上步操作，卸下CPU及CPU散热器，按下开机按钮，观察现象。

⑤ 模拟内存条故障。复原上步操作，卸下所有内存条，按下开机按钮，观察现象。

⑥ 模拟显卡故障。复原上步操作，卸下显卡，按下开机按钮，观察现象。

⑦ 模拟显示信号线缆故障。复原上步操作，断开显示信号线，按下开机按钮，观察现象。

2. 模拟计算机不发声故障，观察并记录各故障点现象。

① 模拟声卡不工作。卸下主机内的声卡（整个主板则在BIOS设置中禁用声卡），开机进入操作系统，打开“设备管理器”，观察其中“声音、音频和游戏控制器”项目。

② 模拟声卡驱动程序异常。

- 打开“设备管理器→声音、音频和游戏控制器”，用鼠标右键单击其中“×××Audio Device”（×××内容与声卡芯片型号有关）→属性”。在弹出的窗口中单击选中“驱动程序”选项卡→“驱动程序详细信息”选项。记录与声卡驱动程序有关的主要文件。
- 在“我的计算机”中找到一个声卡驱动程序文件，并对其重命名，重新启动计算机后再次打开“设备管理器”，观察其中“声音、音频和游戏控制器”项目。
- 复原上步操作，重新启动计算机后再次打开“设备管理器”，观察其中“声音、音频和游戏控制器”项目。

【项目补充知识】

排查故障的一般顺序

通过学习“黑屏”、“不发声”等典型故障的排查思路，可以发现，排查故障的一般顺序如下。

① 确定排查范围

把能导致该故障的所有因素都罗列出来，以确定排查范围。

② 观察故障现象，初步判断可能的故障点

观察故障发生前后计算机的状态差异，可以迅速帮助用户减小排查范围或初步定位故障点。

③ 复杂故障按序排查

对于难以通过现象迅速定位故障点的情况，可在所有排查范围内采用先易后难，先外后内，先故障易发点，先软件后硬件的排查顺序进行排查。

【常见故障与注意事项】

① 某计算机在运行时插入U盘后死机，断电后无法再点亮计算机，但主机电源风扇运转，电源指示灯点亮。

该现象表明，该计算机不能点亮的原因很可能是主板故障，考虑到故障与使用U盘对主板USB接口进行拔插有关，很可能是主板受到U盘静电放电致使CMOS中数据紊乱，或南桥芯片被烧毁，在对CMOS进行放电处理后故障仍未排除。经测该计算机确为南桥芯片被烧毁，更换主板后故障消失。

提示：由于USB的热插拔，用户会经常地接触USB系统，这可能出现很强的静电放电（ESD）。根据IEC 61000-4-2测试标准，人体与金属等物品接触，产生的瞬间电压可达到7000伏。此电压足以烧毁有关的电子元件。而USB控制器和USB-HUB就在南桥内，所以表现出南桥烧毁。此现象在Intel的865系列芯片组中相对常见。

② 某计算机在更换主板重新启动计算机后，出现电源指示灯亮但系统不自检、显示器黑屏的故障。

该故障现象表明CPU未执行启动自检程序，故障点可能是CPU故障、主板CPU供电故障、主板CPU复位电路故障。打开机箱，仔细观察，发现CPU风扇正常运转，关掉电源后，由于无条件进行更换主板试验，于是采用“最小系统法”排除故障，去掉硬盘光驱、计算机面板等连接线，只保持主板、CPU、内存、显卡的最小系统，开机后系统顺利开启。仔细检查发现计算机面板RESET接口簧片短路，导致主板一直处于复位状态，维修后故障消失。

该故障现象比较容易让用户迷惑，看似CPU故障，实则CPU一直处于复位状态，从而无法执行自检程序。

③ 某计算机平时工作正常，一次开机后发现无自检画面，但数十秒后仍能听到Windows的开机音乐。

从故障现象上看，主机部分实际上已经进入了操作系统，但显示器上并未出现任何内容，表明主机部分一切正常，故障出现在显示器或显示信号线，由于观察到使用此计算机的房间比较潮湿，仔细观察显示器15针接头，感觉不够干燥。用棉签把水渍擦干，再用吹风机吹干后插好，开机故障消失。

附录A 常见BIOS设置项目释义

【设定系统当前时间】

1. SystemDate[Month/ Day/ Year]（系统日期[月/ 日/ 年]）

设定系统日期。有效的月、日、年的值为：月（1 月至12 月）、日（1 至31）、年（最高至2099）。

2. System Time[Hour：Minute：Second]（系统时间[时：分：秒]）

【基本特性设置】

3. Floppy Drives（软盘驱动器）

设定已安装的软驱类型。

4. IDE Devices（IDE驱动器）

使用此项配置IDE接口的驱动器参数。

（1）TYPE（类型）

Primary IDE Master	第一个IDE接口的主设备
Primary IDE Slave	第一个IDE接口的从设备
Secondary IDE Master	第二个IDE接口的主设备
Secondary IDE Slave	第二个IDE接口的从设备

（2）[USER]（用户）

该选项允许用户手动输入驱动器的柱面、磁头和每个磁道扇区的数值。

（3）[Auto]（自动）

选择[Auto] 自动检测硬盘驱动器。如果自动检测成功，BIOS设置程序会自动设定IDE设备的正确参数。如果自动检测失败，请选择[User] 手动输入IDE硬盘驱动器的参数。

（4）[CD/DVD]

此项用来调整IDE CD/DVD驱动器。

（5）[ARMD]

此项用来调整IDE ARMD（ATAPI Removable Media Device，ATAPI抽取式驱动器），例如MO。

（6）Cylinders（柱面）

此项可用来设定柱面的数值。请查阅驱动器资料了解正确的数值。

（7）Heads（磁头）

此项可用来设定读/ 写磁头的数值。请查阅驱动器资料了解正确的数值。

（8）Write Pre-compensation（写入预补偿）

填写写入预补偿磁区。请查阅驱动器资料了解正确的数值。

（9）Sectors（磁区）

此项可用来设定每个磁道扇区的数值。请查阅驱动器资料了解正确的数值。

（10）Maximum Capacity（最大容量）

这里显示基于驱动器信息BIOS计算出的或用户手动输入的驱动器最大容量。

（11）LBA MODE（LBA模式）

此项允许用户在DOS和Windows操作系统下选择LBA模式使用大于512 MB的硬盘。对于Netware和UNIX用户，请选择[Off]关闭LBA模式。

（12）BLOCKMODE（块模式）

设置块模式为[ON] 将会增强硬盘的性能，使其在每次传输时读或写更多的数据。

（13）Fast Programmed I/O Modes（快速可编程输入/ 输出模式）

此项允许用户设置PIO模式增强硬盘的性能，最优化硬盘的速度。

（14）32 Bit Transfer Mode（32位传输模式）

该选项允许用户使用32位传输模式使硬盘的数据传输速率最佳化。

（15）Ultra DMA Mode（Ultra DMA模式）

Ultra DMA特性可优化具备Ultra DMA模式的IDE驱动器传输速率以及保持数据完整性。设定[Disabled]将禁用Ultra DMA功能。

【高级特性设置】

1. SUSPEND TO RAM(S3)（挂起到内存）

这里允许选择是否自动检测或关闭挂起到内存（ S3 ）功能。如果系统支持该特性，选择[AUTO] 将会打开此功能。

2. Repost Video ON S3 Resume（显示器休眠唤醒）

此功能允许在显示器休眠后唤醒恢复到桌面。在微软 Windows 98/ME下推荐使用这项功能。

3. RESTORE ON AC/ POWERLOSS（交流电丢失恢复）

此项允许设置交流电意外断电之后的电源状态。如果选择[POWER OFF]，当电力恢复供应后，系统保持关机状态。如果选择[POWER ON]，当电力恢复供应时，系统重新启动。

4. RING-IN POWERON（来电开机）

使用此项打开或关闭“电话来电后开机”(需MODEM支持该特性)。

5. PCI Devices Power ON（PCI设备开机）

使用此项打开或关闭“通过PCI设备开机”（需相关PCI设备支持该特性）。

6. PS/2 Keyboard Power ON（PS/2键盘开机）

使用此项打开或关闭“PS/2键盘开机”（需PS/2键盘支持该特性）。

7. RTC ALARM POWER ON（系统定时开机）

使用此项打开或关闭RTC（Real Time Clock，定时闹钟）系统开机。如果选择[ENABLE]，则必须在此项中填写所期望的唤醒时间：日期/时/分/秒。

8. QUICK BOOT MODE（快速启动模式）

启用此模式将会忽略内存自检从而加速主机启动。

9. BOOTUP NUM-LOCK（启动数字锁状态）

如果此项打开，它将会在系统启动之后自动启用小键盘数字锁的功能。

10. BOOT TO OS/2（启动后进入OS/2）

此项使系统启动后进入OS/2操作系统。

11. BOOT FROM NETWORK（网络启动）

使用此项打开或关闭“网络启动”功能（需网卡具备远程启动功能，且网络环境支持该特性）。

12. BOOT DEVICE PRIORITY（启动驱动器优先次序）

此项允许您设置驱动器的启动次序。

【芯片组特性设置】

1. SPREAD SPECTRUM（频率范围的扩展）

为了系统的稳定性，此项最好始终保持为[DISABLED]。

2. CPU HOST FREQUENCY（中央处理器主频）

（1）[BY JUMPER]（跳线设定）

推荐使用此项，它将通过跳线设定主板的中央处理器主频。

（2）[MANUAL]（手动）

此项允许用户手动设定中央处理器主频。此选项并不推荐使用，除非用户十分熟悉这个功能。错误的设置可能会导致系统运行时出现问题。

3. DRAM FREQUENCY（内存频率）

如果将其设定为[AUTO]，主板会检测内存模组的安装并自动分配适当的频率。用户也可以选择其他数值作为运行的频率。

4. FLEXIBILITY OPTION（内存弹性兼容选项）:

这个选项默认的参数是[Disabled]（关闭）。当它被设为[Enabled]（激活）时，系统将具有更好的内存兼容性。

5. ONBOARD VGA SHARE MEMORY（板载VGA显卡共享内存）

用于设定板载显卡从内存中获取显存的容量。

6. AGP APERTURESIZE（AGP缝隙尺寸）

这个功能引用了部分PCI内存地址范围用于显示内存。推荐在这里保留默认值，除非安装的AGP显卡规格要求其他的尺寸。

7. USB CONTROLLER（USB控制器）

使用此项打开或关闭USB控制器。

8. USB 2.0 Controller（USB 2.0 控制器）

此项可打开或关闭USB 2.0控制器。若此项设为[Disabled]，USB控制器将按USB 1.1标准运行。

9. USB DEVICE LEGACY SUPPORT（传统USB设备支持）

使用此项打开或关闭对类似传统输入输出设备的支持，例如鼠标、键盘等。

10. DRAM CAS Latency（内存CAS延迟）

此项可用来调整内存CAS延迟参数。预设选项包括：[AUTO]，[2T]，[2.5T]，[3T]。

11. PCI Latency Timer（PCI延迟时钟）

默认值是32。推荐保留默认值，除非安装的PCI扩展卡规格要求其他设置。

12. PRIMARY GRAPHICS ADAPTER（第一位显示适配器）

用于指定多显卡系统中的主显卡。

13. AGP DATA RATE（AGP数据传输率）

默认设置为[Auto]。可以为AGP3.0 显卡选择[8X]或[4X]，为AGP2.0显卡选择[4X]，[2X]，[1X]之中的任一项。

14. AGP FAST WRITE（AGP快速写入）

此项允许用户打开或关闭这个支持AGP快速写入协议的特性。

【板载设备特性设置】

1. ONBOARD FDC（板载软驱控制器）

使用此项打开或关闭软驱控制器。

2. ONBOARD SERIAL PORT（板载串行端口）

使用此项设定板载串行端口的地址或者关闭串行端口。预设选项包括：[Auto]，[Disabled]，[3F8/IRQ4/COM1]，[2F8/IRQ3/COM2]，[3E8/IRQ4/COM3]，[2E8/IRQ3/COM4]。

3. ONBOARD INFRARED PORT（板载红外线端口）

此项允许用户为板载红外线端口特性选用[ENABLED]（打开）或者[Disabled]（关闭）。

4. ONBOARD PARALLEL PORT（板载并行端口）

选择并行端口的地址或者关闭并行端口。预设选项包括：[AUTO]，[Disabled]，[378]，[278]。

5. PARALLEL PORT MODE（并行端口模式）

用户可设置并行端口的运行模式。默认值为[ECP+ EPP]。如果此选项被设置为[ECP+EPP]，在“EPP Version”选项中将会显示EPP版本。

6. ONBOARD MIDI PORT（板载MIDI端口）

选择MIDI端口的地址或者关闭MIDI端口。预设选项包括：[Disabled]，[330]，[300]。

7. Midi IRQ Select（Midi IRQ选择）

使用此项选择Midi IRQ。

8. ONBOARD GAME PORT（板载GAME端口）

选择GAME端口的地址或者关闭GAME端口。预设选项包括：[Disabled]，[200]，[208]。

9. ONBOARD IDE（板载IDE）

设定板载IDE通道启用或关闭。预设选项包括：[DISABLED]，[Primary]，[Secondary]，[Both]。选择[Both]同时使用两个IDE通道设定[DISABLED] 将会禁用两者。

10. ONBOARD LAN（板载网卡）

此项允许用户打开或关闭板载网卡功能。

11. ONBOARD AC'97 AUDIO（板载AC'97 音效）

为板载AC'97 音效选择[Disabled]，[Auto]或[Enabled]。

12. ONBOARD MC'97 MODEM（板载MC'97 调制解调器）

为板载MC'97调制解调器选择[Disabled]，[Auto]或[Enabled]。

【其他设置项目】

1. SUPERVISOR PASSWORD（管理员密码）

这里显示管理员密码的设置情况。[CLEAR]表示当前未设置管理员密码。[SET] 表示当前已设置管理员密码。

2. SET SUPERVISOR PASSWORD（设置管理员密码）

设置管理员密码。有效的密码可以是字母、数字或符号的组合。如果已经设有密码，再次设置则可以更改密码。

3. PASSWORD CHECK（检查密码）

为所设置的密码指定核对时间。预设选项包括 [Setup]，[Always]。

如果选定[Setup]，则在进入BIOS设置之前要求核对密码。如果选择[ALWAYS]，那么在每次系统启动和进入BIOS设置两者之前均要求核对密码。

4. EXIT SAVING CHANGES（保存更改并退出）

保存当前设置并退出BIOS设置程序。

5. EXIT DISCARDING CHANGES（放弃更改并退出）

不变更任何设置并退出BIOS设置程序。

6. LOAD DEFAULT SETTINGS（载入默认设置）

将会调用所有选项的默认值。

附录 B
常见 CPU 品牌及规格

英特尔　　　　超微

Intel系列

CPU型号	接口	主频	FSB	电压	二级缓存	TDP
CELERON 2.8	SOCKET478	2.8GHz	400MHz	1.525V	128KB	68.4W
CELERON D 356	LGA775	3.33GHz	533MHz	1.25~1.4V	512KB	86W
P4 2.4E	SOCKET478	2.4GHz	800MHz	1.5V	1MB	89W
P4 630	LGA775	3.0GHz	800MHz	1.25~1.4V	2MB	84W
PD 940	LGA775	3.2GHz × 2	800MHz	1.25~1.4V	4MB	130W

CPU型号	接口	主频	制作工艺	内核电压	二级缓存	核心数
CORE 2 E7500	LGA775	2930MHZ	45nm	0.85~1.3625V	2MB	2
CORE 2 X9650	LGA775	3000MHz	45nm	0.85~1.3625V	12MB	4
CORE i3 2100	LGA 1155	3100MHz	32 nm	1.152V	2 × 256KB	4
CORE i5 2500K	LGA 1155	3300MHz	32 nm	1.056V	4 × 256KB	4
CORE i7 3960X	LGA 2011	3300MHz	32 nm	1.248V	6 × 256KB	6

AMD系列

CPU型号	接口	主频	倍频	FSB	电压	二级缓存	TDP
Duron 1.8	Socket A	1.8GHz	13.5	266MHz	1.5V	64KB	57W
Sempron 3400+	SocketAM2	1.8GHz	9	800MHz	1.25~1.4V	256KB	35W
Athlon 1.4	SocketA	1.4GHz	10.5	266MHz	1.75V	256KB	72W
Athlon 64 3500+	SocketAM2	2.2GHz	11	1000MHz	1.25~1.4V	512KB	62W
Athlon 64×2 4200+	SocketAM2	2.2GHz	11	1000MHz	1.3~1.35V	512KB ×2	65W
Athlon 64×2 4800+	SocketAM2	2.5GHz	12.5	1000MHz	1.3V	1MB×2	65W

CPU型号	接口	主频	制作工艺	核心数	二级缓存	TDP
Athlon IIX4 640	Socket AM3	3.0GHz	45nm	4	4×512K	95W
Phenom IIX2 550	Socket AM3	3.1GHz	45nm	2	2×512K	80W
Phenom IIX3 710	Socket AM3	2.6GHz	45nm	3	3×512K	80W
Phenom IIX4 945	Socket AM3	3.0GHz	45nm	4	4×512K	125W
Phenom IIX6 1090T	Socket AM3	3.2GHz	45nm	6	6×512K	125W

附录 C
常见内存条品牌与规格

宇瞻　现代　胜创　金士顿

海盗船　三星　黑金刚　金邦

威刚　金泰克　超胜　创见

DDR SDRAM系列

型号	容量	主频	内存传输标准	针脚数	电压
DDR266	128M、256M、512M	266MHz	PC2100	184	2.5V
DDR333	128M、256M、512M	333MHz	PC2700	184	2.5V
DDR400	128M、256M、512M、1G	400MHz	PC3200	184	2.5V

DDR2 SDRAM系列

型号	容量	主频	内存传输标准	针脚数	电压
DDR2-400	256M、512M、1G	400MHz	PC2-3200	240	1.8V
DDR2-533	256M、512M、1G	533MHz	PC2-4200	240	1.8V
DDR2-667	256M、512M、1G	667MHz	PC2-5300	240	1.8V
DDR2-800	256M、512M、1G	800MHz	Pc2-6400	240	1.8V

DDR3 SDRAM系列

型号	容量	主频	内存传输标准	针脚数	电压
DDR3-1066	1G、2G	1066MHz	PC3-8500	240	1.5V
DDR3-1333	1G、2G	1333MHz	PC3-10600	240	1.5~1.75V
DDR3-1600	1G、2G	667MHz	PC3-12800	240	1.5~1.75V
DDR3-1800	1G、2G	800MHz	Pc3-14400	240	1.65V

附录 D
常见主板品牌

华硕　华擎　映泰

七彩虹　精英　微星

富士康　技嘉　磐正

昂达　斯巴达克　捷波　双敏

铭瑄　梅捷

附录 E

常见配件及外设品牌

显卡类

华硕　七彩虹　影驰　昂达

翔升　盈通　铭瑄　丽台

双敏　讯景　微星　蓝宝　艾尔莎

映众　盈通　小影霸　蓝宝

耕昇

显示器类

戴尔 明基 LG 飞利浦 三星

优派

硬盘类

日立 迈拓 三星 希捷 WD（西部数据）

光盘驱动器类

爱国者 明基 三星 飞利浦 台电

华硕 先锋 索尼 LG NEC

机箱电源类

爱国者 长城 航嘉 鑫谷

金河田 富士康 多彩 华硕

键盘鼠标类

明基 罗技 双飞燕 微软 创见现代

多彩

打印机类

佳能 爱普生 惠普 联想 利盟

OKI

扫描仪类

佳能 爱普生 惠普 中晶 明基

方正 清华紫光 吉星国际 柯达

UPS类

艾普斯 山特 梅兰日兰 山顿

德国朗 艾默生

附录 F
《计算机组装与维修》统测试卷

《计算机组装与维修》统测试卷 1

（满分 100 分，考试时间 100 分钟）

题号	一	二	三	四	五	总分
得分						

得分	评卷人

一、单项选择题（每题1分，共40分）

1. 符合PC 99规范的键盘接口通常为（　　）。

A. 淡绿色　　B.紫色　　C. 天蓝色　　D. 黄色

2. 以下图片是哪个生产厂商的标识？（　　）

ASUS

A. 华为　　B. 华硕　　C. 微星　　D. 华擎

3. 下列哪个网站是计算机产品介绍的专门网站？（　　）

A. http：//www.taobao.com　　B. http：//www.126.com

C. http：//www.zol.com.cn　　D. http：//www.google.com

4. 图中A所指接口为（　　）。

A. RJ-45接口　　B. COM口　　C. 并口　　D. PS/2接口

5. 根据国家三包规定，计算机产品应实行（　　）。

A. 7天包退，30天包换　　B. 30天包退，1年包换

C. 7天包退，15天包换　　D. 30天包退，90天包换

6. 下列是内存生产厂商的有（　　）。

A. KINGMAX　　B. SONY　　C. AGFA　　D. Canon

7. 机箱内部直流电压最高为(　　)V，因此对操作者是比较安全的。

A. 16　　B. 36　　C. 12　　D. 5

8. DDRII内存接口通常为(　　)脚。

A. 180　　B. 128　　C. 240　　D. 72

9. 目前主板的电源接口通常是(　　)。

A. 12针　　B. 20或24针　　C. 40针　　D. 80针

10. 下图是机箱面板连线的连接示意图，图中RST表示(　　)。

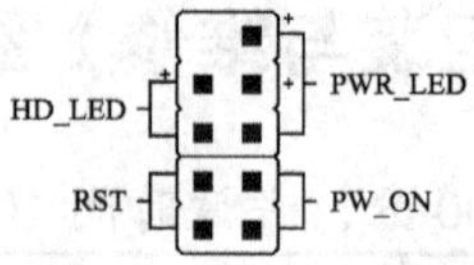

A. 电源指示灯　　B. 硬盘指示灯　　C. 电源　　D. 重启

11. 下列接口中哪一个是目前AMD CPU的主要接口类型？(　　)

A. Socket 478　　B. LGA 775　　C. AM2　　D. Socket 423

12. 一般来说，安装CPU时需将ZIP插座拉杆推至(　　)度，以保证CPU能正确安装。

A. 90°　　B. 45°　　C. 180°　　D. 360°

13. 目前使用的内存插槽多是(　　)类型。

A. DIMM　　B. SIMM　　C. FSB　　D. ATX

14. 下图的说明文字中描述的技术目前主要应用于哪类设备？(　　)

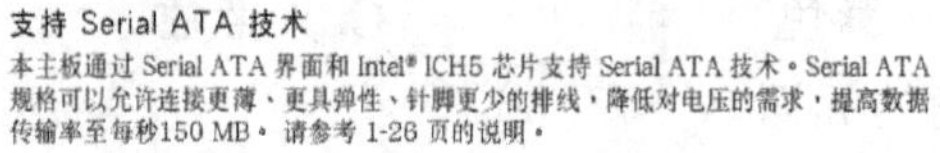
支持 Serial ATA 技术

本主板通过 Serial ATA 界面和 Intel® ICH5 芯片支持 Serial ATA 技术。Serial ATA 规格可以允许连接更薄、更具弹性、针脚更少的排线，降低对电压的需求，提高数据传输率至每秒150 MB。请参考 1-26 页的说明。

A. 硬盘　　B. 键盘　　C. CPU　　D. 内存

15. COMBO光驱可以写(　　)盘片。

A. CD-RW　B. CD-ROM　C. DVD-R　D. DVD+R

16. 下列哪个厂商主要生产显示芯片？(　　)

A. Epson　　B. nVIDIA　　C. Kingston　　D. Seagate

17. 下面关于LCD显示器的说法正确的是(　　)。

A. LCD显示器不能用力按压屏幕表面。

B. LCD显示器的平均使用寿命长于CRT显示器。

C. LCD显示器的分辨率调得越高，显示效果越清晰。

D. LCD显示器采用阴极射线管工作方式。

18. 人体工程学键盘最早是由(　　)推出的。

A. 微星　　B. 爱国者　　C. 罗技　　D. 微软

19. 在AWARD BIOS的设置中，当要激活某项功能时，通常选择将该项的值设为(　　)。

A. DISABLED　　B. ENABLED　　C. RUN　　D. DEVICE

20. 一般可在主板上的PCI-E × 16插槽上安装的设备是(　　)。

A. 显卡　　B. 网卡　　C. 声卡　　D. 硬盘

21. 一般来说，CRT显示器的屏幕刷新频率处于(　　　)，眼睛无明显闪烁感。

A. 10Hz左右　　B. 70Hz左右　　C. 40Hz左右　　D. 200Hz左右

22. 通过下图可以发现，CPU实际主频约为(　　　)。

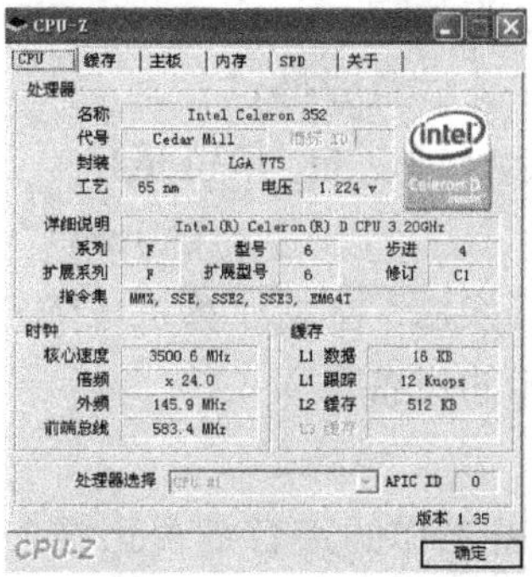

A. 145MHz　　B. 583MHz　　C. 3.2GHz　　D. 3.5GHz

23. 下面哪一种格式的DVD光盘的容量最大？（　　　）

A. DVD-5　　B. DVD-9　　C. DVD-10　　D. DVD-18

24. 下列哪个软件可实现硬盘分区容量的动态无损调节？（　　　）

A. DM　　B. fdisk

C. ipconfig　　D. PQmagic（分区魔术师）

25. 当对一块新硬盘进行分区操作完毕后，应选择哪项以激活分区？（　　　）

A. 1　　B. 2　　C. 3　　D. 4

26. 在AWARD类BIOS设置时，退出时可按(　　　)键保存退出。

A. DEL　　B. F5　　C. F10　　D. Ctrl+S

27. 安装Windows XP时要求设置管理员密码，最安全的方案是(　　　)。

A. 不用设置，使用空密码

B. 使用自己的生日

C. 使用杂乱无规律的数字设置多位密码

D. 使用数字、大写字符、小写字符设置多位密码

28. 下列哪一个不是杀毒软件？（　　　）

A. Norton Anti-virus　　B. 卡巴斯基　　C. 金山毒霸　　D. 天网

29. 通常可以使用下列哪个Windows自带工具来设置Windows启动参数？（　　　）

A. ipconfig　　B. msconfig　　C. taskman　　D. ping

30. 利用Ghost软件制作的硬盘分区镜像文件的扩展名为(　　　)。

A. .exe　　B. .gst　　C. .gho　　D. bak

31. 下列哪种做法是正确的？（　　）。

A. 用酒精等有机溶剂清理键帽上的污迹

B. 开机噪声较大时为CPU风扇添加润滑油

C. 用指甲抠去LCD显示器屏幕上的污物

D. 机器工作时用湿抹布擦拭CRT显示器屏幕

32. SCSI硬盘的转速通常为10000转/分钟以上，单位是（　　）

A. tpi　　B. bpi　　C. rpm　　D. mtbf

33. 以下哪一个选项是采用“硬件替换法”检测计算机故障？（　　）

A. 使用正常设备替换怀疑有故障的设备

B. 闻主机内是否有烧焦的气味

C. 听听硬盘、光驱、显示器等设备工作的声音是否正常

D. 系统运行时用手触摸或靠近CPU、显卡等设备，查看其温度是否正常

34. 如开机时出现内存出错报警声，一般先进行的处理是（　　）。

A. 添加内存条形成偶数根

B. 将内存条取下，用橡皮擦试金手指，然后再将内存条插紧，开机再试

C. 在CMOS中修改内存参数

D. 将内存条取下，用水洗净，然后再将内存条插紧，开机再试

35. 如果要卸载某个应用软件，下面方法正确的是（　　）。

A. 在桌面上找到该应用软件的图标，删除即可

B. 在“开始”菜单的“程序”中找到此应用程序后单击鼠标右键，在弹出的快捷菜单中选择“删除”命令

C. 在该应用软件的安装文件夹中，删除主.exe文件即可

D. 利用“控制面板”窗口的“添加/删除程序”来卸载

36. LCD的亮度单位为（　　）。

A. ℃　　B. CD/m^2　　C. PPM　　D. BPI

37. 如硬盘中需存放单个容量大于4GB的文件，则需要采用（　　）分区格式。

A. FAT16　　B. FAT32　　C. NTFS　　D. HDPS

38. 使用AWARD BIOS的机器在启动时出现一长两短的叫声表示（　　）故障。

A. CPU　　B. 显卡或显示器　　C. 内存　　D. 主板

39. 下列哪种做法有利计算机使用的安全性？（　　）

A. 操作系统安装完毕后禁用Guest用户

B. 关闭系统还原与系统特效

C. 将所有密码都设为统一的一个

D. 关闭Windows操作系统中的“自动更新”选项

40. 下列哪个程序可以有效消除磁盘上的文件碎片？（　　）

A. 磁盘清理　　B. 备份　　C. 系统还原　　D. 磁盘碎片整理

得分	评卷人

二、判断题（每题1分，共15分）

（　　）41. 通常所说CPU制造工艺“××微米”值越大越好。

（　　）42. 鼠标的解析度越高，鼠标会越敏感。

（　　）43. 在安装Windows XP+Windows 98双操作系统时，应先安装Windows XP，再安装Windows 98操作系统。

（　　）44. 软声卡就是集成声卡，通常性能较差。

（　　）45. 我们通常所说的网卡物理地址是指MAC地址。

（　　）46. 安装CPU时如遇较大阻力，可轻轻用力下压以安装到位。

（　　）47. 双通道内存是一种特殊的内存，经专门设计，可有效提高传输速率。

（　　）48. 扫描仪的内插分辨率越高，则扫描仪性能越好。

（　　）49. 在CPU表面涂抹硅脂，可将CPU与散热器接触面之间的空气挤出，有利于热量排放。

（　　）50. 为了有利于保护软件版权，DVD采用分区制，将全球分为6个系统区域，各区之间DVD不能通用，中国位于第6区。

（　　）51. 声卡的采样频率越大，则采样生成的文件质量越高，占用存储空间也越小。

（　　）52. 同尺寸的LCD显示器可视面积要比CRT显示器大。

（　　）53. 查找计算机故障的一般原则是“先软后硬、先外后内”。

（　　）54. 3DNOW！ 指令集由Intel公司提出的，并被广泛应用于现代微处理器中。

（　　）55. CRT显示器的刷新率越高，则屏幕画面看起来就越柔和，越无闪烁。

得分	评卷人

三、填空题（每空1.5分，共12分）

56. 通常CPU插座采用ZIF设计，ZIF是指____________________。
57. 采用AWARD BIOS的计算机欲对CMOS参数进行设置可在开机时按________键以进入设置程序。
58. 标称16×的DVD数据传输速率为________KB/s。
59. 采用AWARD BIOS的机器在开机时不断长声鸣叫，则可能的故障部位是________。
60. 在从光盘安装Widows的过程中，启动计算机后，会看到屏幕上显示“Press any key to boot from CD”，此时用户应________。
61. 一般来说，符合DVD-5标准的DVD盘片容量为________。
62. www.mydrivers.com是一个专门提供________下载的网站。
63. 要修改系统注册表键值可在“运行”里输入________。

得分	评卷人

四、简答题（共18分）

64. 根据日常经验，写出至少四个较为著名的品牌机生产厂商。（4分）
65. 开机时屏幕出现如下错误提示，请写出错误原因及解决方法。（2分）

`Primary IDE Channel no 80 conductor cable install`

66. 随着互联网的发展，病毒、木马、恶意软件、网络犯罪等的危害也日益明显，同时也给我们带来巨大的损失，请结合自己的实际情况，列出至少四条你认为有利于计算机安全的安装习惯或使用习惯。（4分）

（例如：应定期使用防杀病毒软件扫描系统，并及时更新最新病毒包）

67. 根据下图判断在A、B处应如何填写？（2分）

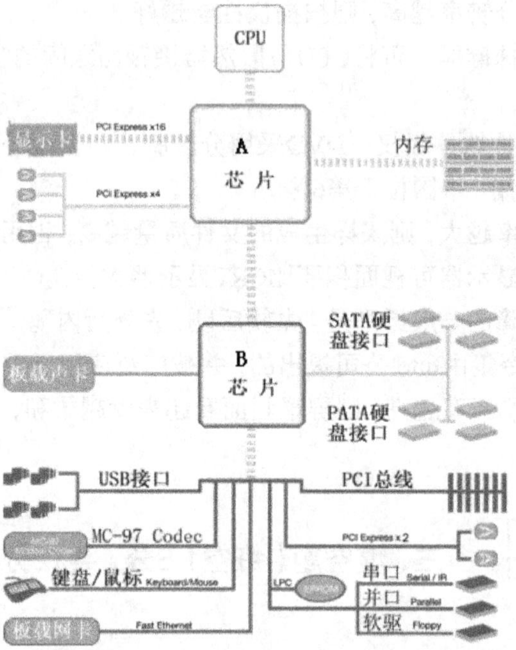

68. 一台机器，曾经设置了CMOS密码，一段时间后忘记了密码，下图是该机器主板说明书中的参考图片，请简述解决该问题的操作步骤。（2分）

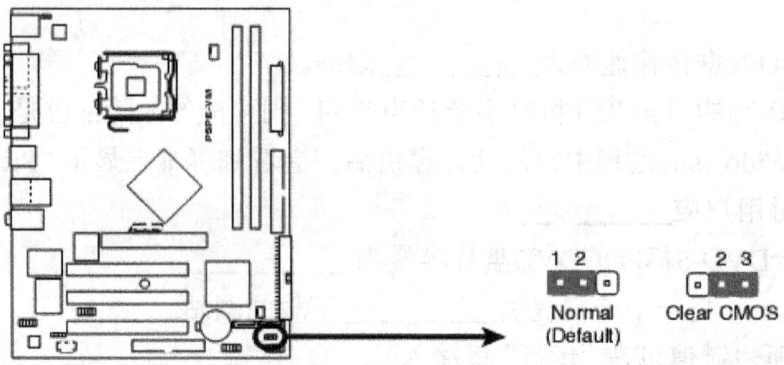

69. 简述选购硬盘时应注意的性能指标。（4分）

得分	评卷人

五、应用题（共15分）

70. 请写出至少三条计算机硬件保养的良好习惯。（3分）

71. 将故障原因编号填入与之相对应的故障现象括号内。（5分）

故障现象	故障原因及编号
运行大程序时提示内存不足（　　）	1. 声卡驱动程序未安装或出错
系统CMOS设置不能保留，关机即消失（　　）	2. 虚拟内存所在盘空间太小
新装机器使用PS/2键盘鼠标，安装好后键盘鼠标均无法使用（　　）	3. 主板电容爆浆
老机器经常出现死机或蓝屏（　　）	4. CMOS电池没电
声卡正常而计算机无声（　　）	5. 键盘鼠标插反

72. 购置计算机之前，我们应详细考虑顾客配机的需求与使用环境，现假设需配置多台网吧游戏用机，请写出至少三条需考虑的因素及配置要求。（3分）

（例：网吧游戏用机需考虑3D游戏速度及效果，因此应注意显卡3D性能。）

73. 仔细观察下图主板标识，该主板的构造对选择其他配件有一定的限制要求，写出至少两处。（4分）

（例：该主板要求配置的显卡必须是AGP接口类型）

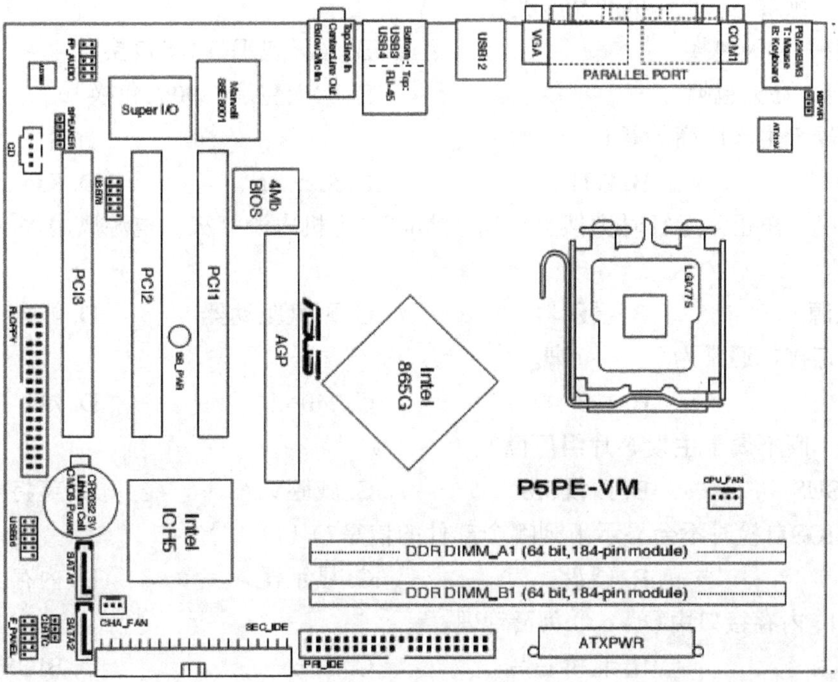

《计算机组装与维修》统测试卷 2

（满分 100 分，考试时间 100 分钟）

题号	一	二	三	四	五	总分
得分						

得分	评卷人

一、单项选择题（每题1分，共40分）

1. 符合PC 99规范的声卡音频输出接口通常为（　　）。
   A. 淡绿色　　B. 粉红色　　C. 天蓝色　　D. 黄色
2. 以下设备不是输入设备的是（　　）。
   A. 扫描仪　　B. 键盘　　C. 鼠标　　D. 绘图仪
3. 下列哪个网站不是计算机产品介绍的专门网站？（　）
   A. http: //www.pconline.com.cn　　B. http: //www.yesky.com
   C. http: //www.zol.com.cn　　D. http: //www.google.com
4. 因特网服务提供商的英文简写是（　　）。
   A. IT　　B. ISP　　C. WWW　　D. LCD
5. 根据国家三包规定，计算机产品应实行（　　）。
   A. 7天包退，30天包换　　B. 30天包退，1年包换
   C. 7天包退，15天包换　　D. 30天包退，90天包换
6. 下列不是硬盘生产厂商的是（　　）。
   A. Seagate　　B. WD　　C. Maxtor　　D. Kingmax
7. 一台计算机，在正常运行时突然显示器“黑屏”，主机电源灯灭，电源风扇停转，试判断故障部位为（　　）。
   A. 主机电源　　B. 显示器　　C. 硬盘驱动器　　D. 显卡
8. DDR II内存接口通常为（　　）脚。
   A. 180　　B. 128　　C. 240　　D. 72
9. 以下哪个厂商不属于主板芯片组厂商？（　　）
   A. 华硕ASUS　　B. 矽统SIS　　C. 威胜VIA　　D. 英特尔Intel
10. 在系统BIOS自检时不会显示下列哪个部件的信息？（　　）
    A. CPU　　B. 硬盘　　C. 显示器　　D. 内存
11. CPU接口、内存接口由（　　）负责管理。
    A. 南桥芯片　　B. 北桥芯片　　C. CPU　　D. BIOS

12. 某多媒体计算机在Windows启动后，音箱没有发声，右下角的任务栏托盘上的小喇叭的右下方出现一个红色的禁止图标，这最可能是（　　）。

A. 音箱坏了或者音箱电源未打开

B. 音箱音频线未插在声卡上或插错了

C. 声卡的驱动程序未安装或声卡坏了

D. 音量控制选项里“全部静音”前的小勾被选中

13. “775 CPU”中的775指（　　）。

A. CPU接口类型　　B. 主芯片组型号　　C. 硬盘类型　　D. 内存类型

14. 计算机内部使用的直流电压一般不超过（　　）。

A. 220V　　B. 12V　　C. 36V　　D. 110V

15. 下列是杀毒软件的为（　　）。

A. 超级解霸　　B. Fdisk　　C. 卡巴斯基　　D. Norton Ghost

16. 数码相机、MP3等设备通常可连接在（　　）接口上。

A. COM1　　B. COM2　　C. PS/2　　D. USB

17. 下面关于计算机系统说法是正确的是（　　）。

A. 计算机系统由主机和外部设备组成。

B. 计算机系统由CPU、内存、输入设备、输出设备和外部存储器组成。

C. 计算机系统由软件系统和硬件系统组成。

D. 计算机系统由控制器、运算器、存储器、输入设备和输出设备组成。

18. 打印机的打印速度通常用ppm来表示，单位ppm指（　　）。

A. 每分钟打印的字数　　B. 每分钟打印的行数

C. 每分钟打印的页数　　D. 每秒钟的打印页数

19. 某个用户把自己使用的2.0的有源音箱换成了2.1的有源音箱，那么（　　）。

A. 音箱从数量上来讲，少了一个　　B. 音箱从数量上来讲，多了一个

C. 音箱要连在PC的Line In上　　D. 音箱要连接在PC的Mic In上

20. 一般可在主板上的PCI-E × 16插槽上安装的设备是（　　）。

A. 显卡　　B. 网卡　　C. 声卡　　D. 硬盘

21. 一般来说，CRT显示器的屏幕刷新频率处于（　　），眼睛无明显闪烁感。

A. 10Hz左右　　B. 70Hz左右　　C. 40Hz左右　　D. 200Hz左右

22. 下图是一块（　　）。

A. 声卡　　B. 显卡　　C. 网卡　　D. MODEM

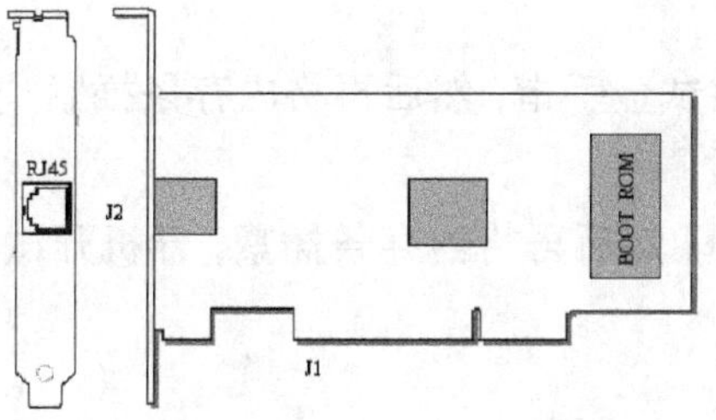

23. 下面哪一种格式的DVD光盘的容量最大（ ）。

A. DVD-5　B. DVD-9　C. DVD-10　D. DVD-18

24. 下列厂商中（ ）是Celeron（赛扬）CPU的生产厂商。

A. AMD　B. Intel　C. SIS　D. VIA

25. 彩色CRT显示器的三原色中不包括下列哪种颜色？（ ）

A. 红色　B. 绿色　C. 蓝色　D. 黄色

26. 在AWARD类BIOS设置时，退出时可按（ ）键保存退出。

A. F1　B. F5　C. F10　D. CTRL+S

27. 在使用最小系统法检测系统故障时，以下哪个部件不是必需的？（ ）

A. 主板　B. 内存　C. CPU　D. 硬盘

28. 一台机器，原先工作正常，当在光驱中放入光盘片并开始读盘时，机器突然重新启动，请问最有可能的故障部位是（ ）。

A. 电源　B. 光驱　C. 显示器　D. 散热器

29. 通常所说的"945主板"中的"945"指（ ）。

A. CPU接口类型　B. 主板芯片组型号　C. 硬盘类型　D. 内存类型

30. 图中A标志处是（ ）接口。

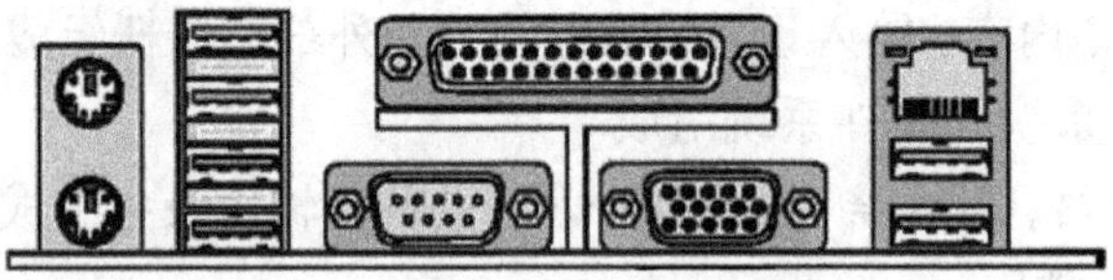

A. 并行　B. 串行　C. 显示器　D. USB

31. UPS是（ ）。

A. 控制器　B. 不间断电源　C. 存储器　D. 运算器

32. SCSI硬盘的转速通常为10000转/分钟以上，单位是（ ）。

A. tpi　B. bpi　C. rpm　D. mtbf

33. 以下哪一个选项不属于"观察法"检测计算机故障？（ ）

A. 使用正常设备替换怀疑有故障的设备

B. 闻主机内是否有烧焦的气味

C. 听听硬盘、光驱、显示器等设备工作的声音是否正常

D. 系统运行时用手触摸或靠近CPU、显卡、硬盘和芯片等设备的外壳，查看其温度是否正常

34. 如开机时出现内存出错报警声，一般可先进行的处理是（ ）。

A. 添加内存条形成偶数根

B. 将内存条取下，用橡皮擦试金手指，然后再将内存条插紧，开机再试

C. 在CMOS中修改内存参数

D. 将内存条取下，用水洗净，然后再将内存条插紧，开机开试

35. 如果要卸载某个应用软件，下面方法正确的是（　　）。

A. 在桌面上找到该应用软件的图标，删除即可

B. 在“开始”菜单的“程序”中找到此应用程序后右击，在快捷菜单中选择“删除”即可

C. 在该应用软件的安装文件夹中，删除主.exe文件即可

D. 利用“控制面板”窗口的“添加/删除程序”来卸载

36. LCD显示器的亮度单位为（　　）。

A. ℃　　B. CD/m^2　　C. PPM　　D. BPI

37. 一台机器，屏幕上随机出现花屏现象，可能的故障部位是（　　）。

A. 显示器　　B. 显卡　　C. 硬盘　　D. CPU

38. 计算机主板上的“FAN”字样是指（　　）。

A. 风扇　　B. CPU类型　　C. 内存类型　　D. 主板类型

39. 3DNOW！指令集由（　　）公司提出的，并被广泛应用于微处理器中。

A. AMD　　B. IBM　　C. Intel　　D. CYRIX

40. 下列哪个程序可以有效消除磁盘上的文件碎片？（　　）

A. 磁盘清理　　B. 备份　　C. 辅助工具管理器　　D. 磁盘碎片整理

得分	评卷人

二、判断题（每题1分，共15分）

（　　）41. 使用PS/2接口的键盘与鼠标时，由于同为PS/2接口，因此可以随意接插。

（　　）42. 只有硬件故障才能造成计算机不能正常工作。

（　　）43. 计算机长期不使用可有效减少部件损耗，有利于延长使用寿命。

（　　）44. 计算机使用完毕后直接关闭电源会对软硬件造成不良影响。

（　　）45. 我们通常所说的IP地址指网卡的物理地址。

（　　）46. CPU内的缓存速度要高于内存运行速度。

（　　）47. 某些计算机病毒可以直接损坏计算机硬件。

（　　）48. 震动易导致硬盘损坏，因此应将硬盘稳定地固定在机箱上。

（　　）49. USB接口可以支持热插拔，因此在U盘指示灯亮着时，可以将U盘直接拔下。

（　　）50. DVD 驱动器可以读CD-ROM、CD-R 、CD-RW上的数据。

（　　）51. 硬盘盘片一般由涂有磁层的铝合金材料制成。

（　　）52. ATX主板电源接口插座一般为双排20针或24针。

（　　）53. CRT显示器屏幕上的污迹可在开机状态下直接用湿抹布擦拭。

（　　）54. 一LCD显示器有极少数点无论在什么图象下都显示黑色，这是正常现象。

（　　）55. 同一设备在不同的操作系统下有不同的驱动程序。

得分	评卷人

三、填空题（每空1.5分，共12分）

56. 放完暑假后，机房有部分机器开机不亮，你认为最有可能是什么原因？__________。
57. 目前主流的数字摄像头主要采用__________接口类型。
58. 网上下载程序时的速度单位bps的中文含义为__________。
59. 显示器的分辨率是指屏幕上每行每列分别有多少个__________。
60. 由于目前的CPU绝大多数均锁定倍频系数，因此为CPU超频时通常可调整CPU的__________。
61. 为保证较好的本地安全性和提高磁盘利用率，建议在安装Windows XP时选择磁盘分区格式为__________。
62. 主机面板连线中的POWER LED表示__________。
63. 把一块怀疑有问题的显卡插到一台正常的计算机里测试，这个方法叫__________。

得分	评卷人

四、简答题（共19分）

64. 1965年，英特尔（Intel）名誉董事长戈登·摩尔（Gordon Moore）经过长期观察，提出了“摩尔定律”，请简述摩尔定律内容。（2分）
65. 根据日常经验，写出组装一台计算机一般需要哪些配件。（各配件可只写名称、无需写出具体规格，5分）
66. 截至2007年6月，我国互联网用户已经从2001年的2650万激增到目前的1.62亿，而随着互联网的发展，种种网络病毒、网络犯罪也伴随而来，对企业和个人造成的影响和损失越来越明显，结合自己的实际情况，列出至少四条你认为有利于计算机安全的安装习惯或使用习惯。（4分）

（例如：操作系统安装完成后应及时安装防杀病毒软件，并及时更新。）

67. 简述选购内存时应注意的性能指标。（3分）
68. 请简要阐述“集成显卡”、“独立显卡”、“独立显存显卡”的区别。（3分）
69. 简要说明高速缓冲存储器（Cache）的作用。（2分）

得分	评卷人

五、应用题（共14分）

70. 根据下图判断是何种设备，并写出具体型号与相关指标。（2分）

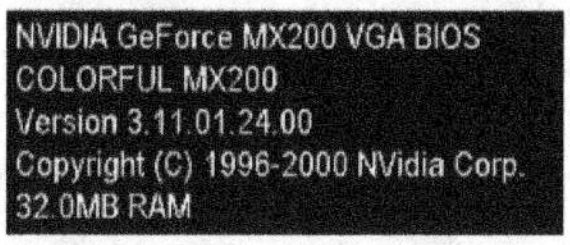

71. 如果要求所使用的显示器在分辨率为1600×1200情况下，刷新率达75Hz，则需要的显示器带宽不能低于多少？（5分）

72. 配置一台计算机之前，我们应详细了解配件及相关信息，请写出至少三种寻找信息的方法。（3分）

73. 下列PC机系统的安装步骤合理排序为__________。（4分）

A. 连接好市电，开机并启动CMOS SETUP设置硬盘等系统硬件配置参数
B. 将主板放入机箱，连接主板电源线，插好显卡、声卡和网卡等
C. 连接好显示器、键盘、鼠标、音箱和网线等
D. 连接主板与机箱面板的PC扬声器、复位按钮、电源开关和指示灯、硬盘指示灯等
E. 将CPU和内存条安装到主板上并设置CPU类型、电源、外频、倍频和其他跳线
F. 安装操作系统和所需应用软件
G. 安装好硬盘、软驱和光驱，连接其信号电缆和电源线
H. 用系统软盘启动，将硬盘分区和格式化

《计算机组装与维修》统测试卷 3

（满分 100 分，考试时间 100 分钟）

题号	一	二	三	四	五	总分
得分						

得分	评卷人

一、单项选择题（每题1分，共40分）

1. 以下图片反映的是主机背板上的哪种接口？（　　）

A. PS/2接口　　B. RJ-45接口　　C. USB接口　　D. D-SUB接口

2. 以下图片是哪个生产厂商的标识？（　　）MSI

A. 华为　　B. 华硕　　C. 微星　　D. 华擎

3. 下列哪个网站不是计算机产品介绍的专门网站？（　　）

A. http: //www.pconline.com.cn　　B. http: //www.yesky.com

C. http: //www.zol.com.cn　　D. http: //www.baidu.com

4. 因特网服务提供商的英文简写是（　　）。

A. IT　　B. ISP　　C. WWW　　D. LCD

5. 根据国家三包规定，计算机产品应实行7天包退，15天包换，（　）。

A. 主要部件一年保修，整机两年保修　　B. 整机一年保修，主要部件两年保修

C. 主要部件一年保修，整机一年保修　　D. 整机两年保修，主要部件两年保修

6. 下列哪个标识是电源生产厂商的？（　　）

A. Maxtor　　B. Huntkey 航嘉　　C. Seagate　　D. WD Western Digital

7. 以下哪个厂商不属于主板芯片组厂商？（　　）

A. 华硕ASUS　　B. 矽统SIS　　C. 威胜VIA　　D. 英特尔Intel

8. 下图中接口应连接何种接线？（　　）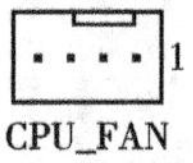

A. CPU风扇　　B. 电源风扇　　C. CPU指示灯　　D. 电源指示灯

9. 下图中（　　）是目前主板的CPU辅助电源接口示意图。

A. 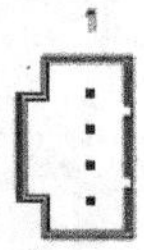

B. 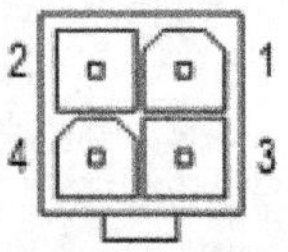

C. 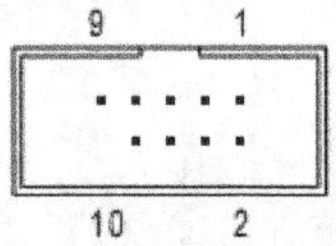

D. 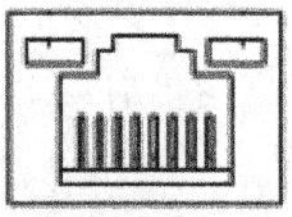

10. 下图是机箱面板连线的连接示意图，图中PWR_LED表示（　　）。

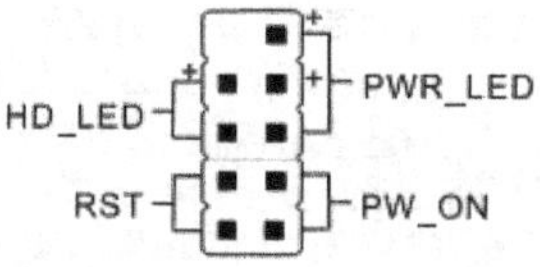

A. 电源指示灯　　B. 硬盘指示灯　　C. 电源　　D. 重启

11. 下列接口中哪一个是目前Intel CPU的主要接口类型？（　　）

A. Socket 478　　B. LGA775　　C. AM2　　D. Socket 423

12. 下图中接口的名称是（　　）。

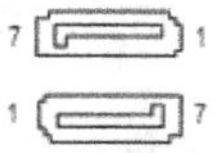

A. IDE　　B. SATA　　C. SCSI　　D. ATA

13. 目前使用的内存插槽多是（　　）类型。

A. DIMM　　B. SIMM　　C. FSB　　D. ATX

14. 一般来说，在系统属性的“设备管理器”中某项设备前出现黄色问号，表示（　　）。

A. 该设备不存在

B. 该设备目前被禁用

C. 未安装该设备驱动程序或者驱动程序安装不正确

D. 该设备工作正常

15. DVD-RW光驱不可以写（　　）盘片。

A. CD-RW　　B. CD-ROM　　C. DVD-R　　D. DVD+R

16. 下列哪个厂商主要生产显示芯片？（　　）

A. Epson　　B. Nvidia　　C. Kingston　　D. Seagate

17. 下面关于LCD显示器的说法正确的是（　　）。

A. LCD显示器不能用力按压屏幕表面

B. LCD显示器的平均使用寿命长于CRT显示器

C. LCD显示器的分辨率调得越高，显示效果越清晰

D. LCD显示器采用阴极射线管工作方式

18. 下面哪个公司不是键盘及鼠标产品的生产商？（　　）

A. BENQ　　B. 双飞燕　　C. 罗技　　D. 优派

19. 彩色CRT显示器的三原色中不包括下列哪种颜色？（　　）

A. 红色　　B. 绿色　　C. 蓝色　　D. 黄色

20. UPS是（　　）。

A. 控制器　　B. 不间断电源　　C. 存储器　　D. 运算器

21. 一般来说，CRT显示器的屏幕刷新频率处于（　　），眼睛无明显闪烁感。

A. 10Hz左右　　B. 40Hz左右　　C. 70Hz左右　　D. 200Hz左右

22. 通过观察下图发现该款CPU实际处于超频状态，它的标称主频约为（　　）。

A. 145MHz　　B. 583MHz　　C. 3.2GHz　　D. 3.5GHz

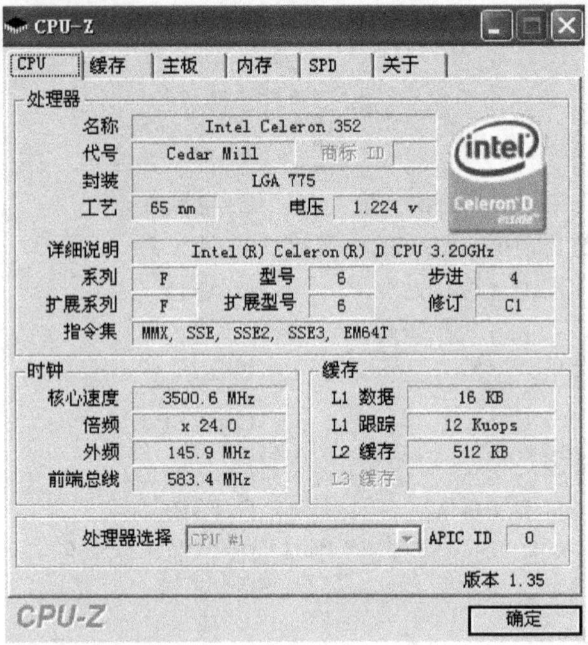

23. 下面哪一种规格的DVD光盘的容量为4.7GB？（　　）

A. DVD-5　　B. DVD-9　　C. DVD-10　　D. DVD-18

24. 下列哪个软件可实现硬盘分区容量的动态无损调节？（　　）

A. DM　　B. FDISK

C. ipconfig　　D. PartitionMagic（分区魔术师）

25. 在FDISK软件中，可选择下列哪一项进行分区信息的删除？（　　）

A. 1　　B. 2　　C. 3　　D. 4

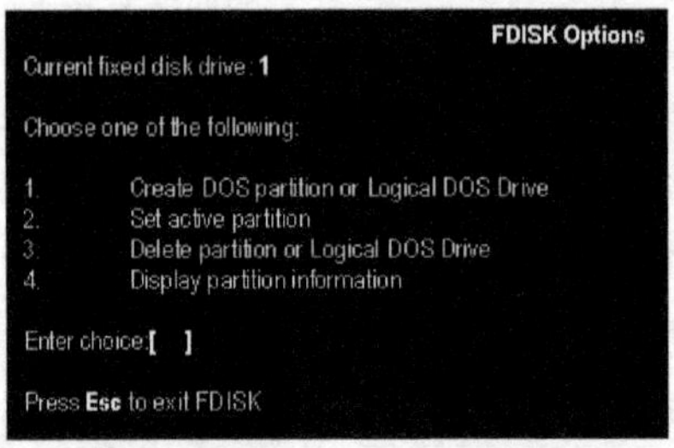

26. 设置AMI类BIOS时，通常可在启动时按（　　）键进入设置画面。

A. Del　　B. F2　　C. F10　　D. Ctrl+S

27. 在使用光驱进行光盘引导时，应将下列哪一项值设置为CDROM？（　　）

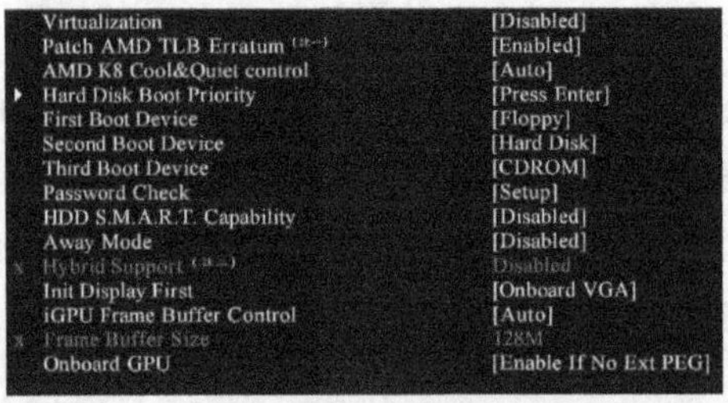

A. 不用设置，系统默认为CDROM启动　　B. Hard Disk Boot Priority

C. First Boot Device　　D. Onboard GPU

28. 下列哪一个不是杀毒软件？（　　）

A. Norton Anti-virus　　B. 卡巴斯基　　C. 金山毒霸　　D. 超级兔子

29. 通常可以使用下列哪个Windows自带工具来进行当前机器网卡IP地址等信息查询？（　　）

A. ipconfig　　B. msconfig　　C. taskman　　D. explorer

30. 利用Ghost软件制作的硬盘分区镜像文件的扩展名为(　　)。

A. .exe　　B. .gst　　C. .gho　　D. .bak

31. 如果某台机器总是开机一段时间后死机，关机一段时间后又能正常启动，故障原因很可能是(　　)。

A. CMOS设置错误　　B. CPU散热不良，导致CPU过热而自动保护

C. 计算机病毒　　D. 主板短路

32. 硬盘的转速指硬盘主轴马达的转速，目前常见的7200rpm硬盘是指硬盘的转速为(　　)。

A. 每秒种7200转　　B. 每小时7200转

C. 每分钟7200转　　D. 7200秒每转

33. 以下哪一个选项采用的是“硬件替换法”检测计算机故障？（　　）

A. 使用正常设备替换怀疑有故障的设备

B. 闻主机内是否有烧焦的气味

C. 听听硬盘、光驱、显示器等设备工作的声音是否正常

D. 系统运行时用手触摸或靠近CPU、显卡等设备，查看其温度是否正常

34. 某多媒体计算机在Windows启动后，音箱没有发声，右下角的任务栏托盘上的小喇叭右下方出现一个红色的禁止图标，这最可能是(　　)。

A. 音箱坏了或者音箱电源未打开

B. 音箱音频线未插在声卡上或插错了

C. 声卡的驱动程序未安装或声卡坏了

D. 音量控制选项里“全部静音”前的小勾被选中

35. 组装计算机大体上可分为四个步骤，下面哪种执行顺序是正确的？（　　）

A. 硬件组装→格式化硬盘→安装操作系统→分区硬盘

B. 硬件组装→安装操作系统→格式化硬盘→分区硬盘

C. 硬件组装→格式化硬盘→分区硬盘→安装操作系统

D. 硬件组装→分区硬盘→格式化硬盘→安装操作系统

36. 我的Windows系统用了很长时间，现在越来越慢，用杀毒软件也没发现病毒，想要进行硬盘整理工作，应使用(　　)。

A. “附件”→“系统工具”→“磁盘碎片整理程序”

B. “附件”→“系统工具”→“磁盘清理”

C. “控制面板”→“设备管理器”→“硬盘”

D. “附件”→“系统工具”→“备份”

37. 已知某款主板使用南北桥芯片组结构，如果某块芯片安装了散热片，则该芯片很可能是（　　）。

A. 南桥芯片　　B. 北桥芯片　　C. BMCH模块　　D. FWH模块

38. 使用AWARD BIOS的机器在启动时出现一长两短的叫声，表示（　　）故障。

A. CPU　　B. 显卡或显示器　　C. 内存　　D. 主板

39. 使用Ghost进行硬盘分区复制时，不同的菜单选项有各自不同的功能，以下的表述中错误的是（　　）。

A. TO Partition表示将一个分区的数据复制到另一个分区

B. TO Image表示将一个分区的数据复制到一个磁盘映像文件

C. From Image表示将一个映像文件的数据恢复到一个分区上

D. 选择Local→Check表示要对硬盘检查病毒

40. 接通电源后，计算机首先要进行设备检测，这称为（　　）。

A. 启动系统　　B. 系统引导　　C. 开机　　D. 系统自检

得分	评卷人

二、判断题（每题2分，共30分）

（　　）41. 通常所说CPU制造工艺“××微米”值越小越好。

（　　）42. 要修改系统注册表键值可在“运行”里输入regedit。

（　　）43. 计算机很长时间不使用也不好。

（　　）44. 电源和硬盘都是比较重的，因此在固定时要用粗纹螺钉来固定。

（　　）45. USB是通用串行总线，采用此接口技术的设备不支持热插拔。

（　　）46. 标称16×的DVD光驱比标称52×的CDROM数据传输率要低。

（　　）47. 双通道内存是一种特殊的内存，经专门设计，可有效提高传输速率。

（　　）48. 扫描仪的内插分辨率越高，扫描仪性能不一定越好。

（　　）49. 使用LCD显示器应尽量设置屏幕保护程序，以避免因长时间显示静止画面造成LCD显示屏的损坏。

（　　）50. 为了有利于保护软件版权，DVD采用分区制，将全球分为6个系统区域，各区之间DVD不能通用，中国位于第1区。

（　　）51. 理论上来说，任何一款硬件设备都必须安装驱动程序方可正常使用。

（　　）52. CRT显示器不能接受阳光直射。

（　　）53. 液晶显示器只能接收数字信号。

（　　）54. 网络设备与计算机之间的连接线与两台计算机之间的连接线制作上是相同的。

（　　）55. CRT显示器的刷新率越高，则屏幕画面看起来就越柔和，越无闪烁。

得分	评卷人

三、简答题（共17分）

56. 根据日常经验，写出至少两个著名的主板整合芯片组生产厂商。（2分）

57. 根据下图判断是何种设备，并写出具体型号。（2分）

58. 随着互联网的发展，病毒、木马、恶意软件、网络犯罪等的危害也日益明显，给我们带来巨大的损失，结合自己的实际情况，列出至少四条你认为有利于计算机安全的安装习惯或使用习惯。（4分）

（例如：应定期使用防杀病毒软件扫描系统，并及时更新最新病毒包）

59. 根据下图判断该主板采用何种BIOS？按何键可进入设置界面？（2分）

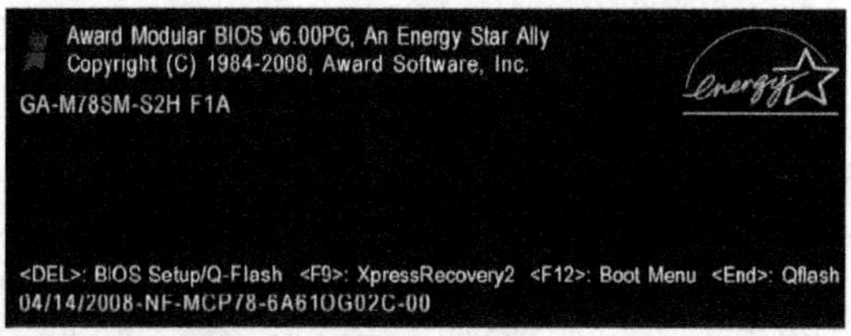

60. 一台机器，曾经设置了CMOS密码，一段时间后忘记了密码，下图是该机器主板说明书中的参考资料，请简述解决该问题的操作步骤。（3分）

21) CLR_CMOS (清除 CMOS 资料功能接脚)
利用此接脚可以将主板的 CMOS 资料（例如：日期及 BIOS 设定）清除，回到出厂设定值。

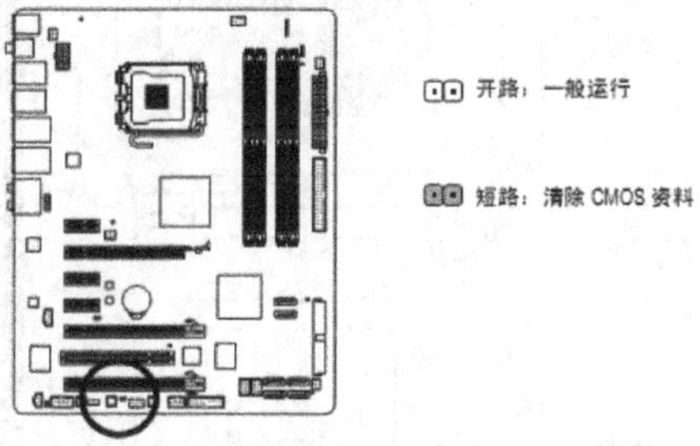

61. 简述选购机箱和电源时应注意的性能指标。（4分）

得分	评卷人

四、应用题（共13分）

62. 将故障原因编号填入与之相对应的故障现象括号内。（5分）

故障现象	故障原因及编号
计算机报无系统引导（ ）	1. CMOS中未设置硬盘
开机进入Windows颜色数少（ ）	2. 声卡驱动程序未安装或出错
声卡正常而计算机无声（ ）	3. CPU故障
系统CMOS设置不能保留，关机即消失（ ）	4. CMOS电池没电
开机黑屏且无叫声（ ）	5. 显卡驱动程序未安装或出错

63. 购置计算机之前，我们应详细考虑顾客配机的需求与使用环境，现假设需配置多台办公用计算机，请写出至少两条需考虑的因素及配置要求。（4分）

（例：办公计算机考虑到办公室使用环境，一般可配置耳机而不选用音箱）

64. 仔细观察下图主板标识，该主板的构造对选择其他配件有一定的限制要求，写出至少两处。（4分）

（例：该主板最多支持的内存条数量为2根）

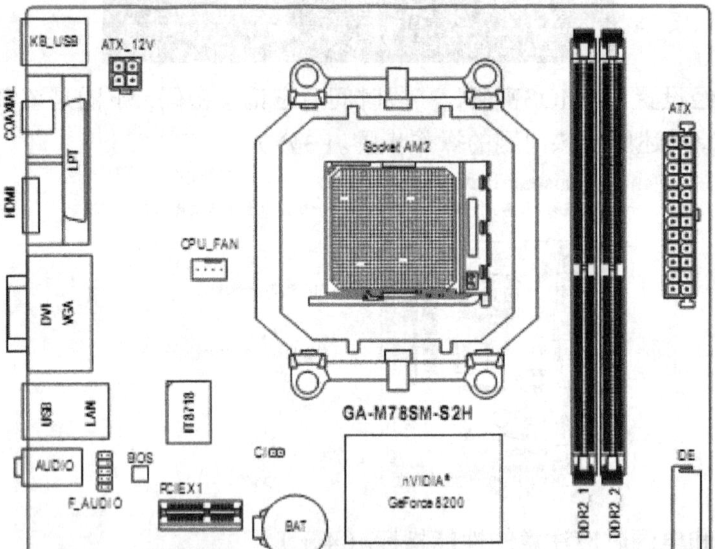

《计算机组装与维修》统测试卷 4

（满分 100 分，考试时间 100 分钟）

题号	一	二	三	四	五	总分
得分						

得分	评卷人

一、单项选择题（每题1分，共40分）

1. 以下图片反映的是主机背板上的哪种接口？（　　）

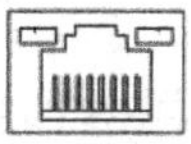

A. PS/2接口　　B. RJ-45接口　　C. USB接口　　D. D-SUB接口

2. 以下图片是哪个生产厂商的标识？（　　）

A. 华为　　B. 华硕　　C. 惠普　　D. 华普

3. 下列不是硬盘生产厂商的有（　　）。

A. WD Western Digital　　B. Seagate　　C. HITACHI　　D. GIGABYTE™

4. 通常可以使用下列哪个Windows自带工具来进行当前机器开机程序加载情况检查？（　　）

A. ipconfig　　B. msconfig　　C. ping　　D. explorer

5. 根据下图，目前被设置为第一启动设备的是（　　）。

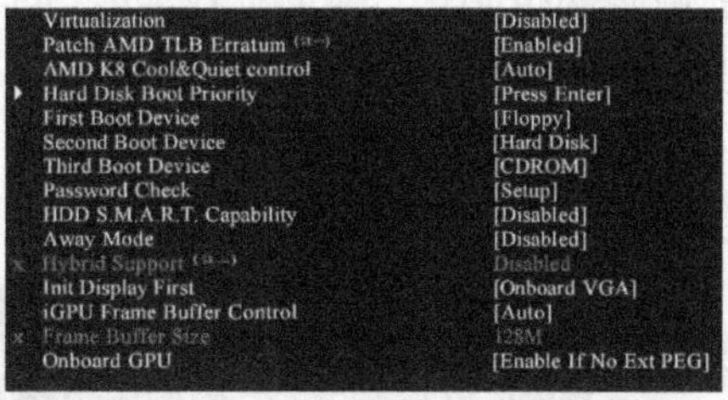

A. 硬盘　　B. 软驱　　C. 光驱　　D. U盘

6. 下图中的标识指(　　)。

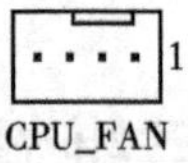

A. CPU风扇　　B. 电源风扇　　C. CPU指示灯　　D. 电源指示灯

7. 如果某台机器总是开机一段时间后死机，关机一段时间后又能正常启动，故障原因很可能是(　　)。

A. CMOS设置错误　　B. CPU散热不良，导致CPU过热而自动保护

C. 计算机病毒　　D. 主板短路

8. 目前计算机硬件设备耗电量越来越大，因此在选用电源时应选择输出功率为(　　)的电源较为合理。

A. 100W　　B. 300W　　C. 1700W　　D. 30W

9. 下图中(　　)是目前主板的CPU辅助电源接口示意图。

A. 　　B. 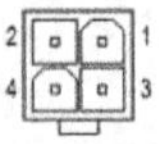　　C. 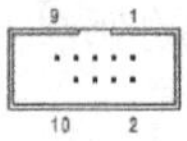　　D. 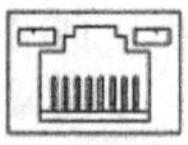

10. 下图是机箱面板连线的连接示意图，图中RST表示(　　)。

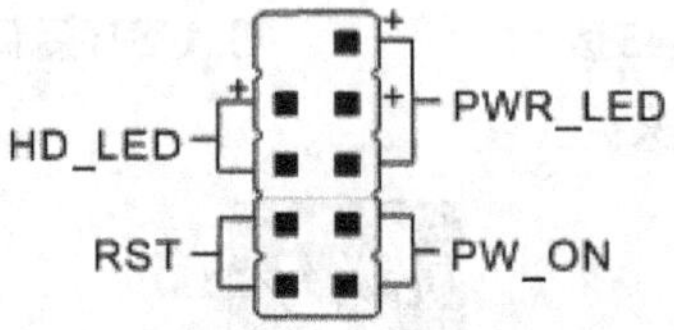

A. 电源指示灯　　B. 硬盘指示灯　　C. 电源　　D. 重启

11. 下列接口中哪一个不是目前Intel CPU的主要接口类型？(　　)

A. LGA 1366　　B. LGA 775　　C. LGA 940　　D. LGA 1156

12. 双通道内存是一种(　　)。

A. 内存插槽　　B. 内存品牌　　C. 内存使用技术　　D. 特殊内存的名称

13. GPU是(　　)上的核心，是其性能强弱、价格高低的关键。

A. 内存　　B. 显卡　　C. 主板　　D. 中央处理器

14. 一台机器，原先工作正常，由于升级需要增加了部分配件，升级后发现，机器经常会突然重新启动，请问最有可能的故障部位是(　　)。

A. 电源　　B. 光驱　　C. 显示器　　D. 散热器

15. 屏幕显示Keyboard error or no keyboard present，故障部位为(　　)。

A. 内存　　B. 键盘　　C. CPU　　D. 硬盘

16. 如图所示，具备该字样的机箱面板连线的名称是(　　)。

A. 电源指示灯　　B. 重启　　C. 电源　　D. 硬盘开关

17. 我的Windows系统经常提示磁盘空间不足，用杀毒软件也没发现病毒，想要取得更多剩余空间，应使用(　　)。

A. “附件”→“系统工具”→“磁盘碎片整理程序”

B. “附件”→“系统工具”→“磁盘清理”

C. “控制面板”→“设备管理器”→“硬盘”

D. “附件”→“系统工具”→“备份”

18. 下图中接口的名称是(　　)。

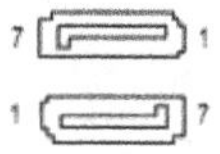

A. IDE　　B. SATA　　C. SCSI　　D. ATA

19. 安装AM2接口的CPU时，特征角对应正确，但CPU无法正常落下，主要是由于拉杆未推至(　　)度。

A. 90　　B. 180　　C. 45　　D. 60

20. 目前所使用的独立显卡通常是以下哪种接口类型的？(　　)

A. PCI　　B. AGP　　C. PCI-E　　D. LGA

21. 购置了一个8G U盘，格式化后发现实际容量仅7.6G左右，请问该现象是什么原因？(　　)

A. 被骗了　　B. 正常现象　　C. U盘损坏　　D. 假货

22. 通过下图可以发现CPU型号为(　　)。

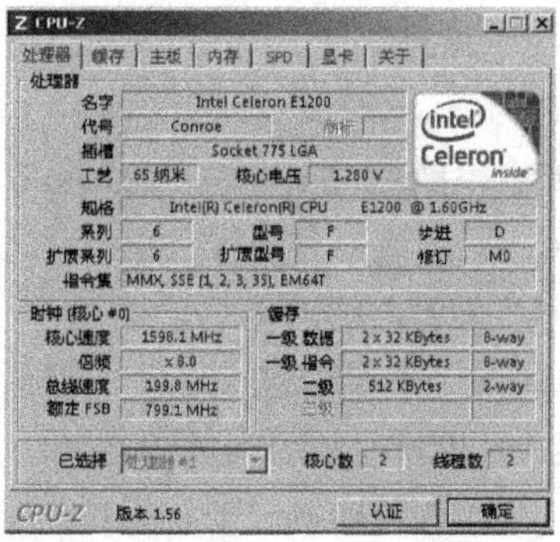

A. E1200　　B. E2100　　C. Conroe　　D. Socket 775

23. 下面哪一种软件不属于系统优化软件？(　　)

A. Windows优化大师　　B. 超级兔子　　C. 卡巴斯基　　D. 360安全卫士

24. 硬盘指示灯闪烁，表示硬盘(　　)。

A. 坏了　　B. 温度过高报警　　C. 正在读写数据　　D. 以上都不对

25. 一般来说，在系统属性的“设备管理器”中某项设备前出现红色叉号，表示(　　)。

A. 该设备不存在

B. 该设备目前被禁用

C. 未安装该设备驱动程序或者驱动程序安装不正确

D. 该设备工作正常

26. 在AWARD类BIOS设置时，退出时可按(　　)键保存退出。

A. Delete　　B. F2　　C. F10　　D. Ctrl+S

27. 日常使用计算机的过程中应养成良好的操作习惯，以下错误的是(　　)。

A. 上网时不要轻易接收不熟悉的邮件或点击链接

B. 需要输入密码时应尽可能调整字符输入顺序或使用软键盘

C. 不要随意浏览黑客网站、色情网站

D. 关闭Windows及杀毒软件的自动更新设置

28. 目前市场较为流行一体机，"一体"是指(　　)。

A. 显示器与主机箱一体　　B. 键盘与鼠标一体

C. 显示器与音箱一体　　D. 显卡与显示器一体

29. ppm是打印机的打印速度单位，通常表示(　　)。

A. 页/分钟　　B. 页/秒　　C. 行/分钟　　D. 行/秒

30. 利用Ghost软件制作的硬盘分区镜像文件的扩展名为(　　)

A. .exe　　B. .gst　　C. .gho　　D. .bak

31. 下列哪种做法是正确的？(　　)

A. 用酒精等有机溶剂清理键盘键帽上的污迹

B. 开机噪声较大时为CPU风扇添加润滑油

C. 用指甲抠去LCD显示器屏幕上的污物

D. 机器工作时用湿抹布擦拭CRT显示器屏幕

32. 符合SATA2标准的硬盘数据传输率能达到(　　)MB/s。

A. 150　　B. 200　　C. 300　　D. 450

33. 对于计算机组装的过程中，以下说法正确的是(　　)。

A. 对CPU和内存等部件要轻拿轻放，不要碰撞，硬盘光驱无所谓

B. 拧紧螺钉的时候要尽可能用力，这样才能固定好部件

C. 在安装各种设备连接线缆时，应注意观察接口形状与构造，同时注意操作的力度和角度

D. 组装过程中只要能注意安全，就算是通电操作也是可以的

34. 暑期学校放假，开学时机房机器易出现开机不亮现象的原因最有可能的是(　　)。

A. CPU坏了

B. 由于夏天空气湿度较大，长期不开机使接口部分生锈导致接触不良

C. CMOS中内存参数设置不当

D. 显示器或显卡受静电影响导致损坏

35. 使用Ghost软件进行硬盘分区（Partition）复制时，不同的菜单选项有各自不同的功能，以下的表述中错误的是(　　)。

A. TO Partition表示将一个分区的数据复制到另一个分区

B. TO Image表示将一个分区的数据复制到一个磁盘映像文件

C. From Image表示将一个映像文件的数据恢复到一个分区上

D. 选择Local→Check表示要对硬盘检查病毒

36. nVIDIA为提高显示性能而推出的显卡桥接技术叫(　　)。

A. PCI-E　　B. CrossFire　　C. UPS　　D. SLI

37. 如硬盘中需存放单个容量大于4GB的文件并希望设置本地安全性策略，则需要采用(　　)分区格式。

A. FAT16　　B. FAT32　　C. NTFS　　D. HDPS

38. 宽屏显示器的画面显示比例为(　　)。

A. 4:3　　B. 16:9　　C. 8:5　　D. 21:10

39. 下列哪种做法有利于计算机使用的安全性？(　　)

A. 操作系统安装完毕后禁用Guest用户

B. 关闭系统还原与系统特效

C. 将所有密码都设为统一为一个

D. 关闭Windows操作系统中的“自动更新”选项

40. HT技术是Intel于2002推出的(　　)。

A. 超线程技术　　B. 多核心技术　　C. 显卡桥接技术　　D. 前端总线技术

得分	评卷人

二、判断题(每题1分，共15分)

(　　)41. BTX主板中取消了传统的COM口和LPT口。

(　　)42. 下图所示表示该光驱具备光雕技术。

(　　)43. 为了保证计算机的防病毒效果，可以同时安装多个防杀病毒软件以确保机器不被病毒侵染。

(　　)44. 市场上所谓蓝光机由于采用蓝色激光读写数据，比传统的红色激光易获得更大的光盘存储容量。

(　　)45. AC 97声卡是创新公司97年推出的一款经典声卡。

(　　)46. 如IDE硬盘一样，安装SATA硬盘时也需通过跳线设置主从盘。

(　　)47. 采样频率指声卡进行模数转换时单位时间内采集的样本数量，该值越高，则形成的声音数字信号效果越好。

(　　)48. BIOS设置时可进行密码设置，USER密码的权限要高于SUPERVISOR。

(　　)49. 一般来说，刷新率越高的鼠标，定位越精准，反应越灵敏。

(　　)50. 为了有利于保护软件版权，DVD采用分区制，将全球分为6个系统区域，各区之间的DVD不能通用，中国位于第5区。

(　　) 51. DDR2和DDR3内存引脚均为240针，故两种内存可互相换用。

(　　) 52. 资源管理器中，显示有C:、D:、E:及F:驱动器，其中F:是光盘驱动器，因此可以断定机器中安装了三块硬盘

(　　) 53. 分区魔术师（Partition Magic）最大的特点在于可动态无损调整分区容量大小。

(　　) 54. 微型计算机三包规定“7天包换，15天包退，整机一年保修，主要部件两年保修”

(　　) 55. 仔细查看下图，根据你对硬盘的了解，请判断下图中有关价格信息是否正确。

得分	评卷人

三、填空题（每空2分，共12分）

56. SSD通常指__________。

57. UPS的中文含义为__________。

58. 标称20×的DVD-ROM数据传输速率为__________KB/s。

59. 采用AWARD BIOS的机器在开机时发出一长两短鸣叫，则表示机器__________。

60. 一般来说，符合DVD-5标准的DVD盘片容量为__________。

61. www.mydrivers.com是一个专门提供__________下载的网站。

得分	评卷人

四、简答题（共18分）

62. 根据日常经验，写出至少四个较为著名的品牌机生产厂商。（4分）

63. 根据下图，分别写出以下四个部件的名称。（4分）

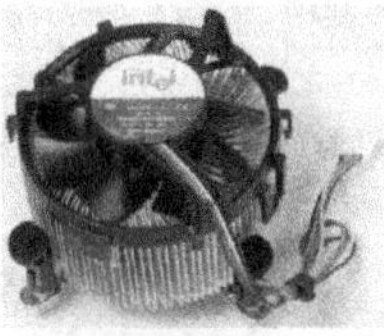

__________　　__________

__________　　__________

64. 根据下图所示开机画面，简要回答以下问题。（3分）

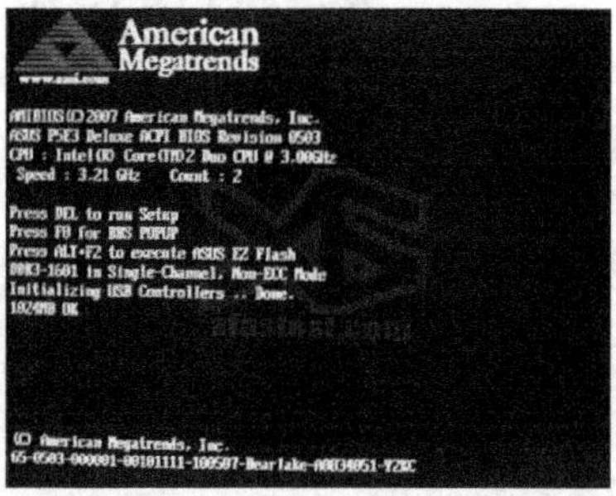

（1）该主板品牌是什么？

（2）该主板采用何种BIOS？按哪个键可进入BIOS设置界面？

65. 根据下图所示，简要说明LCD显示器中最佳分辨率的含义。（3分）

基本参数	
产品类型	LED显示器
产品定位	经济实用
屏幕尺寸	22英寸
屏幕比例	16:10（宽屏）
最佳分辨率	1680 × 1050
面板类型	LED背光
静态对比度	1000:1
灰阶响应时间	5ms
显示参数	
亮度	250cd/m^2
可视角度	176/170°
显示颜色	16.7M

66. 根据下图，填写该硬盘单碟容量，并简要描述单碟容量的含义（4分）

基本参数	
适用类型	台式机
硬盘容量	
硬盘容量	1000GB
单碟容量	
盘片数（张）	2
硬盘接口	
接口类型	SATA 2.0
传输速率	
硬盘缓存	32MB
转速	7200转/分

得分	评卷人

五、应用题（共15分）

67. 根据下图所示指出这台机器存在的明显故障？（3分）

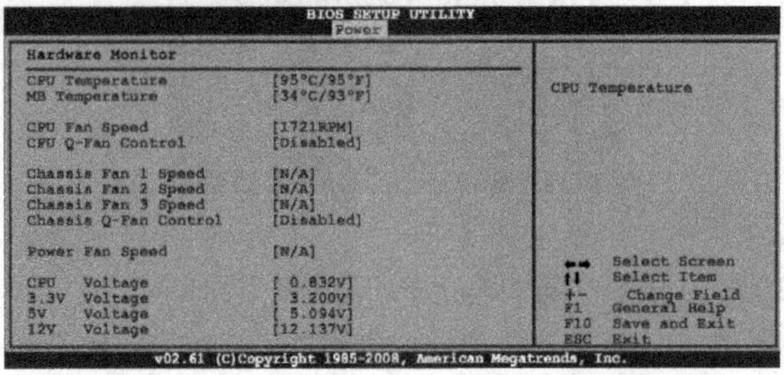

68. 购置计算机之前，我们应详细考虑顾客配机的需求与使用环境，现假设需配置多台办公用计算机，请写出至少两条需考虑的因素及配置要求。（4分）

（例：办公计算机考虑到办公室使用环境，一般可配置耳机而不选用音箱）

69. 仔细观察下图主板标识，该主板的构造对选择其他配件有一定的限制要求，写出至少两处。（8分）

（例：该主板要求配置的硬盘必须是SATA接口类型）

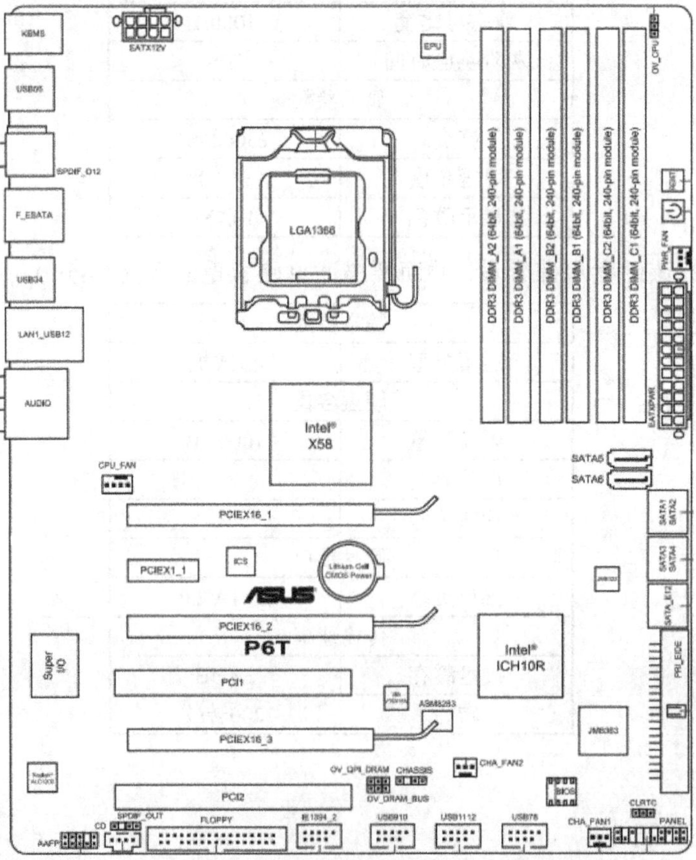

《计算机组装与维修》统测试卷 5

（满分 100 分，考试时间 100 分钟）

题号	一	二	三	四	五	总分
得分						

得分	评卷人

一、单项选择题（每题1分，共40分）

1. 以下图片反映的是主机背板上的哪种接口？（　　）

A. PS/2接口　　B. RJ-45接口　　C. USB接口　　D. D-SUB接口

2. 以下图片是哪个生产厂商的标识？（　　）MSI

A. 华为　　B. 华硕　　C. 微星　　D. 顶星

3. 下列是内存生产厂商的是（　　）

A. KINGMAX　　B. SONY　　C. AGFA　　D. Canon

4. 通常可以使用下列哪个Windows自带工具来进行当前机器网卡IP地址等信息查询？（　　）

A. ipconfig　　B. msconfig　　C. taskman　　D. explorer

5. 根据下图，在使用光驱进行光盘引导时，应将下列哪一项值设置为CDROM？（　　）

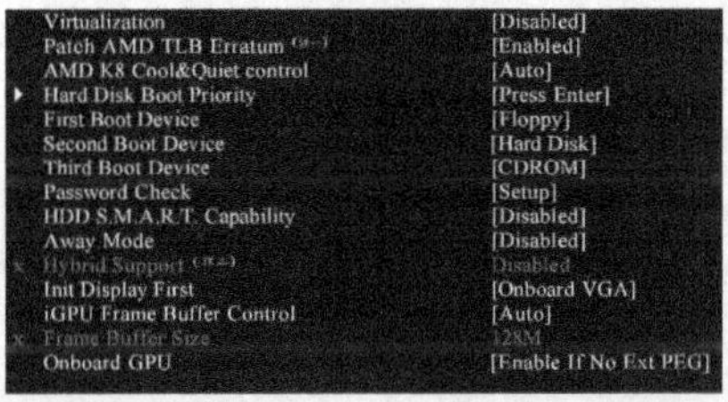

A. 不用设置，系统默认为CDROM启动　　B. Hard Disk Boot Priority

C. First Boot Device　　D. Onboard GPU

6. 下图中接口应连接何种接线？（　　）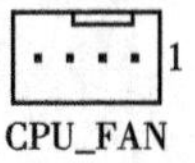

A. CPU风扇电源线　　B. 电源风扇　　C. CPU指示灯　　D. 电源指示灯

7. 如果某台机器总是开机一段时间后死机，关机一段时间后又能正常启动，故障原因很可能是（　）。

A. CMOS设置错误　　B. CPU散热不良，导致CPU过热而自动保护

C. 计算机病毒　　D. 主板短路

8. 下列哪种打印机能够实现打字蜡纸或复写纸及票据的打印？（　　）

A. 喷墨打印机　　B. 激光打印机　　C. 针式打印机　　D. 以上都可以

9. 下图中(　　)是目前主板的CPU辅助电源接口示意图。

A. 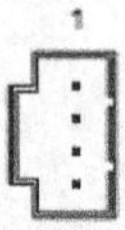

B. 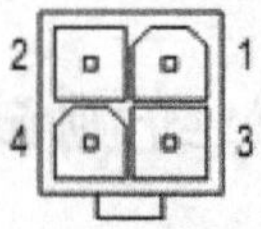

C. 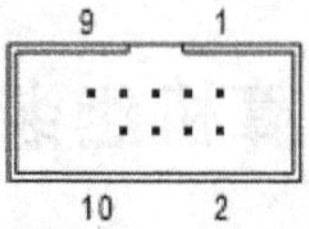

D. 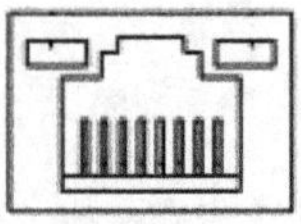

10. 下图是机箱面板连线的连接示意图，图中PWR_LED表示(　　)。

A. 电源指示灯　　B. 硬盘指示灯　　C. 电源　　D. 重启

11. 下列接口中哪一个不是目前Intel CPU的主要接口类型？(　　)

A. LGA 1366　　B. LGA 775　　C. AM3　　D. LGA 1156

12. SPD是位于(　　)右上角或中间的小芯片，它记录该产品的配置信息。

A. 显卡　　B. 内存　　C. 硬盘　　D. 光驱

13. GPU是(　　)上的核心，是其性能强弱、价格高低的关键。

A. 内存　　B. 显卡　　C. 主板　　D. 中央处理器

14. 一台机器，原先工作正常，当在光驱中放入光盘片并开始读盘时，机器突然重新启动，请问最有可能的故障部位是(　　)。

A. 电源　　B. 光驱　　C. 显示器　　D. 散热器

15. 在使用最小系统法检测系统故障时，以下哪个部件不是必须的？(　　)

A. 主板　　B. 内存　　C. CPU　　D. 硬盘

16. 如图所示，具备该字样的机箱面板连线的名称是(　　)。

A. 电源指示灯　　B. 重启　　C. 电源　　D. 硬盘开关

17. 我的Windows系统用了很长时间，现在越来越慢，用杀毒软件也没发现病毒，想要进行硬盘整理工作，应使用(　　)。

A. "附件"→"系统工具"→"磁盘碎片整理程序"

B. "附件"→"系统工具"→"磁盘清理"

C. "控制面板"→"设备管理器"→"硬盘"

D. "附件"→"系统工具"→"备份"

18. 下图中接口的名称是(　　)。 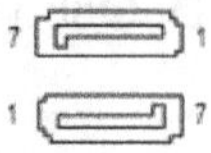

A. IDE　　B. SATA　　C. SCSI　　D. ATA

19. 下列设备中，可以将图片输入到计算机内的设备是(　　)。

A. 绘图仪　　B. 键盘　　C. 扫描仪　　D. 打印机

20. 主板上的PCI-E 插槽中哪种类型是错误的？(　　)

A. ×1　　B. ×16　　C. ×8　　D. ×32

21. 购置了一个8G U盘，使用时发现实际容量仅7.6G左右，请问该现象是什么原因？(　　)

A. 被骗了　　B. 正常现象　　C. U盘损坏　　D. 假货

22. 通过下图可以发现CPU实际主频约为(　　)。

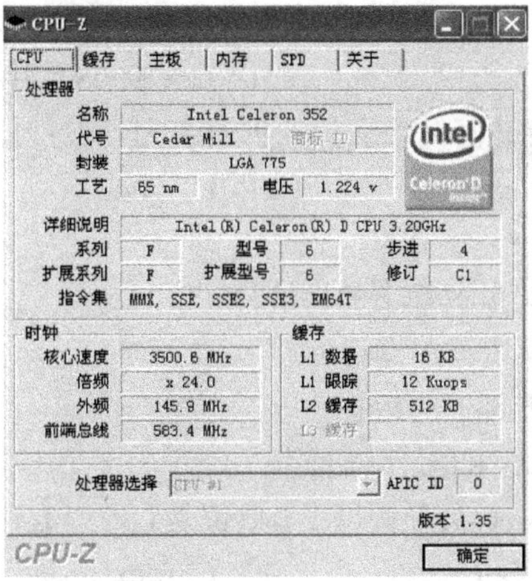

A. 145MHz　　B. 583MHz　　C. 3.2GHz　　D. 3.5GHz

23. 下面哪一种软件属于系统优化软件？(　　)

A. Windows　　B. 超级兔子　　C. 卡巴斯基　　D. Office

24. 一台计算机，在正常运行时突然显示器“黑屏”，主机电源灯灭，电源风扇停转，试判断故障部位为(　　)。

A. 主机电源　　B. 显示器　　C. 硬盘驱动器　　D. 显卡

25. 一般来说，在系统属性的“设备管理器”中某项设备前出现黄色问号，表示(　　)。

A. 该设备不存在

B. 该设备目前被禁用

C. 未安装该设备驱动程序或者驱动程序安装不正确

D. 该设备工作正常

26. 在AWARD类BIOS设置时，退出时可按(　　)键保存退出。

A. Del　　B. F5　　C. F10　　D. Ctrl+S

27. 安装Windows XP时要求设置管理员密码，最安全的方案是(　　)。

A. 不用设置，使用空密码

B. 使用自己的生日

C. 使用杂乱无规律的数字设置多位密码

D. 使用数字、大写字符、小写字符设置多位密码

28. 造成计算机噪声较大的原因很多，下面说法不正确的是(　　)。

A. 电源风扇缺乏润滑

B. CPU风扇固定不牢固或者其他部件固定不牢

C. CPU风扇缺乏润滑

D. 机箱面板线Speaker未连接

29. 屏幕上显示如下错误信息：CMOS battery atate low，含义是（　　）。

A. CMOS电池电能不足　　B. CMOS内容校验有错误

C. CMOS系统选项未设置　　D. CMOS芯片损坏

30. 利用Ghost软件制作的硬盘分区镜像文件的扩展名为（　　）。

A. .exe　　B. .gst　　C. .gho　　D. .bak

31. 下列哪种做法是正确的？（　　）

A. 用酒精等有机溶剂清理键盘键帽上的污迹

B. 开机噪声较大时为CPU风扇添加润滑油

C. 用指甲抠去LCD显示器屏幕上的污物

D. 机器工作时用湿抹布擦拭CRT显示器屏幕

32. SCSI硬盘的转速通常为10000转/分钟以上，单位是（　　）。

A. tpi　　B. bpi　　C. rpm　　D. mtbf

33. 在计算机组装的过程中，以下说法正确的是（　　）。

A. 对CPU和内存等部件要轻拿轻放，不要碰撞，硬盘光驱无所谓

B. 拧紧螺钉的时候要尽可能用力，这样才能固定好部件

C. 在安装各种设备连接线缆时，应注意观察接口形状与构造，同时注意操作的力度和角度

D. 组装过程中只要能注意安全，就算是通电操作也是可以的

34. 如开机时出现内存出错报警声，一般先进行的处理是（　　）。

A. 添加内存条形成偶数根

B. 将内存条取下，用橡皮擦试金手指，然后再将内存条插紧，开机再试

C. 在CMOS中修改内存参数

D. 将内存条取下，用水洗净，然后再将内存条插紧，开机开试

35. 使用Ghost软件进行硬盘分区（Partition）复制时，不同的菜单选项有各自不同的功能，以下的表述中错误的是（　　）。

A. TO Partition表示将一个分区的数据复制到另一个分区

B. TO Image表示将一个分区的数据复制到一个磁盘映像文件

C. From Image表示将一个映像文件的数据恢复到一个分区上

D. 选择Local→check表示要对硬盘检查病毒

36. LCD的亮度单位为（　　）

A. ℃　　B. CD/m^2　　C.ppm　　D. bpi

37. 如硬盘中需存放单个容量大于4GB的文件并希望设置本地安全性策略，则需要采用（　　）分区格式。

A. FAT16　　B. FAT32　　C. NTFS　　D. HDPS

38. 宽屏显示器的画面显示比例为（　　）。

A. 4:3　　B. 16:9　　C. 8:5　　D. 21:10

39. 下列哪种做法有利计算机使用的安全性？（　　）
   A. 操作系统安装完毕后禁用Guest用户
   B. 关闭系统还原与系统特效
   C. 将所有密码都设为统一的一个
   D. 关闭Windows操作系统中的“自动更新”选项

40. UPS是（　　）。
   A. 控制器　　B. 存储器　　C. 不间断电源　　D. 运算器

得分	评卷人

二、判断题（每题1分，共15分）

（　　）41. 人体工程学键盘最早由罗技公司推出。
（　　）42. 支持光雕技术的DVD刻录机可在任何盘片表面刻录颜色鲜艳的图片。
（　　）43. 机箱面板的指示灯是发光二极管，有极性之分，插反了不亮。
（　　）44. 在Windows XP中使用U盘，指示灯亮着时，表明可以将U盘直接拔下。
（　　）45. ppm通常用来描述打印机的打印速度（页 / 分钟）。
（　　）46. 如IDE硬盘一样，安装SATA硬盘时也需通过跳线设置主从盘。
（　　）47. 计算机病毒实际是由恶意代码编译的软件，并可以自我复制、自我传播。
（　　）48. 响应时间是LCD显示器的特定指标，响应时间越长，在显示动态影像时候会有严重的拖尾现象。
（　　）49. 一般来说，LCD显示器工作时并非分辨率调得越高越好，而在其标称的物理分辨率状态下显示效果最好。
（　　）50. 为了有利于保护软件版权，DVD采用分区制，将全球分为6个系统区域，各区之间DVD不能通用，中国位于第1区。
（　　）51. DDR2和DDR3内存引脚均为240针，故两种内存可互相换用。
（　　）52. 最新的酷睿I7 CPU采用的接口方式仍为LGA 775。
（　　）53. LCD显示器在工作时需注意尽量不要使画面长时间静止不动，以防损坏显示器。
（　　）54. 微型计算机三包规定“7天包退，15天包换，整机一年保修，主要部件两年保修”。
（　　）55. 仔细查看下图，根据你对内存的了解，请判断下图中有关价格信息是否正确。

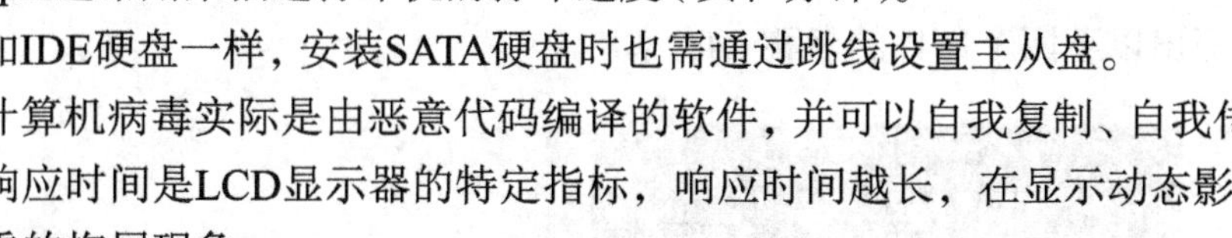

得分	评卷人

三、填空题（每空2分，共12分）

56. ISP通常指________________。
57. DPI的中文含义为________________。
58. 标称16×的DVD数据传输速率为________________KB/s。
59. 采用AWARD BIOS的机器在开机时发出一声短促鸣叫，则表示机器________________。
60. 一般来说，符合DVD-9标准的DVD盘片容量为________________。
61. www.mydrivers.com是一个专门提供________________下载的网站。

得分	评卷人

四、简答题（共18分）

62. 根据日常经验，写出至少四个较为著名的品牌机生产厂商。（4分）

63. 根据下图，写出以下四个部件的名称（4分）

____

____

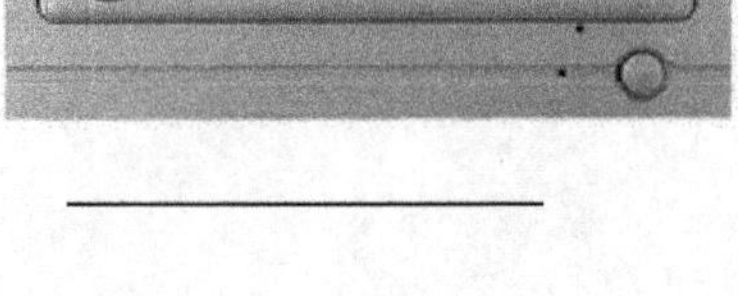

____

____

64. 根据下图判断该主板采用何种BIOS？按何键可进入设置界面？（2分）

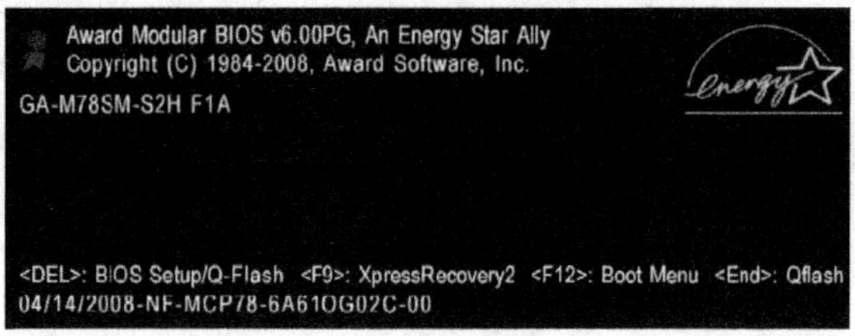

65. 一台机器，曾经设置了CMOS密码，一段时间后忘记了密码，下图是该机器主板说明书中的参考图片，请简述解决该问题的操作步骤。（4分）

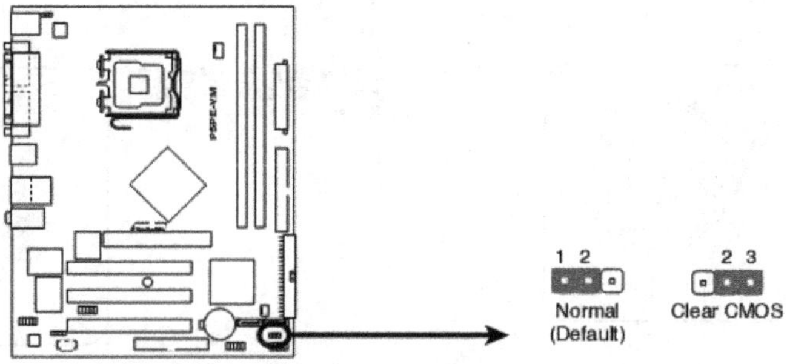

66. 简要辨析多处理器、多核处理器和超线程的异同。（4分）

得分	评卷人

五、应用题（共15分）

67. 将下图排序。（7分）

A

以姆指压下（A）固定扳手并将其稍向左侧推（B），这么做可使扳手脱离固定扣并松开 CPU 辅助安装盒。

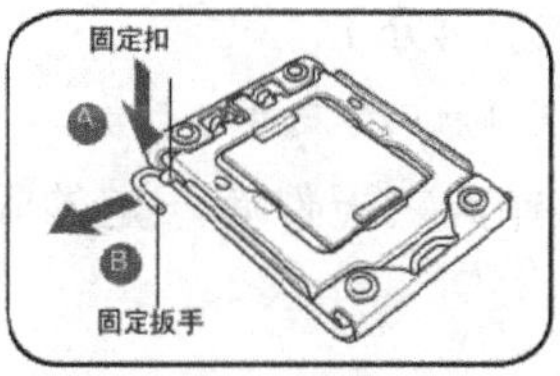

B

依箭头方向拉起固定扳手至约 135 度。

请用手指将 CPU 安装盒的上盖掀起至约 100 度。

C

找到位于主板上的处理器插槽。

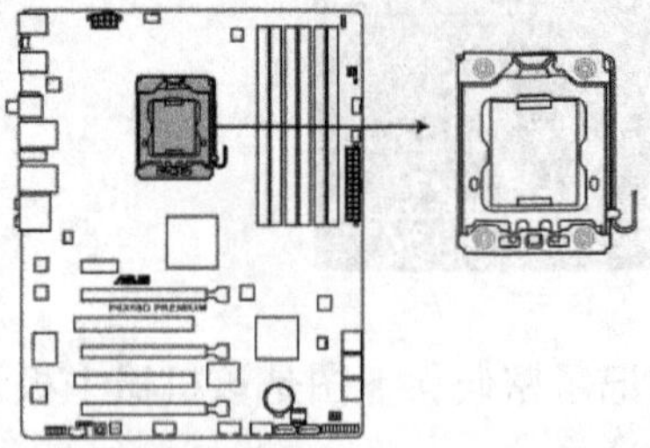

P6X58D PREMIUM CPU LGA1366 socket

D

请确认 CPU 的金色三角形标示是位在左下角的位置·接着把 CPU 顺着这个方向安装到主板的插槽上·并请确认 CPU 的左上方的缺口与插槽上对应的校准点是相吻合的。

E

将保护盖自处理器插槽中删除。

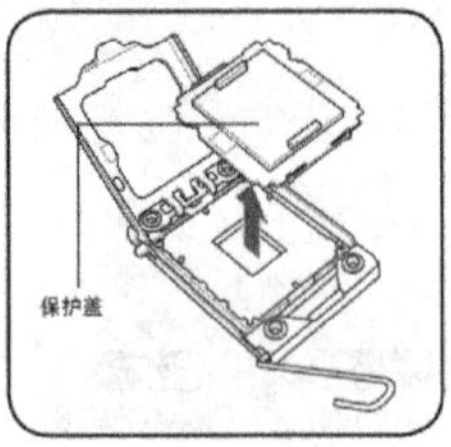

F

将上盖重新盖上（A）·接着将固定扳手（B）朝原方向推回并扣于固定扣上。

G

滴几滴散热膏至 CPU 与散热鳍片接触的区域·并将其涂抹为一均匀薄层。

某些散热鳍片会预先涂上散热膏·若此·请跳过此步骤。

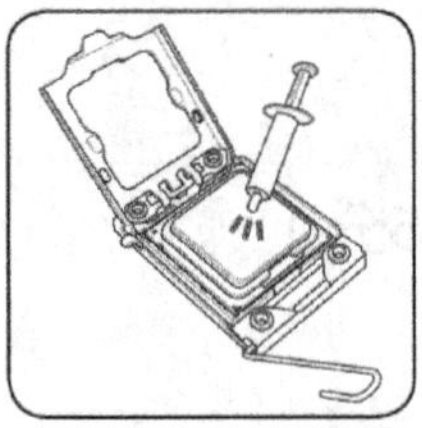

68. 购置计算机之前，应详细考虑顾客配机的需求与使用环境，现假设需配置多台办公用计算机，请写出至少两条需考虑的因素及配置要求。（4分）

（例：办公计算机考虑到办公室使用环境，一般可配置耳机而不选用音箱）

69. 仔细观察下图主板标识，该主板的构造对选择其它配件有一定的限制要求，写出至少两处。（4分）

（例：该主板要求配置的硬盘必须是SATA接口类型）

《计算机组装与维修》统测试卷 6

（满分 100 分，考试时间 100 分钟）

题号	一	二	三	四	五	总分
得分						

得分	评卷人

一、单项选择题（每题1分，共30分）

1. 下面的设备属于输出设备的有（　　）。
   A. 键盘　　B. 鼠标　　C. 扫描仪　　D. 显示器
2. 以下单元中，（　　）不是CPU的内部结构部分。
   A. 控制单元　　B. 运算单元　　C. 逻辑单元　　D. 存储单元
3. （　　）是计算机的中枢，负责计算机内数据的运算和处理。
   A. 主板　　B. CPU　　C. 内存　　D. 硬盘
4. 主板的核心和灵魂是（　　）
   A. 芯片组　　B. CPU　　C. CPU插座　　D. BIOS和CMOS芯片
5. 符合PC 99规范的PS/2键盘接口通常是（　　）。
   A. 粉色　　B. 淡绿色　　C. 紫色　　D. 天蓝色
6. DDR II SDRAM接口通常为（　　）引脚。
   A. 168　　B. 240　　C. 120　　D. 184
7. 通常存储器存储容量为1GB的含义是（　　）。
   A. 1024MB　　B. 1000KB　　C. 1024KB　　D. 1000MB
8. 以下几种CPU芯片类型中，（　　）不是Intel公司开发的。
   A. 赛扬　　B. 奔腾　　C. 酷睿　　D. 弈龙
9. GPU是（　　）上的核心，是其性能强弱、价格高低的关键。
   A. 内存　　B. 显卡　　C. 主板　　D. 中央处理器
10. 以下图片是（　　）厂商的标识。 Seagate
    A. 希捷　　B. 双飞燕　　C. 罗技　　D. 多彩
11. 接通电源后，计算机首先要进行设备检测，这称为（　　）。
    A. 启动系统　　B. 系统引导　　C. 开机　　D. 系统自检
12. 目前，市场上SATA硬盘的数据线接口通常是（　　）针脚。
    A. 5　　B. 6　　C. 7　　D. 15

13. 一般来说，安装CPU时需将ZIP插座拉杆推至（　　）度，以保证CPU能正确安装。

A. 90　　B. 45　　C. 180　　D. 360

14. 下图为主板芯片组的功能示意图，图示中所示的A是（　　）。

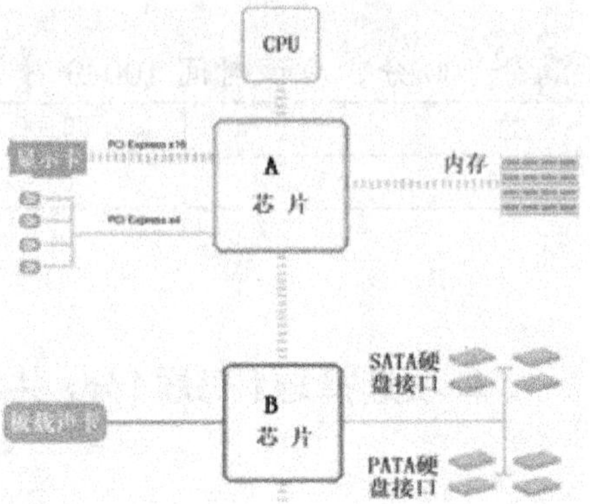

A. 南桥　　B. 北桥　　C. BMCH模块　　D. FWH模块

15. 一般可在主板上的PCI-E × 16插槽上安装的设备是（　　）。

A. 声卡　　B. 网卡　　C. 显卡　　D. 硬盘

16. 一般来说，CRT显示器的（　　）参数越低，图像闪烁和抖动得越厉害，眼睛越疲劳。

A. 显示器尺寸　　B. 亮度　　C. 对比度　　D. 刷新率

17. ATX 2.0X电源为主板供电的接口通常是（　　）。

A. 12芯　　B. 80芯　　C. 40芯　　D. 20或24芯

18. 在计算机的组装与维护时，以下没有硬盘分区功能的程序是（　　）。

A. DM　　B. Fdisk　　C. Format　　D. Partition Magic

19. 硬盘的转速是指硬盘主轴马达的转速，目前常见的7200rpm硬盘是指硬盘的转速为（　　）。

A. 7200秒每转　　B. 每分种7200转　　C. 每小时7200转　　D. 每秒钟7200转

20. 机箱内部直流电压最高为（　　）V，因此对操作者是比较安全的。

A. 12　　B. 36　　C. 24　　D. 16

21. 下列是杀毒软件的为（　　）。

A. Maxthon　　B. KV2010　　C. MAYA　　D. Norton Ghost

22. 下列公司中，不进行BIOS开发的厂商是（　　）。

A. AWARD　　B. AMI　　C. ATI　　D. Phoenix

23. 下列哪个程序可以有效消除磁盘上的文件碎片（　　）。

A. 磁盘清理　　B. 备份　　C. 系统还原　　D. 磁盘碎片整理

24. 在CPU上涂硅胶的作用是（　　）。

A. 起到黏合的作用　　B. 防止风扇和CPU磨擦

C. CPU与散热器良好接触　　D. 防止散热器上的油滴到CPU上

25. AWARD BIOS的热键是（　　）。

A. F2　　B. Delete　　C. F12　　D. F5

26. 以下哪一个选项是采用“硬件替换法”检测计算机故障的？（　　）。

A. 闻主机内是否有烧焦的气味

B. 听听硬盘、光驱、显示器等设备工作的声音是否正常

C. 使用正常设备替换怀疑有故障的设备

D. 系统运行时用手触摸或靠近CPU、显卡等设备，查看其温度是否正常

27. 如果用户不经意更改了BIOS的某些设置，可以选择（　　）来恢复，以便于发生故障时调试。

A. PNP/PCI CONFIGRATION　　B. ADVANCED CHIPEST FEATURES

C. PC HEALTH STATUS　　D. LOAD SETUP DEFAULTS

28. 屏幕上显示如下错误信息：CMOS battery State low，含义是（　　）。

A. CMOS电池电能不足　　B. CMOS内容校验有错误

C. CMOS系统选项未设置　　D. CMOS芯片损坏

29. 在“CMOS SETUP”中主菜单中，设置系统日期、时间、硬盘和软驱类型的选项是（　　）。

A. ADVANCE CMOS SETUP　　B. STANDARD CMOS SETUP

C. BIOS FEATURES SETUP　　D. SUPERVSIOR PASSWOR

30. 如果要卸载某个应用软件，下面方法正确的是（　　）。

A. 利用“控制面板”窗口的“添加/删除程序”来卸载

B. 在该应用软件的安装文件夹中，删除主.exe文件即可

C. 在桌面上找到该应用软件的图标，删除即可

D. 在“开始”菜单的“程序”中找到此应用程序后单击鼠标右键，在弹出的快捷菜单中，选择“删除”按钮

得分	评卷人

二、判断题（每题1分，共20分）

（　　）31. CPU的外频就它的FSB频率，是CPU外部与主板系统芯片的传输频率。

（　　）32. 由于DDR II和DDR III的针脚数目相同，所以两者能兼容。

（　　）33. 内存的工作频率指内存与CPU数据交换的速度，值越高性能也就越好。

（　　）34. SATA类型的插座采用点对点的连接方式，支持热插拔，一个插座只能连接一个存储器。

（　　）35. PCI-E与PCI是相类似的扩展槽规格，它们的样式不同，但是技术一样。

（　　）36. 3D MARK是一款测试显卡性能优劣的软件。

（　　）37. 目前市场上Geforce系列的显卡属于ATI公司开发的产品。

（　　）38. 显示器的日常维护中要经常注意保洁，在断电的情况下使用者可以自行对内部清洁。

（　　）39. 宽屏显示器的屏幕看起来比较宽，因为它们的画面比例是4:3，不是传统的16:9。

(　　) 40. 使用红外线和蓝牙的无线键盘，没有方向性，可以自由地移动。
(　　) 41. 镜像文件保存的位置不能选择制作镜像文件的源分区。
(　　) 42. 计算机电源的目的是转化家庭用电的“交流电”为供计算机用的“直流电”。
(　　) 43. 鼠标移动的精确度以dpi为单位，数值越大鼠标越灵敏。
(　　) 44. 查找计算机故障的一般原则是“先硬后软、先内后外”
(　　) 45. LCD显示器的液晶面板上只要出现坏点表明这是不合格的产品。
(　　) 46. 蓝光技术是新一代的DVD光盘的标准，比传统的红色激光技术提高了光盘的存储容量。
(　　) 47. DVD-R表示只能单次写入，而DVD-RW表示可以多次写入。
(　　) 48. 计算机的光驱和硬盘都比较重，因此在固定时要用粗纹螺钉来固定。
(　　) 49. 对文件夹的权限有加密和压缩的要求时，磁盘应该使用NTFS进行分区格式化。
(　　) 50. 声卡正常但是计算机没有声音，故障可能是因为声卡的驱动未安装或者出错。

得分	评卷人

三、填空题（每空1分，共15分）

51. 主频代表CPU的实际运算速度，其单位是__________。
52. www.mydrivers.com是一个专门提供__________下载的网站。
53. 喷墨打印机的主要耗材是__________，激光打印机的主要耗材是__________。
54. 安装主板、CPU和内存的时候，为防止人体静电损坏器件，采取的措施是__________。
55. 硬盘在安装操作系统之前需要先进行分区的设置，对硬盘分区最多可以有_____个主分区或者__________个主分区和__________个扩展分区。
56. CD-ROM的读取速度，1倍速=__________KB/s；DVD-ROM的读取速度，1倍速=__________KB/s。
57. 在DOS环境下，快速格式化D盘的命令是__________。
58. 对于AMI的BIOS自检的报警为“嘀”的短促声，报警的原因是__________。
59. 对于AWARD BIOS的计算机，开机黑屏，报警声为一长两短的声音，故障可能是__________。
60. 某计算机QQ可以正常上网，但是IE浏览器却工作不正常，产生该情况的原因是__________，解决的方法是__________。

得分	评卷人

四、简答题（共20分）

61. 谈谈国家三包政策对笔记本计算机产品所规定的退、换货及保修的期限要求。（3分）

62. 根据主板的背面接口示意图，完成填空。（3分）

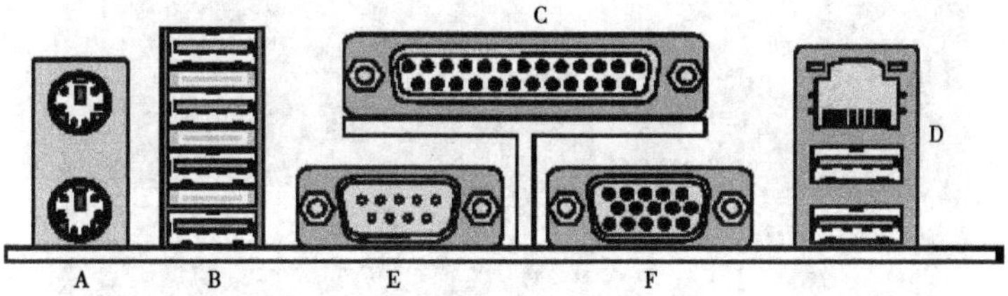

A：________________ B：________________ C：________________

D：________________ E：________________ F：________________

63. 把主板上的插针和机箱面板的相应开关或指示灯连接起来。（4分）

RESET	电源指示灯
HDD LED	系统复位按钮
POWER LED	电源开关
POWER SW	硬盘工作指示灯

64. 某计算机开机自检时，屏幕上出现了“Hard Disk install failure”，说明该提示信息的意义，给出解决的方法。（4分）

65. 简述选购LCD时要注意的性能指标，并给出检测液晶显示器的坏点的方法。（6分）

得分	评卷人

五、应用题（共15分）

66. 根据日常的经验，写出国内的一些知名的IT网站（至少三家，网址或名称都可）。（6分）

67. 观察下面的计算机主板，完成问题解答。（9分）

（1）主板品牌为（写出中文）________________。

（2）该主板支持的内存条类型为________________。

（3）是否支持双通道技术________________。

（4）SATA接口可提供的速度是________________。

（5）板载音频芯片的音效为________________声道。

（6）主板的IDE接口有________________个。

（7）PCI-E×1插槽有________________个。

（8）写出日常维护时对主板清洁的方法。

Hybrid CFX
8-Channel Audio
HDMI Interface
Express Gate
EPU
M4A88TD-M
Anti-Surge
GPU boost
Core Unlocker
ESD
CPU Level UP
MemOK!
DDR3 2000 O.C.
SATA 6Gb/s

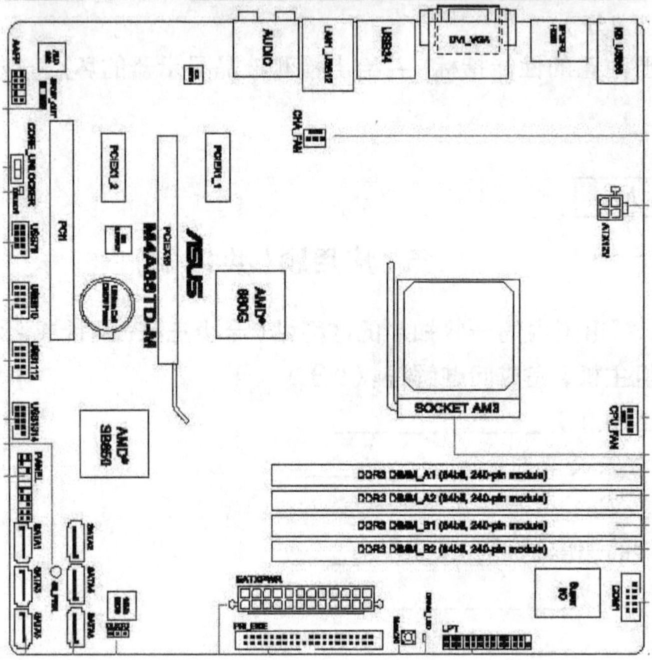
AUDIO
DVI_VGA
CHA_FAN
PCI
M4A88TD-M
AMD 880G
ATX12V
SOCKET AM3
CPU_FAN
AMD SB850
DDR3 DIMM_A1 (64bit, 240-pin module)
DDR3 DIMM_A2 (64bit, 240-pin module)
DDR3 DIMM_B1 (64bit, 240-pin module)
DDR3 DIMM_B2 (64bit, 240-pin module)
EATXPWR
PRI_IDE
LPT

《计算机组装与维修》统测试卷 7

（满分 100 分，考试时间 100 分钟）

题号	一	二	三	四	五	总分
得分						

得分	评卷人

一、单项选择题（每题1分，共30分）

1. 以下几种CPU芯片类型中，(　　)是Intel公司开发的。

A. Sempron　　B. Athlon　　C. Phenom　　D. Core

2. 对于型号为Athlon II × 4 631的CPU，其中 × 4表示(　　)。

A. 生产工艺　　B. 核心数量　　C. 主频大小　　D. 二级缓存

3. 下列的设备在执行程序时和CPU直接交换信息的是(　　)。

A. 优盘　　B. 光驱　　C. 内存　　D. 硬盘

4. GPU芯片决定了(　　)的性能和档次。

A. 显卡　　B. 内存　　C. 主板　　D. 光驱

5. 符合PC 99规范的PS/2鼠标接口通常是(　　)。

A. 粉色　　B. 淡绿色　　C. 紫色　　D. 天蓝色

6. DDR III SDRAM接口通常为(　　)引脚。

A. 168　　B. 120　　C. 240　　D. 184

7. 通常存储器存储容量为1TB的含义是(　　)。

A. 1024MB　　B. 1000KB　　C. 1000MB　　D. 1024GB

8. 下面的设备属于输入设备的有(　　)。

A. 打印机　　B. 音箱　　C. 扫描仪　　D. 显示器

9. (　　)是主板的核心和灵魂。

A. CPU　　B. 芯片组　　C. CPU插座　　D. CMOS芯片

10. 以下图片是(　　)厂商的标识。 Logitech

A. 罗技　　B. 双飞燕　　C. 希捷　　D. 多彩

11. 目前，市场上SATA硬盘的数据线接口通常是(　　)针脚。

A. 5　　B. 6　　C. 7　　D. 15

12. 一般来说，安装CPU时需将ZIF插座拉杆推至(　　)度，以保证CPU能正确安装。

A. 45　　B. 90　　C. 180　　D. 360

13. 安装主板时，一般需要在机箱底板上至少固定(　　)支撑铜柱，防止主板受力不均。

A. 1个　　B. 2个　　C. 3个　　D. 6个以上

14. 下图为主板芯片组的功能示意图，图示中所示的A是(　　)。

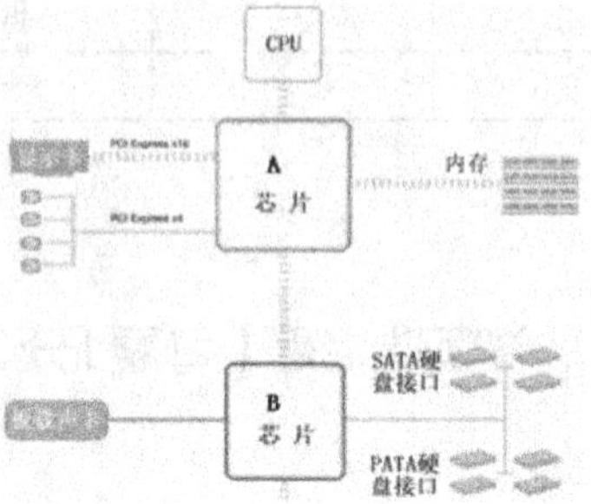

A. 南桥　　B. 北桥　　C. BMCH模块　　D. FWH模块

15. 能在主板上的PCI-E 16X插槽上安装的设备不包括(　　)。

A. 网卡　　B. 显卡　　C. 声卡　　D. 硬盘

16. 下面关于LCD显示器的说法正确的是(　　)。

A. LCD显示器的平均使用寿命长于CRT显示器

B. LCD显示器的分辨率调得越高，显示效果越清晰

C. 长时间开LCD显示器会减少其寿命，不用时尽量关闭

D. LCD显示器采用阴极射线管工作方式

17. ATX 2.0×电源为主板供电的接口通常是(　　)。

A. 12芯　　B. 80芯　　C. 40芯　　D. 20或24芯

18. 在以下机箱面板连线中，(　　)是没有正负极的极性要求。

A. POWER LED　　B. HDD LED　　C. SPEAKER　　D. PWR SW

19. 硬盘的转速指硬盘主轴马达的转速，目前常见的7200rpm硬盘指硬盘的转速为(　　)。

A. 7200秒每转　　B. 每小时7200转　　C. 每分种7200转　　D. 每秒钟7200转

20. 机箱内部直流电压最高为(　　)V，因此对操作者是比较安全的。

A. 3　　B. 12　　C. 16　　D. 36

21. 以下哪一种软件和其他三种软件所使用的功能不同？(　　)

A. Office　　B. 江民杀毒软件　　C. 瑞星　　D. 金山毒霸

22. 下列公司中，不进行BIOS开发的厂商是(　　)。

A. AWARD　　B. AMI　　C. ATI　　D. Phoenix

23. 激光打印机的主要耗材是(　　)。

A. 色带　　B. 激光　　C. 碳粉　　D. 墨盒

24. 某多媒体计算机在Windows启动后，音箱没有发声，而应该会出现在右下角的任务栏托盘上的小喇叭也没有出现，这最可能是（　　）。

A. 音箱坏了或者音箱电源未打开　　B. 音箱音频线未插在声卡上或插错了

C. 声卡的驱动程序未安装或声卡坏了　　D. 光驱与声卡间的音频线没有连接好。

25. AWARD BIOS的热键是（　　）。

A. F2　　B. Delete　　C. F12　　D. F5

26. 如果希望系统的启动驱动器设置为CD-ROM，可以在（　　）中设置。

A. 控制面板　　B. CMOS　　C. 设备管理器　　D. 系统工具

27. 如果用户不经意更改了BIOS的某些设置，可以选择（　　）来恢复，以便于发生故障时调试。

A. PNP/PCI CONFIGRATION　　B. LOAD SETUP DEFAULTS

C. PC HEALTH STATUS　　D. ADVANCED CHIPEST FEATURES

28. 在AWARD BIOS的设置中，当要激活某项功能时，通常选择将该项的值设为（　　）。

A. ENABLED　　B. DISABLED　　C. RUN　　D. DEVICE

29. 下列哪种做法是正确的？（　　）

A. 机器工作时用湿抹布擦拭CRT显示器屏幕

B. 开机通电的状态下不可以对主板上的灰尘进行清理

C. 可用指甲抠去LCD显示器屏幕上的污物

D. 对于PS/2接口的鼠标和键盘即使接口位置互换也能正常使用

30. 从计算机系统安全优化的角度来说，下列做法正确的是（　　）。

A. 启用系统默认共享　　B. 设置IE分级审查口令

C. 启用Guest用户登录　　D. 默认光盘和优盘的自动运行

得分	评卷人

二、判断题（每题1分，共20分）

（　　）31. LGA 775是属于Intel的CPU接口类型。

（　　）32. DDR III内存和DDR II内存相比较而言所需电压更高。

（　　）33. 通常所说的“Core i7”和“Athlon II X4”指的是内存。

（　　）34. CPU的两大著名生产商是Intel和AMI。

（　　）35. PCI-E与PCI是相类似的扩展槽规格，它们的样式不同但是技术一样。

（　　）36. CPU-Z是作为测试软件能检测CPU参数，也能对主板、内存等硬件参数进行测试。

（　　）37. CPU上涂硅胶是为了防止风扇和CPU摩擦。

（　　）38. 使用PQmagic可实现硬盘分区容量的动态无损调节。

（　　）39. 蓝光技术是指能将图文永久蚀刻光盘表面的HP专利技术。

(　　) 40. COMBO光驱可以刻录DVD格式的光盘。

(　　) 41. 使用Ghost软件制作镜像文件保存的位置可以选择制作镜像文件的源分区。

(　　) 42. SATA类型的插座采用点对点的连接方式，支持热插拔，一个插座只能连接一个存储器。

(　　) 43. 人体工程学键盘最早是由微软公司开发的。

(　　) 44. 查找计算机故障的一般原则是“先硬后软、先内后外”。

(　　) 45. LCD显示器的液晶面板上只要出现坏点表明这是不合格的产品。

(　　) 46. www.mydrivers.com是一个专门提供驱动程序下载的网站。

(　　) 47. 计算机电源的目的是转化家庭用电的“交流电”为供计算机用的“直流电”。

(　　) 48. 计算机的光驱和硬盘都比较重，因此在固定时要用粗纹螺钉来固定。

(　　) 49. 对文件夹的权限有加密和压缩的要求时，磁盘应该使用NTFS进行分区格式化。

(　　) 50. 360安全卫士软件可以对计算机病毒进行扫描及木马查杀，但没有优化的功能。

得分	评卷人

三、填空题（每空1分，共15分）

51. CPU的主频 = ________ × ________。
52. 目前市场上显卡芯片主要两大阵营是________和________。
53. 显卡按照输出接口可分为________和________。
54. 主板是连接CPU和其他设备之间的平台，常见的结构有________、________和________。
55. 通常CPU插座采用ZIF设计，ZIF是指________________________________。
56. DVD-ROM的读取速度，1倍速=________KB/s。
57. 在DOS环境下，快速格式化D盘的命令是________________________。
58. “硬件替换法”检测计算机故障的基本原理是________________________。
59. 对于AWARD BIOS的计算机，开机黑屏，报警声为一长两短的声音，故障可能是________________________。
60. 安装主板、CPU和内存的时候，为防止人体静电损坏器件，采取的措施是________。

得分	评卷人

四、简答题（共20分）

61. 根据日常经验，写出三家较为著名的品牌机生产厂商。（6分）
62. 简述至少四个选购机箱时候需考虑的相关性能指标。（4分）

63. 把主板上的插针和机箱面板的相应开关或指示灯连接起来。（4分）

RESET	电源指示灯
HDD LED	系统复位按钮
POWER LED	电源开关
POWER SW	硬盘工作指示灯

64. 目前计算机安全已经成为计算机应用推广中的重要问题，病毒、木马、恶意软件、网络犯罪等的危害也日益明显，给我们带来巨大的损失，结合自己的实际情况，列出至少四条你认为有利于计算机安全的安装习惯或使用习惯。（6分）

得分	评卷人

五、应用题（共15分）

65. 2009年12月小刘在珠江路联想专卖店买了一款笔记本计算机，在今年11月份发现计算机开机后，开机键指示灯亮，屏幕无任何信息，后经联想计算机专业维修检测发现是主板故障，且故障已不能修复。

（1）请问小刘是否可以免费更换主板，为什么？（3分）

（2）根据课程的学习，试分析还有哪些硬件产生故障会造成这样的问题？（4分）

66. 观察下面的计算机主板，完成问题解答。（8分）

（1）主板品牌为（写出中文）______________。

（2）该主板支持的内存条类型为______________。

（3）该主板支持的CPU接口类型为______________。

（4）主板是否支持双通道技术______________。

（5）SATA接口有______________个。

（6）该主板的南桥芯片厂商是______________。

（7）PCI-E 1X插槽有______________个。

（8）该主板是否集成了声卡？______________

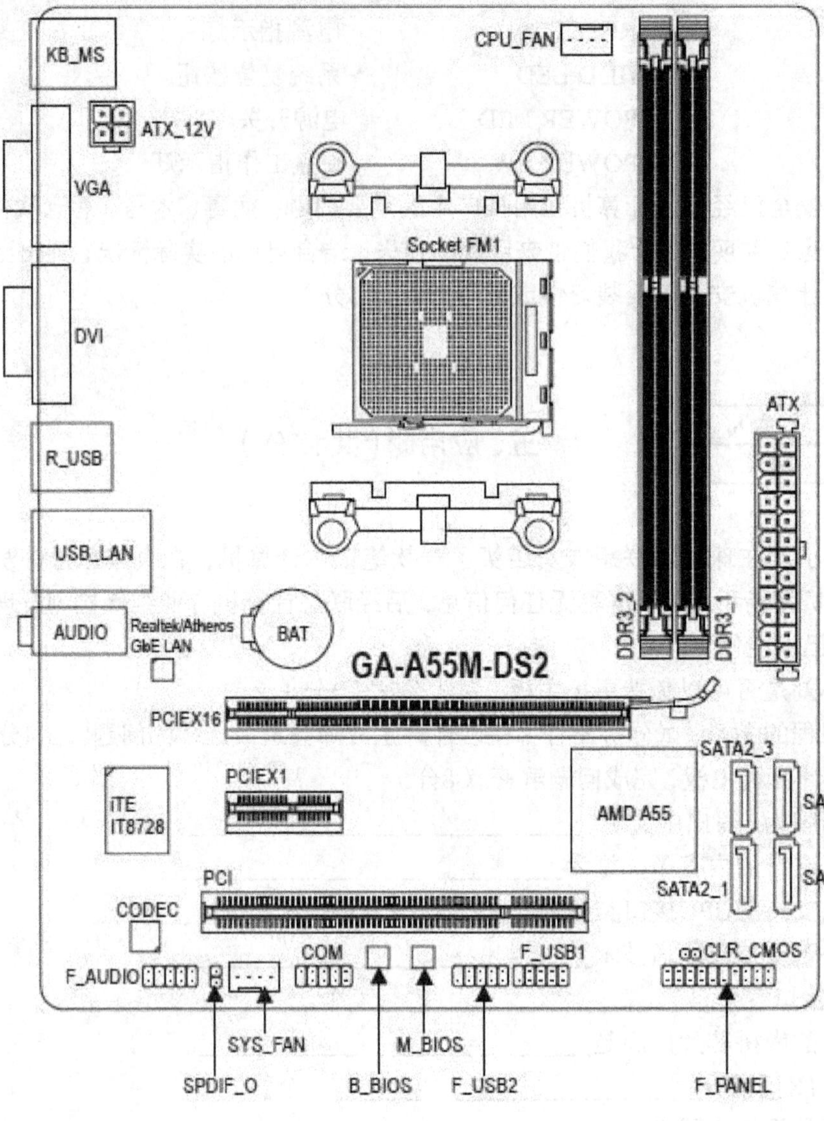
KB_MS
ATX_12V
CPU_FAN
VGA
Socket FM1
DVI
ATX
R_USB
USB_LAN
AUDIO
Realtek/Atheros GbE LAN
BAT
DDR3_2
DDR3_1
GA-A55M-DS2
PCIEX16
SATA2_3
PCIEX1
iTE IT8728
AMD A55
SATA2_2
SATA2_1
SATA2_0
PCI
CODEC
COM
F_USB1
CLR_CMOS
F_AUDIO
SYS_FAN
M_BIOS
SPDIF_O
B_BIOS
F_USB2
F_PANEL

《计算机组装与维修》统测试卷 8

（满分 100 分，考试时间 100 分钟）

题号	一	二	三	四	五	总分
得分						

得分	评卷人

一、单项选择题（每题1分，共38分）

1. 根据国家三包规定，计算机产品应实行（　　）。
   A. 7天包退，30天包换　　B. 30天包退，1年包换
   C. 7天包退，15天包换　　D. 30天包退，90天包换
2. 芯片组（Chipset）是（　　）的核心部件。
   A. CPU　　B. 主板　　C. 内存　　D. 显示器
3.（　　）提供对CPU、内存、PCI-E等高速设备的支持。
   A. 南桥芯片　　B. 北桥芯片　　C. BIOS芯片　　D. I394芯片
4. 图中A所指接口通常用于连接（　　）。

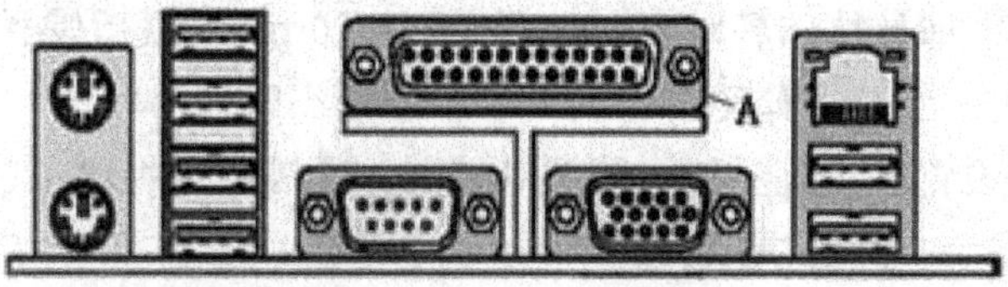

   A. 老式鼠标　　B. 网络设备　　C. 优盘　　D. 打印机或扫描仪
5. 接通电源后，计算机首先要进行设备检测，这称为（　　）。
   A. 启动系统　　B. 系统引导　　C. 开机　　D. 系统自检
6. 安装主板时，一般需要在机箱底板上至少固定（　　）支撑铜柱，防止主板受力不均。
   A. 1个　　B. 2个　　C. 3个　　D. 6个以上
7. DDR内存接口通常为（　　）引脚。
   A. 164　　B. 186　　C. 240　　D. 120
8. 目前使用的内存插槽多是（　　）类型。
   A. DIMM　　B. SIMM　　C. FSB　　D. DRAMs
9. ATX 2.0 × 电源为主板供电的接口通常是（　　）。
   A. 12芯　　B. 80芯　　C. 40芯　　D. 20或24芯
10. 在以下机箱面板连线中，（　　）是没有正负极的极性要求。
   A. POWER LED　　B. HDD LED　　C. SPEAKER　　D. PWR SW

11. 以下图片是哪个生产厂商的标识？（　　）msi

A. 捷波　　B. 微星　　C. 精英　　D. 华硕

12. 一般来说，安装CPU时需将ZIP插座拉杆推至（　　）度，以保证CPU能正确安装。

A. 90　　B. 45　　C. 180　　D. 360

13. “Socket 939 CPU”中的939指CPU的（　　）。

A. 接口类型　　B. 主频　　C. 前端总线　　D. 芯片结构

14. 下列是主板生产厂商的是（　　）。

A. KINGMAX　　B. ASUS　　C. AGFA　　D. Canon

15. LCD指的是（　　）。

A. 液晶显示器　　B. 阴极射线管显示器

C. 等离子显示器　　D. 发光二极管显示器

16. 下图中的键盘类型，最初是由（　　）公司研发，符合人体工程原理。

A. IBM　　B. Microsoft　　C. SONY　　D. 三星

17. SPD是位于（　　）右上角或中间的小芯片，它记录该产品的配置信息。

A. 显卡　　B. 内存　　C. 硬盘　　D. 光驱

18. 硬盘的转速指硬盘主轴马达的转速，目前常见的7200rpm硬盘指硬盘的转速为（　　）。

A. 每秒种7200转　　B. 每分钟7200转　　C. 每小时7200转　　D. 7200秒每转

19. 在AWARD BIOS的设置中，当要禁用某项功能时，通常选择将该项的值设为（　　）。

A. DISABLED　　B. ENABLED　　C. RUN　　D. DEVICE

20. 一般可在主板上的PCI-E×16插槽上安装的设备是（　　）。

A. 显卡　　B. 网卡　　C. 声卡　　D. 硬盘

21. 激光打印机的主要耗材是（　　）。

A. 色带　　B. 激光　　C. 碳粉　　D. 墨盒

22. 如硬盘中需存放单个容量大于4GB的文件，则需要采用（　　）分区格式。

A. FAT16　　B. FAT32　　C. NTFS　　D. HDPS

23. 使用AWARD BIOS的机器在启动时不断的响长声表示（　　）故障。

A. CPU　　B. 内存　　C. 主板　　D. 显卡或显示器

24. 下列哪个程序可以有效消除磁盘上的文件碎片？（　　）。

A. 磁盘清理　　B. 备份　　C. 系统还原　　D. 磁盘碎片整理

25. 利用Ghost软件制作的硬盘分区镜像文件的扩展名为（　　）。

A. .exe　　B. .gst　　C. .gho　　D. .bak

26. 下列哪个软件可实现硬盘分区容量的动态无损调节？（　　）

A. DM　　B. FDISK　　C. Ipconfig　　D. PQMAGIC

27. DVD-10光盘的容量是（　　）。

A. 4.7GB　　B. 8.5GB　　C. 9.4GB　　D. 17GB

28. AMI BIOS的设置，在（　　）选项中可以进行日期时间修改。

A. Main　　B. Advanced　　C. Boot　　D. Security

29. 通常进行AWARD BIOS设置的热键是（　　）。

A. Delete　　B. F2　　C. F10　　D. F12

30. COMBO光驱的功能相当于（　　）。

A. CD-RW 、CD-R　　B. DVD-RAM 、CD-R

C. DVD-ROM 、CD刻录机　　D. DVD-R/RW、DVD+R/RW、DVD-RAM

31. 对于计算机组装的过程中，以下说法正确的是（　　）。

A. 对CPU和内存等部件要轻拿轻放，不要碰撞，硬盘光驱无所谓。

B. 拧紧螺钉的时候要尽可能用力，这样才能固定好部件。

C. 在安装各种设备连接线缆时，应注意观察接口形状与构造，同时注意操作的力度和角度。

D. 组装过程中只要能注意安全，就算是通电操作也是可以的。

32. 利用（　　）来配置计算机启动环境，可以有效屏蔽无用程序，提高系统启动效率，对防治部分木马程序往往也有好的效果。

A. ipconfig　　B. regedit　　C. cmd　　D. msconfig

33. 下图中选择哪项表示建立扩展分区？（　）

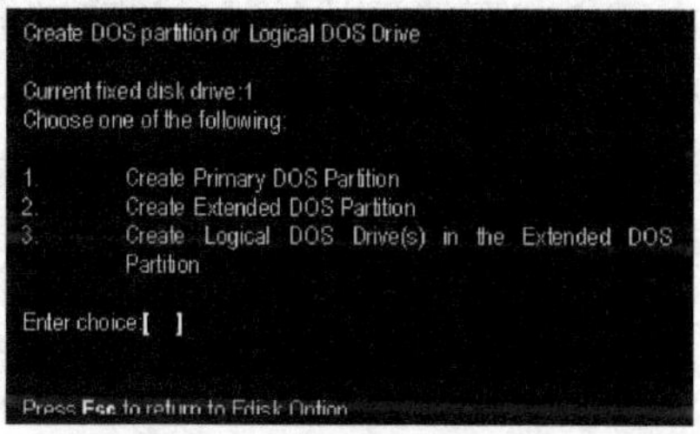

A. 1　　B. 2　　C. 3　　D. 4

34. 以下几种Windows自带的维护工具中，注册表编辑工具是（　　）。

A. ipconfig　　B. regedit　　C. cmd　　D. msconfig

35. 造成计算机噪声较大的原因很多，下面说法不正确的是（　　）。

A. 电源风扇缺乏润滑

B. CPU风扇固定不牢固或者其他部件固定不牢

C. CPU风扇缺乏润滑

D. 机箱面板线SPEAKER未连接

36. 下列哪种做法是正确的？（　　）。

A. 对于CRT显示器屏幕脏了的时候可以用适量酒精来擦拭

B. 进行计算机硬件拆装之前可以通过洗手或触摸金属物品来消除静电

C. 用指甲抠去LCD显示器屏幕上的污物

D. 机器工作时用湿抹布擦拭CRT显示器屏幕

37. 以下哪一个选项是采用“拔插法”检测计算机故障？（　　）

A. 使用正常设备替换怀疑有故障的设备

B. 通过拔插板卡来确定故障所在的位置

C. 用清洁计算机内部来判断故障的原因

D. 用测试诊断程序来判断引起故障的原因，前提是系统还能勉强运行

38. 从计算机系统安全优化的角度来说，下列做法不合适的是（　　）。

A. 取消系统默认共享　　B. 设置IE分级审查口令

C. 禁用Guest用户登录　　D. 默认光盘和优盘的自动运行

得分	评卷人

二、判断题（每题1分，共15分）

（　　）39. 同级别的CPU，主频越高，速度越快。

（　　）40. 开机时出现内存报警，需要把内存取下，用水洗净，重新插紧开机再试。

（　　）41. 计算机病毒实际是由恶意代码编译的软件，并可以自我复制自我传播。

（　　）42. 对于目前Intel和AMD的CPU技术，前端总线频率FSB就是指外频。

（　　）43. 组建双通道内存的目的是为了内存与CPU的传输速率相匹配。

（　　）44. 同一系列显卡的显示核心型号数值越大，显卡就越好。

（　　）45. 响应时间是LCD显示器的特定指标，响应时间越长，在显示动态影像时拖尾现象越严重。

（　　）46. LCD显示器工作时后的分辨率越大，所呈现的图像越清晰。

（　　）47. 声卡信噪比指信号与噪声之间的比例，信噪比越低，声效就越好。

（　　）48. 扫描仪的内插分辨率越高，则扫描仪性能越好。

（　　）49. 打印机分辨率的单位是dpi，即每分钟打印的页数。

（　　）50. 为了有利于保护软件版权，DVD采用分区制，将全球分为6个系统区域，各区之间DVD不能通用，中国位于第1区。

（　　）51. 声卡的采样频率越大，则采样生成的文件质量越高，占用存储空间也越小。

（　　）52. 目前基本所有CPU出厂时均锁死倍频，现在超频大都调整外频。

（　　）53. 处理器的性能取决于主频的大小，与Cache的容量大小无关。

得分	评卷人

三、填空题：（每空1.5分，共15分）

54. 目前市场上显卡芯片主要的两大阵营是__________和__________。
55. CRT显示器屏幕上相同颜色的两个发光点相邻距离称之为__________。
56. 根据PC 99规范，键盘的接口的颜色是_____，鼠标接口的颜色是__________。
57. 某计算机更换显示器后，开机上电无显示，主机蜂鸣器报警1长2短，则可能的故障部位是____。
58. 写出Format命令，使其能格式化C盘，并复制系统文件，使C盘可以引导计算机。______________________________。
59. 亮度反映了液晶显示器的重要指标，LCD的画面亮度以__________为单位。
60. 开机后屏幕上出现“Keyboard error or nokeyboard present”，这是因为__________，解决该问题的方法是__________。

得分	评卷人

四、简答题（共20分）

61. 根据日常经验，写出至少四个较为著名的国产品牌机生产厂商。（4分）
62. 某工作正常的计算机，进行显示器分辨率调整后，出现黑屏，无法显示。请写出错误的原因及解决方法。（4分）
63. 简要回答计算机的维修中硬件替代法的操作步骤。（4分）
64. 简述选购机箱时候，从机箱本身特性角度应考虑的问题。（4分）
65. 根据右下方图片上的说明文字，写出产品名称，并记录从中得到的相关信息参数。（4分）

得分	评卷人

五、应用题（共12分）

66. 使用计算机的过程中，通过一些方法技巧可以减少计算机感染病毒的几率，请根据自己的实际经验，列举出相关措施。（5分）

67. 根据图片，回答以下问题（7分）

（1）这是一款什么品牌的主板？（1分）

（2）这款主板所用到的CPU的插槽类型是什么？（2分）

（3）判断该主板支持的内存类型和硬盘阵列类型，并说明理由。（4分）

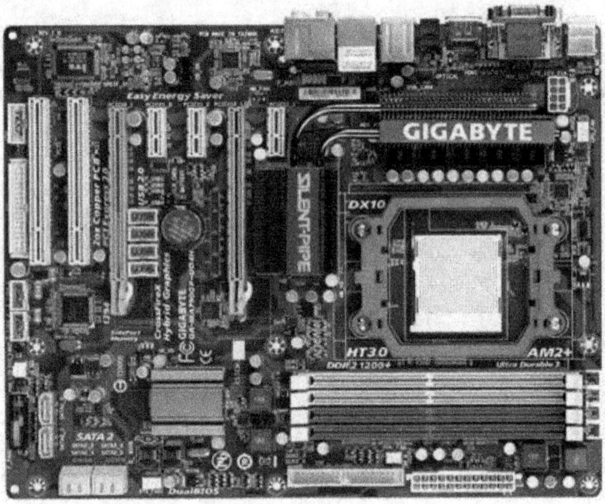

《计算机组装与维修》统测试卷 9

（满分 100 分，考试时间 100 分钟）

题号	一	二	三	四	五	总分
得分						

得分	评卷人

一、单项选择题（每题1分，共38分）

1. 通常所说的“Intel Core”、“Pentium”和“Athlon”指的是（　　）。

A. CPU　　B. 显卡　　C. 内存　　D. 主板

2. 主频代表CPU的实际运算速度，其单位是（　　）。

A. MB　　B. Hz　　C. KB　　D. GB

3.（　　）是一种新的主板构架，取消了传统的串并接口及PS/2接口，并针对散热对主板的线路布局进行了优化设计。

A. ATX　　B. Micro ATX　　C. BTX　　D. Micro BTX

4. 已知某款Intel处理器的FSB频率是800MHz，该处理器的外频是（　　）。

A. 200MHz　　B. 400MHz　　C. 1600MHz　　D. 3200MHz

5. SATA 硬盘的数据线接口通常是（　　）针脚。

A. 5　　B. 6　　C. 7　　D. 15

6. DDR II SDRAM接口通常为（　　）引脚。

A. 168　　B. 184　　C. 120　　D. 240

7. AWARD BIOS的热键是（　　）。

A. F2　　B. Delete　　C. F12　　D. F5

8. 根据图示可知该主板支持的CPU接口类型是（　　）。

A. Socket 370　　B. Socket 939　　C. LGA775　　D. AM2

9. ATX 2.0×电源采用(　　)控制是否给予主板电路以触发电路。

A. 机械开关　　B. 变频电路　　C. 跳线　　D. 电磁信号

10. 一个完整的计算机由(　　)组成。

A. 硬件系统和软件系统　　B. 主机和显示器

C. 主机、显示器和音响　　D. 硬件系统和操作系统

11. 以下图片是哪个生产厂商的标识?(　　) msi

A. 捷波　　B. 微星　　C. 精英　　D. 华硕

12. 目前，市场上的主流的硬盘的接口是(　　)。

A. USB　　B. SCSI　　C. PCI　　D. SATA

13. (　　)提供对IDE、USB接口及串行和并行接口等低速设备的支持。

A. 南桥芯片　　B. 北桥芯片　　C. BIOS芯片　　D. I394芯片

14. 下列是主板生产厂商的是(　　)。

A. KINGMAX　　B. ASUS　　C. AGFA　　D. Canon

15. CRT指(　　)。

A. 液晶显示器　　B. 阴极射线管显示器

C. 等离子显示器　　D. 发光二极管显示器

16. 已知某款主板使用南北桥芯片组结构，如果某块芯片安装了散热片，则该芯片很可能是(　　)。

A. 南桥芯片　　B. 北桥芯片　　C. BMCH模块　　D. FWH模块

17. SPD是位于(　　)右上角或中间的小芯片，它记录该产品的配置信息。

A. 显卡　　B. 内存　　C. 硬盘　　D. 光驱

18. 硬盘的转速指硬盘主轴马达的转速，目前常见的7200rpm硬盘指硬盘的转速为(　　)。

A. 每秒种7200转　　B. 每分钟7200转　　C. 每小时7200转　　D. 7200秒每转

19. 在AWARD BIOS的设置中，当要禁用某项功能时，通常选择将该项的值设为(　　)。

A. DISABLED　　B. ENABLED　　C. RUN　　D. DEVICE

20. 一般可在主板上的PCI-E×16插槽上安装的设备是(　　)。

A. 显卡　　B. 网卡　　C. 声卡　　D. 硬盘

21. 激光打印机的主要耗材是(　　)。

A. 色带　　B. 激光　　C. 碳粉　　D. 墨盒

22. 如硬盘中需存放单个容量大于4GB的文件，则需要采用(　　)分区格式。

A. FAT16　　B. FAT32　　C. NTFS　　D. HDPS

23. 使用AWARD BIOS的机器在启动时不断的响长声表示(　　)故障。

A. CPU　　B. 内存　　C. 主板　　D. 显卡或显示器

24. 下列哪个程序可以有效消除磁盘上的文件碎片?(　　)。

A. 磁盘清理　　B. 备份　　C. 系统还原　　D. 磁盘碎片整理

25. 利用Ghost软件制作的硬盘分区镜像文件的扩展名为(　　)。

A. .exe　　B. .gst　　C. .gho　　D. .bak

26. 下列哪个软件可实现硬盘分区容量的动态无损调节？（　　）

A. dm　　B. FDISK　　C. Ipconfig　　D. PQMAGIC

27. DVD-10光盘的容量是（　　）。

A. 4.7GB　　B. 8.5GB　　C. 9.4GB　　D. 17GB

28. BIOS的设置中，在（　　）选项中可以进行启动顺序的设置。

A. Main　　B. Advanced　　C. Boot　　D. Security

29. 通常进行AWARD BIOS设置的热键是（　　）。

A. Delete　　B. F2　　C. F10　　D. F12

30. COMBO光驱的功能相当于（　　）。

A. CD-RW 、CD-R　　B. DVD-RAM 、CD-R

C. DVD-ROM 、CD刻录机　　D. DVD-R/RW、DVD+R/RW、DVD-RAM

31. 对于计算机组装的过程中，以下说法正确的是（　　）。

A. 对CPU和内存等部件要轻拿轻放，不要碰撞，硬盘光驱无所谓

B. 拧紧螺钉的时候要尽可能用力，这样才能固定好部件

C. 在安装各种设备连接线缆时，应注意观察接口形状与构造，同时注意操作的力度和角度

D. 组装过程中只要能注意安全，就算是通电操作也是可以的

32. 利用（　　）来配置计算机启动环境，可以有效屏蔽无用程序，提高系统启动效率，对防治部分木马程序往往也有好的效果。

A. ipconfig　　B. ping　　C. cmd　　D. msconfig

33. 下图中选择哪项表示建立扩展分区？（　　）

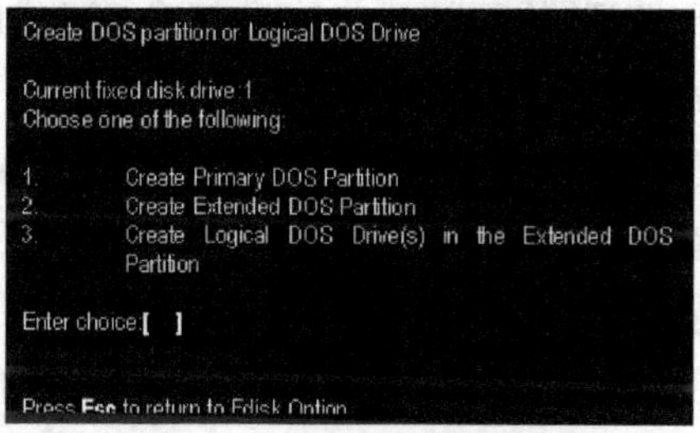

A. 1　　B. 2　　C. 3　　D. 4

34. 以下几种Windows自带的维护工具中，注册表编辑工具是（　　）。

A. ipconfig　　B. regedit　　C. cmd　　D. msconfig

35. 造成计算机噪声较大的原因很多，下面说法不正确的是（　　）。

A. 电源风扇缺乏润滑

B. CPU风扇固定不牢固或者其他部件固定不牢

C. CPU风扇缺乏润滑

D. 机箱面板线SPEAKER未连接

36. 下列哪种做法是正确的？（　　）

A. 对于CRT显示器屏幕脏了的时候可以用大量的酒精来擦拭

B. 进行计算机硬件拆装之前可以通过洗手或触摸金属物品来消除静电

C. 用指甲抠去LCD显示器屏幕上的污物

D. 机器工作时用湿抹布擦拭CRT显示器屏幕

37. 以下哪一个选项是采用“拔插法”检测计算机故障的？（　　）

A. 使用正常设备替换怀疑有故障的设备

B. 通过拔插板卡来确定故障所在的位置

C. 用清洁计算机内部来判断故障的原因

D. 用测试诊断程序来判断引起故障的原因，前提是系统还能勉强运行

38. 从计算机系统安全优化的角度来说，下列做法不合适的是（　　）。

A. 取消系统默认共享　　B. 设置IE分级审查口令

C. 禁用Guest用户登录　　D. 默认光盘和优盘的自动运行

得分	评卷人

二、判断题（每题1分，共15分）

（　　）39. 同步动态随机存储器SDRAM在断电的时候内容会丢失。

（　　）40. 对比光机式和激光鼠标，从定位的角度，光电鼠标最好。

（　　）41. 刷新率越高的鼠标，每秒传回的成像次数越多，形成的图像越精确。

（　　）42. 对CPU的选购，性价比上只需要考虑其频率和价格，不必在意缓存的大小。

（　　）43. 硬盘安装时候为了节省时间，可仅在一侧安装固定螺钉。

（　　）44. 机箱面板线的重启信号线一般是白蓝两色，有极性要求。

（　　）45. 前端总线的速度越快，CPU的数据传输越迅速。

（　　）46. 对于CPU的制造工艺描述为45nm指CPU核心中线路的宽度。

（　　）47. 同一设备在不同的操作系统下其驱动程序也相同。

（　　）48. COMS RAM芯片用来保存BIOS设置的各种参数，可以被不断地改写。

（　　）49. 镜像文件保存的位置可以选择制作镜像文件的源分区。

（　　）50. AGP局部总线插槽只能安装AGP的显卡。

（　　）51. 目前大多数的BIOS采用Flash ROM设计，不允许重复写入。

（　　）52. 对于激光打印机而言，硒鼓决定打印质量的好坏，也决定打印机的价格和档次。

（　　）53. AC 97声卡标准就是把声卡的数字与模拟两部分集成在一块芯片中。

得分	评卷人

三、填空题（每空1.5分，共15分）

54. 激光打印机的主要耗材是__________。
55. __________决定主板的功能，进而影响整个计算机系统性能的发挥。
56. 显卡按照主板的插槽可以分为__________和__________。
57. __________是一项用于直接刻印在碟片表面的专利技术，在完成数据刻录时将图像蚀刻在光盘上面。
58. AMI BIOS自检时候，1短声报警的意义是__________。
59. 列出两个常见的IT网站____________________和____________________，常用的计算机杂志有________________和________________。

得分	评卷人

四、简答题：（共20分）

61. 根据日常经验，列举四款常用的杀毒软件。（4分）
62. 某计算机开机以后，观察到开机自检的提示信息是“Hard disk install failure”，说明这是什么问题？如何解决该故障？（6分）
63. 什么是硬件替代法？谈谈机器故障排查的一般顺序。（4分）
64. 刚买的新机器，机箱内风扇的声音很小，使用一段时间以后噪声变大，分析下原因，如何处理？（4分）
65. 简述如何对LCD显示器的屏幕进行清洁？并比较与CRT显示器清洁有何不同。（4分）

得分	评卷人

五、应用题：（共12分）

66. 使用计算机的过程中，请根据自己的实际经验，列举出至少五条能养成良好操作使用的习惯。（5分）
67. 根据图片，回答以下问题（7分）

（1）这是一款什么品牌的主板？（1分）

（2）这款主板所用到的CPU的插槽类型是什么？（2分）

（3）判断该主板支持的内存类型。（2分）

（4）判断该主板的芯片组型号。（2分）

反侵权盗版声明

电子工业出版社依法对本作品享有专有出版权。任何未经权利人书面许可，复制、销售或通过信息网络传播本作品的行为；歪曲、篡改、剽窃本作品的行为，均违反《中华人民共和国著作权法》，其行为人应承担相应的民事责任和行政责任，构成犯罪的，将被依法追究刑事责任。

为了维护市场秩序，保护权利人的合法权益，我社将依法查处和打击侵权盗版的单位和个人。欢迎社会各界人士积极举报侵权盗版行为，本社将奖励举报有功人员，并保证举报人的信息不被泄露。

举报电话：（010）88254396；（010）88258888
传　　真：（010）88254397
E-mail：　dbqq@phei.com.cn
通信地址：北京市万寿路 173 信箱
　　　　　电子工业出版社总编办公室
邮　　编：100036